"十二五"职业教育国家规划教材
经全国职业教育教材审定委员会审定
全国电力职业教育教学指导委员会新能源发电专业委员会推荐

核能发电技术

（第二版）

主　编　孙为民
编　写　高波涛
主　审　宋长华

中国电力出版社
CHINA ELECTRIC POWER PRESS

内 容 提 要

本书为“十二五”职业教育国家规划教材。

本书是根据高职高专新能源应用技术专业核能发电技术课程教学大纲编写的。全书共分六章，主要讲述核反应堆物理及热工基础、核辐射与防护、核反应堆安全、压水堆核电站和核电厂的控制与运行等内容。

本书可作为高职高专能源类、电力技术类相关专业的学历教育教材，也可供相关科技人员参考使用。

图书在版编目（CIP）数据

核能发电技术/孙为民主编．—2版．—北京：中国电力出版社，2018.2（2021.7重印）
“十二五”职业教育国家规划教材
ISBN 978-7-5198-1739-8

Ⅰ.①核... Ⅱ.①孙... Ⅲ.①核能发电—高等职业教育—教材 Ⅳ.①TM613

中国版本图书馆CIP数据核字（2018）第027182号

出版发行：中国电力出版社
地　　址：北京市东城区北京站西街19号（邮政编码100005）
网　　址：http://www.cepp.sgcc.com.cn
责任编辑：李　莉　（010-63412538）
责任校对：常燕昆
装帧设计：左　铭
责任印制：吴　迪

印　　刷：北京雁林吉兆印刷有限公司
版　　次：2012年7月第一版　2018年2月第二版
印　　次：2021年7月北京第三次印刷
开　　本：787毫米×1092毫米　16开本
印　　张：11.25
字　　数：270千字
定　　价：38.00元

版权专有　侵权必究

本书如有印装质量问题，我社营销中心负责退换

前 言

三十多年来，我国核能经历了从无到有的发展，核电工业大体上经历起步、初步发展、腾飞和持续发展几个阶段。1995 年以前为起步阶段，秦山、大亚湾核电厂相继投产。1995—2005 年为初步发展阶段，秦山二期、岭澳、秦山三期、田湾核电厂相继投运。2005 年以后，为腾飞和持续发展阶段，即核电大发展的阶段。按照中国的核电中长期发展规划目标，到 2020 年，中国大陆运行核电装机容量将达到 5800 万千瓦，在建 3000 万千瓦。截至 2017 年 9 月，中国大陆运行的核电机组 37 台，运行装机容量 3580 万千瓦。“十二五”期间我国核电机组并网运行 17 台，开工建设 13 台，在建核电机组数量排名世界第一，总机组数量位居世界第三。这意味着，“十三五”期间，平均每年至少需要开工建设 6 台百万级核电机组才能完成以上规划目标。

为了适应这种新形势和新要求，需要大量的核电建设及控制运行人员，很多学校相继开设了核能专业或电厂热能动力装置专业核能方向，并迫切需要编写适应职业教育和人才培养目标的教材。本书的编写应运而生。

本书由郑州电力高等专科学校孙为民主编，高波涛提供部分参考资料。

本书由重庆电力高等专科学校宋长华副教授担任主审，审稿老师提出的许多宝贵意见，使编者受益匪浅。同时，本书在编写过程中参考了有关兄弟院校和企业的诸多文献、资料，并得到有关老师和专家的热情帮助，特别是中国核电集团秦山核电站和中国广东核电集团大亚湾核电站的多位专家的大力支持，在此一并表示衷心感谢。

由于编者水平有限，书中不妥之处在所难免，恳请读者批评指正。

编 者

2017 年 12 月

目　录

第一章

概　　述

第一节　核电的地位及优越性

一、能源状况概述

能源是人类社会发展、生产技术进步的推动力，是人类生存与文明的基础。

世界各个发达国家的经验表明，经济发展取决于能源的开发和利用，人均能耗已成为衡量一个国家生产水平和生活水平的重要标志。经济越发达，对能源的需求量也越大；机械化、自动化水平越高，对能源的依赖性也越强。因此，能源的发展与其他生产的发展是成正比的，这一点又称为"能源超前规律"。

电力是一种重要能源，但它不是从自然界直接得到的，而是从煤炭、石油、水力、核能等转换而来的，因此被称为二次能源。电力因可以集中生产、便于输送和分配、易于转换成其他形式的能量、没有污染以及使用简便而在各种能源中占有特别重要的地位。

我国幅员辽阔，能源资源的总储量较大，但人均资源储量低于世界平均水平，分布也不太平衡。我国有丰富的煤炭和水力资源，煤炭的探明储量位居世界第三，水力资源的理论储量占世界首位，还有较丰富的石油和天然气，核能资源也比较丰富。在经济比较发达的华东、华南和东北沿海省市，电力需求量很大，但能源严重短缺，煤炭资源缺乏，可开发的水力资源也不足。2008 的冰雪灾害，更加凸显了我国电煤紧张导致的供电问题。

从长远来看，煤、石油、天然气、水力等资源正在逐渐减少。按照现在的发展速度计算，未来几十年，石油、煤炭、天然气行将枯竭，同时煤电受到节能减排等方面的限制，风电、水电、太阳能、核电等清洁能源的发展迫在眉睫。发展核电是改善能源供应最为有效的途径之一。图 1-1 为各个时代能源利用的变化趋势。

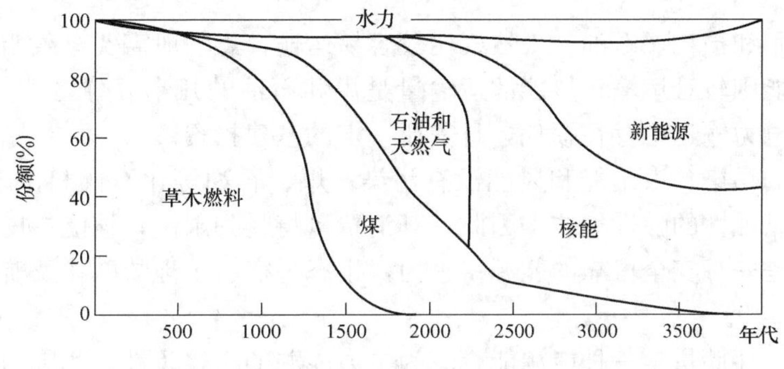

图 1-1　各个时代能源利用的变化趋势

我们如今面临着使用化石燃料带来的环境问题，而核能作为一种安全清洁能源，有助于突破能源、交通和环保的瓶颈，是今后一段时期内能够切实解决能源稀缺问题的希望。核能是一次能源的重要组成部分，核电在能源价格上有优势，而且更稳定，因此它是除化石燃料之外能够提供大规模电力的清洁能源。只有核电可在短期内实现安全又经济的大规模工业化发电。如美国、英国、法国、日本、意大利等很多国家，在20世纪50年代就建设了大批核电厂，约占世界总发电量的16%。我国目前完全掌握了核电技术，已建成了多座核电站，拥有大量核电人才，按照国家发展规划，2020年核电装机容量将提高到8600万kW，发电量占全国发电总量的4%～6%。因此中国核电已经进入了快速发展的阶段，即将成为核电大国。

二、核电发展的优越性

能源的利用在人类历史长河中起着划时代的作用。随着生产和科技的发展，人类逐步扩大了能源利用的范围。

在远古时代，人类学会用火来供应所需的能量，开始了文明的历程。以后又懂得了用风力、水力等自然动力作为能量的来源，迈出了机械化的第一步。煤、石油、天然气的应用也较早，长期以来主要用于提供热能和照明。18世纪中叶，蒸汽机的发明，使人类开始懂得热能可以转化为机械能，进而转化为电能。随着电能的广泛应用，生产力大大提高，经济飞速发展。20世纪40年代以来，人类又开始了核能的开发和利用。

1. 核能的优缺点

能源的种类很多，目前评价能源的优劣主要从以下几个方面来衡量。

（1）能流密度。能流密度是指在一定的空间或面积内从某种能源实际所能得到的能量或功率。能流密度较小的能源作为主力能源是不合适的。按照目前的技术水平，太阳能和风能的能流密度仍然较小，约$100W/m^2$；煤、石油等各种常规能源的能流密度较大；核能的能流密度最大。

（2）开发费用和设备价格。从目前的技术水平来说，开发费用方面，太阳能和风能几乎不需要投资；煤、石油和核能等从勘探开采到加工运输都需要一定的投资。从设备价格来看，太阳能、风能、海洋能等发电设备的初投资较大；煤、水力、核能发电的初投资是前者的十分之一或几十分之一；石油、天然气发电设备的初投资更少一些。

（3）存储可能性和供能连续性。煤、石油等各种化石燃料和核燃料在储存与连续供能方面比较容易实现。

（4）运输费用和损耗。石油、天然气比较容易运输；煤一般需要车载船运，有一定的损耗；太阳能和风能则较难运输；核能的运输量是煤和石油的几十万分之一，损耗可以忽略。实际上，远距离电力输运也存在损耗，且需要一定的基建投资。

（5）对环境的污染。太阳能和风能没有污染；煤、石油等化石燃料由于会产生CO_2等温室气体和具有腐蚀性的酸性气体，因此，其消费量将受到限制；核能在良好的设计、制造和严格的管理下是一种安全可靠的能源；水力对生态平衡、土地盐碱化及航运等方面也存在一定的影响。

（6）存储量。存储量是一种能源能否成为主力能源的主要条件。我国的煤炭和水力资源十分丰富，但煤炭资源60%集中在华北、西北，水力资源70%集中在西南。

（7）能源品位。一般认为，能够直接变成机械能和电能的能源品位高于要先经过热能环节再转化成机械能和电能的能源。根据热功转化原理，我们将具有较高热源温度的能源（可以较多转化为机械能和电能）称为高品位能源。

2. 核电大规模发展的原因

核能是目前比较理想的一种能源，核电在工业发达国家已有几十年的发展历史，核电站已达到技术上成熟、经济上有竞争力、工业上可大规模推广的阶段。核电迅速发展，可归结为以下几点原因。

（1）核能是有效的替代能源。从各个时代能源利用的变化趋势情况来看，在公元500年时，草木燃料的消耗量占总能耗的90%以上；至1965年前后，煤、石油、天然气开始成为主要能源；至1995年，在一些发达国家，核电的比重一般占总发电量的17%～30%，个别达到76%，火电比重一般占60%～70%。

一次能源中，煤是我国的主要能源消耗，但储量有限，而且煤的开采、运输费用都很高，对大气污染严重，它还是重要的化工原料。能源分类见表1-1。

表1-1　　能 源 分 类

能源分类	具 体 形 式	说　明
一次能源	风能、水能、潮汐能、太阳能、草木燃料、地热、熔岩等	可再生
	煤、石油、天然气、油页岩、铀、钍、氘等	不可再生
二次能源	电、氢、各类油品、火药、甲醇、乙醇、丙烷等	加工制品

电力生产一直以来是火力发电占主导地位，由此消耗了大量的化石燃料资源，其中，石油和天然气占60%，煤占25%。据国际能源资料统计，世界石油总资源量为140.9×10^{9}t；世界天然气总量是$144.76\times10^{12}m^{3}$；世界煤总量为10.32×10^{11}t。按照目前的消耗水平，全世界已探明的石油和天然气可能在未来几十年内耗尽，煤炭也只能用几百年，如果将裂变堆采用铀—钚循环技术路线，发展快中子增殖堆，则世界铀资源将可供人类数千年所用。如果聚变反应堆核电技术发展成熟投入商用，将会解决人类几亿年的能源需求。

核能是一次能源的重要组成部分，核反应放出的能量与常规化石燃料相比是巨大的。1kg ^{235}U核裂变放出的能量相当于2000t汽油或2800t煤，1kg氘核聚变放出的能量相当于4kg铀。

发展核电可以节省煤、石油、天然气等大量的、日益宝贵的化石燃料，使其作为化工原料得到更有效的利用。当核聚变发电成为可能时，人类的能源利用将产生重大的突破。

（2）核电可以缓解交通运输的紧张状况。核电厂燃料的运输量是微不足道的。一座1000MW电功率的压水堆核电厂，一年只需要补充25～30t核燃料——低浓缩铀（实际消耗1.5t ^{235}U，其余部分可回收），只需一节车皮运输。

相应地，一座1000MW电功率的燃煤发电厂，一年要消耗约350万t原煤，平均每天1万t原煤，每天要一艘万吨轮（或30～40节车皮的列车）来运输，同时每天还有约1000多吨的灰渣要运走。

核电厂与燃煤发电厂相比，在运输燃料和燃料利用率上都具有优势。

（3）核电的经济性具有竞争力。核电厂的基建投资较大，同容量的核电厂与火电厂相比，基建费高50%。但如果将各自的燃料开采、加工、运输费用包括进去，其综合投资相近。

从发电成本分析，尽管核电厂分摊的基建费与维修费比火电厂高，但由于核电厂的燃料费比火电厂低得多，因此，最终核电厂的发电成本比火电厂低约38%，是烧油电站的29%，烧煤电站的58%，而法国的核电成本只有燃煤火电的52%。世界各国平均核电成本一般是火电的50%～85%。

在我国，核电、水电、火电的价格基本是持平的。但核电是最稳定、受外界因素干扰最小的。初期修建的成本，核电站大概是火电站的2～3倍，但运行后的维护和燃料费用，却远远低于火电站。火电成本中，燃料费所占比例是最高的。如今，全球经济萧条，能源问题变得越来越敏感，这对火电站来说是一个严峻的考验。而水电站是最不稳定的，全球气候变暖，水资源也越来越紧张，对水电站带来的考验不可避免。

（4）核电是安全清洁的能源。核电厂对环境的影响远小于燃煤电厂。由于核电厂不放出二氧化碳、二氧化硫和氮氧化物，不会造成大气污染、温室效应，从而保护了人类赖以生存的生态环境。

核电站虽然使用具有放射性的裂变材料，然而就向环境释放的放射性物质而言，由于煤炭是天然矿石，含有天然放射性元素，使其燃煤、粉尘和灰渣具有放射性，一个100万kW的煤电站放射性是同等规模核电站的100倍。

核电站不会像水电站那样占地多，造成大量人口迁移、水土流失、生态环境变化，以及发生水坝垮塌等，也不会像地热能、生物能影响空气质量。

对于核电厂的放射性问题，以压水堆核电厂为例，由于采取了严密的防范措施，具有三道安全屏障，在正常运行时，其放射性排放远远低于允许标准，核电厂附近居民接受的放射性剂量很低，是天然本底放射性（自然界存在的天然放射性）剂量的几十分之一。即使在一般性事故情况下，由于严格的设计制造和规范的管理制度，其放射性污染也是很小的，对周围居民不会造成危害。

根据当今各种电力生产全生产链的实际统计，每百万千瓦电力每年造成不到预期寿命人员死亡数量为1人。相比而言，核电是最安全的能源。

新一代核电站的开发，将使核电更为安全，使核电发生影响环境的重大事故几率降至百万分之一以下，其主要特点：先进仪表控制系统设计、现代化的在役检查、现代化的防火与灭火系统、改进型的燃料、非能动式安全系统、各种消除与缓解事故措施。

第二节 核电发展概况

一、世界核电发展概况

（一）核电站发展历程

自1986年法国物理学家贝可勒尔发现了铀的天然放射性以后，以核物理、核化学、核辐射探测学等一系列研究成果为基础，结合核电子学、核探测器、核分析技术、加速器及反应堆等技术的发展，核能应用与核技术迅速兴起。

核技术首先应用于军事方面。1938年，哈恩和斯特拉斯曼发现了核裂变并得到了合理的解释，许多科学家都意识到，让放射性物质大量释放能量的核弹（即原子弹）是完全有可能制造成功的。时值第二次世界大战，为了赶在希特勒之前研制出原子弹，以便遏止可能造成的更大危害，经过爱因斯坦等一大批世界一流核物理学家的建议和呼吁，1941年12月美国开始了历时 5 年的“曼哈顿工程”计划，动员了 50 万人，其中有 15 万名科学家和工程师，耗资 20 亿美元。

1942 年 11 月 7 日，意大利物理学家恩里科·费米教授领导的实验小组将世界上第一座反应堆建造在美国芝加哥大学斯塔格运动场西看台下的一个角落里，反应堆长 7.5m、宽 7.5m、高 6m，由 385t 石墨砖和 40t 天然铀短棒在一个木架栅格上堆砌而成，外层用厚度 30cm 的石墨作反射层以防止中子泄漏，堆中放置了一些可以移动的控制棒。

1942 年 12 月 2 日下午 3 点 25 分，在对面看台上的 43 位科学家的共同见证下，镀镉的控制棒被移开，这座核反应堆首次成功临界，初始反应堆的功率为 0.5W，工作了 28min。不久以后，到 12 月 12 日反应堆功率就提高到了 200W，实现了受控的核能释放，为人类进入一个核能利用的新纪元奠定了基础。

1943 年年末，在“原子弹之父”奥本海默的领导下，美国完成了原子弹的实际制造。1945 年 7 月 16 日，第一颗原子弹试验成功。1945 年 8 月 6 日和 9 日，美国先后将两颗原子弹投在日本的广岛和长崎，迫使日本投降，结束了第二次世界大战。1949 年，前苏联爆炸了一颗比美国投掷到广岛的原子弹威力大五倍的核弹。1964 年，我国也成功爆炸了第一颗原子弹。

此后，科学家们开始强烈呼吁限制和消灭核武器，和平利用原子能。1954 年，前苏联建成了世界上第一座核电机组，人类进入了和平利用核能的时代。

从世界核电发展历程来看，大致可分为四个阶段：实验示范阶段、高速发展阶段、减缓发展阶段以及开始复苏阶段。

1. 实验示范阶段（1954～1965 年）

1954～1965 年间世界共有 38 个机组投入运行，属于早期原型反应堆，即“第一代”核电站。期间，1954 年前苏联建成世界上第一座商用核电站——5MW 实验性石墨沸水堆（见图 1-2）；1956 年英国建成 45MW 原型天然铀石墨气冷堆核电站；1957 年美国建成 60MW 原型压水堆核电站；1962 年法国建成 60MW 天然铀石墨气冷堆；1962 年加拿大建成 25MW 天然铀重水堆核电站。

图 1-2　世界第一座核电站——前苏联奥布宁斯克核电站

2. 高速发展阶段（1966～1980 年）

1966～1980 年间世界共有 242 个机组投入运行，属于“第二代”核电站。由于石油危机的影响以及被看好的核电经济性，核电得以高速发展。期间，美国成批建造了 500～1100MW 的压水堆、沸水堆，并出口其他国家；前苏联建造了 1000MW 石墨堆和 440、1000MWVVER 型压水堆；日本和法国引进、消化了美国的压水堆、沸水堆技术；法国核电发电量增加了 20.4 倍，占全国发电总量比例从 3.7%增加到 40%以上，图 1-3 所示为法国

PALUEL核电站；日本核电发电量增加了21.8倍，占全国发电总量比例从1.3%增加到20%。

3. 减缓发展阶段（1981～2000年）

1981～2000年间，由于1979年美国三哩岛（见图1-4）以及1986年前苏联切尔诺贝利核事故（见图1-5）的发生，直接导致了世界核电发展的停滞，人们开始重新评估核电的安全性和经济性。为保证核电厂的安全，世界各国采取了增加更多安全设施、更严格审批制度等措施，以确保核电站的安全可靠。

图1-3 法国PALUEL核电站

图1-4 美国三哩岛核电站

图1-5 前苏联切尔诺贝利核电站事故现场

4. 开始复苏阶段（21世纪以来）

21世纪以来，随着世界经济的复苏，以及越来越严重的能源、环境危机，促使核电作为清洁能源的优势又重新显现，同时经过多年的技术发展，核电的安全可靠性进一步提高，世界核电的发展开始进入复苏期，世界各国都制定了积极的核电发展规划。美国、欧洲、日本开发的先进轻水堆核电站，即“第三代”核电站取得重大进展，有的已投入商业运行或即将立项。

（二）发展现状和趋势

1. 发展现状

核电与水电、煤电一起构成了世界能源供应的三大支柱，在世界能源结构中有着重要的地位。目前世界上已有 30 多个国家和地区建有核电站。根据世界核协会（WNA）网站提供的数据，截至 2016 年 12 月 31 日，全球共有 30 个国家在使用核电；在运核电机组总计 446 台，总净装机容量约为 390.8GWe；12 个国家正在建设总计 60 台核电机组，总装机容量约为 64.5GWe。有 2 个无核电国家即白俄罗斯和阿联酋正在开展核电建设；另有 15 个无核电国家已批准建设首批核电机组。作为持续、可靠的低碳能源，核电已向全球提供超过 11%的电能。全球 16 个国家在很大程度上依赖于核电，其核电占比超过本国电力供给的 1/4。法国电力来源中，核电贡献 3/4 左右；比利时、捷克、芬兰、匈牙利、斯洛伐克、瑞典、瑞士、斯洛文尼亚、乌克兰等国的核电占比达 1/3 或更多；韩国、保加利亚核电提供 30%以上的电能；美国、英国、西班牙、罗马尼亚核电占各国电能的 20%；日本过去很大成分上依赖核电，占比超过 1/4，目前期望返回当时水平。在那些不持有核电厂的国家中，意大利和丹麦，能源供给中，有 10%来自于核电。图 1-6 位全球核电在运及在建数量一览。

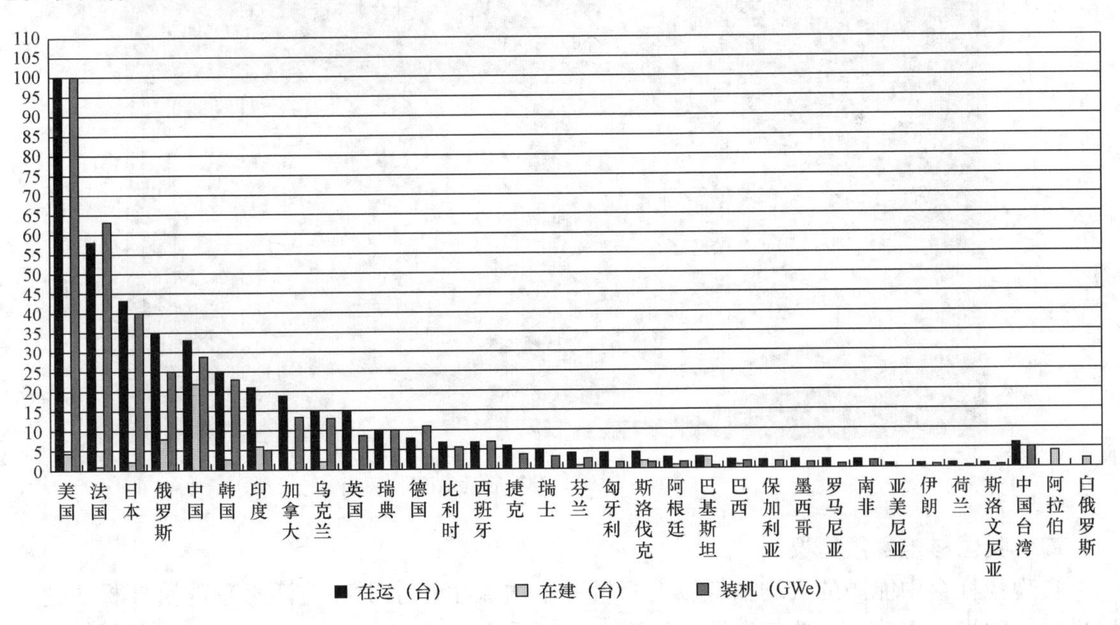

图 1-6　全球核电在运及在建数量一览

2. 发展趋势

（1）市场规模扩大。出于对环保、生态和世界能源供应等的考虑，核电作为一种安全、清洁、低碳、可靠的能源，近年来已被越来越多的国家所接受和采用，在全球部分地区掀起了核电建设热潮。如今，越来越多的国家正在考虑或启动建造核电站的计划，已有 60 多个国家正在考虑采用核能发电。到 2030 年前，估计将有 10～25 个国家加入核电俱乐部，将新建核电机组。据国际原子能机构预测，在高值情景中，到2030年全球的核电装机容量增加40%。

（2）研发新一代核电技术。目前，世界正在运行的机组采用的基本是第二代核电技术。世界各国在二代技术基础上进行了改进与创新，研发出三代核电技术。采用了改进型和革新型设计的新堆型（如表1-2、图1-7所示）提高了核电安全性、可靠性和经济性。

表1-2 世界核电主要堆型及代表国家一览表

堆型	代表国家	数量（台）	堆型	代表国家	数量（台）
压水堆（PWR）	美、法、日、俄	269	气冷堆（GCR）	英国	18
沸水堆（BWR）	美、日、瑞典	92	石墨水冷堆（LWGR）	俄罗斯	15
重水堆（PHWR）	加拿大	46			

（3）提高核电安全性、经济性。国际核能界总结了三哩岛和切尔诺贝利两大事故的教训和世界核电站近1万·年的运行经验，在提高核电安全性和经济性方面取得重大突破。新建核电站的风险概率可在现有基础上再降低一个数量级，同时通过简化系统和容量效应的发展降低了建造成本、运行成本等，使其低于传统的煤电、油电和水电等。

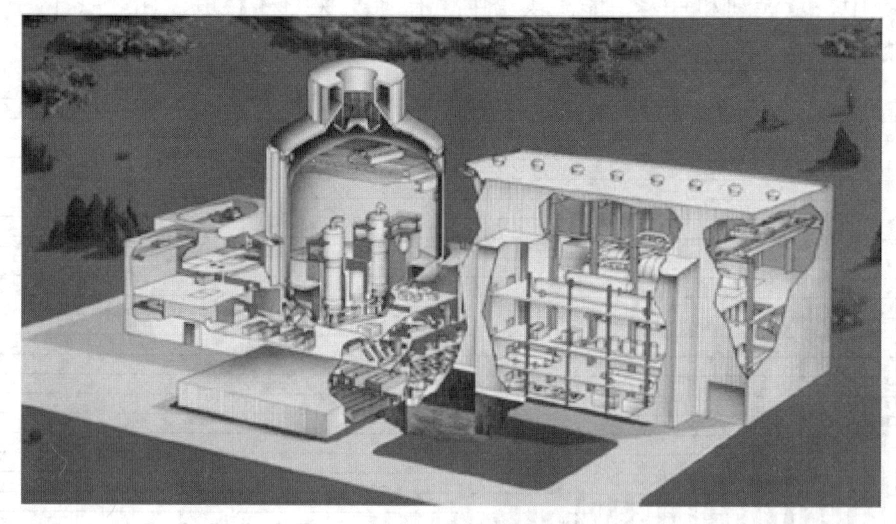

图1-7 AP1000核电站

二、我国核电发展概况

在现代社会中能源的人均消耗成为衡量一个国家生产水平和生活水平的重要标志之一，但世界上的煤、石油、天然气资源，按现在的开采水平估计，将在几十年内逐渐枯竭，因此时代呼唤需要开发新的能源。

（1）我国资源丰富，但人均占有量不到世界平均值的1/2，人均能耗仅为发达国家的几十分之一。国民经济要发展，首先能源要有大发展。

（2）我国的能源分布极为不均，60%以上煤分布在华北地区，70%水力分布在西南地区，东南沿海地区又是工业发达地区，因此，我国更需要清洁、可靠、经济、安全的能源。

(3) 由于日益严重的生态破坏和环境污染的压力，使得人们对于核能在国民经济中的地位和作用有了进一步的认识——核能对于优化能源结构、促进能源多元化、提高能源安全和能源资源的合理利用以及保护环境具有不可替代的作用。核能在我国能源供给中扮演的角色已由“可有可无”变为“不可或缺”。

(4) 到2020年，我国要全面实现小康社会，实施可持续发展战略，能源安全保障是重要支撑条件之一，而加快发展核电这一重要替代能源是保持我国社会经济与资源环境平衡和谐的战略选择。积极发展核能是我国能源发展和生态与环境保护的必然选择。

三十年来，我国核能经历了从无到有的发展，核电工业大体上经历起步、初步发展、腾飞和持续发展几个阶段。

1995年前可称为起步阶段。期间，秦山、大亚湾核电厂相继投产。

1995～2005年可称为初步发展阶段。期间，秦山二期、岭澳、秦山三期、田湾核电厂相继投运。不幸的是，由于我国核电体制存在的弊端及认识等问题，已建项目形成了多种堆型、多国引进，客观上不利于我国核电国产化。总体来说，核电国产化水平不高。

2005年以后，称为腾飞和持续发展阶段，即核电大发展的阶段。“十二五”期间，我国核电机组并网运行17台，开工建设13台；到2020年的核电装机规划将提高到8600万kW，占届时总装机的5%左右，在建规模为4000万kW。显然，国家在发展核电态度上已经从“积极发展”转变到“尽可能发展”。

1955年我国开始发展核工业，20世纪50年代后期至70年代主要为国防服务。在此期间建立了相应的科研、设计、建造、教育和核燃料循环工业体系（如图1-8所示），目前我国已拥有一个从地质勘察到铀矿采冶、铀纯化、铀浓缩、核燃料元件生产，一直到乏燃料后处理等完整的核燃料循环系统，并在关键环节上实现了生产能力的跨越和技术水平的提升，在一些重要环节上已接近或达到国际先进水平。世界上只有美、俄、英、法和中国等少数几个国家能够拥有如此完整的核工业体系。

我国十分重视核安全，明确制定了“安全第一”的方针，保护工作人员、公众和环境。1984年国务院成立国家核安全局，对民用核设施进行核安全的独立监管，建立核安全监督体系，并确定了政府有关部门和营运单位的职责。1986年开始陆续颁布核安全法规，依法监管核安全。

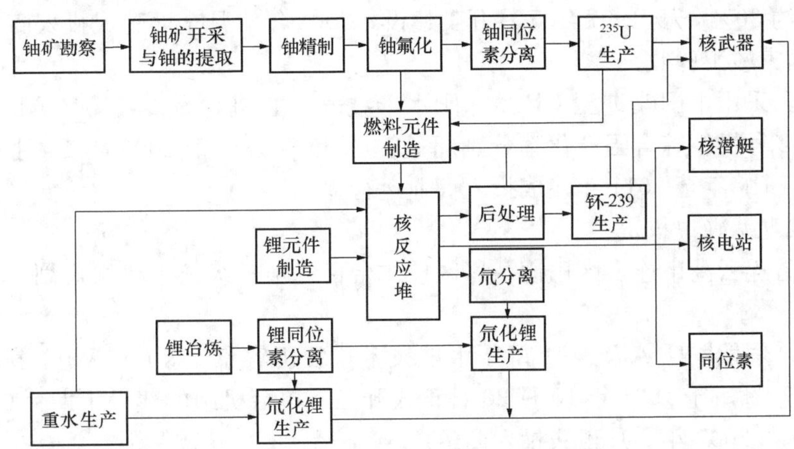

图1-8　核工业的构成

下面介绍一下在我国主要运行的核电站。

1. 秦山核电站（中核）

秦山核电站地处浙江省海盐县。

一期工程，采用中国 CNP300 压水堆技术，装机容量 1×30 万 kW，设计寿命 30 年，综合国产化率大于 70%，1985 年 3 月浇灌第一罐核岛底板混凝土（FCD），1991 年 12 月首次并网发电，1994 年 4 月投入商业运行，1995 年 7 月通过国家验收。经过十多年的管理运行实践，实现了周恩来总理提出的“掌握技术、积累经验、培养人才，为中国核电发展打下基础”的目标。

二期工程及扩建工程。采用中国 CNP650 压水堆技术，装机容量 2×65 万 kW，设计寿命 40 年，综合国产化率二期约 55%，二扩约 70%，1、2 号机组先后于 1996 年 6 月和 1997 年 3 月开工，经过近 8 年的建设，两台机组分别于 2002 年 4 月和 2004 年 5 月投入商业运行。至此，我国实现了由自主建设小型原型堆核电站到自主建设大型商用核电站的重大跨越，为我国自主设计、建设百万千瓦级核电站奠定了坚实的基础，对促进我国核电国产化发展，进而拉动国民经济发展发挥重要作用。扩建工程（3、4 号机组）是在原设计和技术基础上进行改进，3 号机组 2006 年 4 月 28 日开工，2010 年 8 月并网发电；4 号机组 2007 年 1 月开工，2011 年 11 月并网发电。

秦山三期（重水堆）核电站采用加拿大成熟的坎杜 6 重水堆技术（CANDU 6），装机容量 2×728MW，设计寿命 40 年，综合国产化率约 55%，参考电厂为韩国月城核电站 3、4 号机组。1 号机组于 2002 年 11 月 19 日首次并网发电，2002 年 12 月 31 投入商业运行；2 号机组于 2003 年 6 月 12 日首次并网发电，2003 年 7 月 24 日投入商业运行。

2. 广东大亚湾核电站（中广核）

大亚湾核电站采用法国 M310 压水堆技术，装机容量 2×98.4 万 kW，设计寿命 40 年，综合国产化率不足 10%，1987 年 8 月工程正式开工，1994 年 2 月 1 日和 5 月 6 日两台单机容量为 984MW 压水反应堆机组先后投入商业营运。

3. 岭澳核电站（中广核）

岭澳核电站位于广东大亚湾西海岸大鹏半岛东南侧。

一期工程，采用中国 CPR1000 压水堆技术，装机容量 2×99 万 kW，设计寿命 40 年，综合国产化率约 30%，于 1997 年 5 月开工建设，2003 年 1 月全面建成投入商业运行，2004 年 7 月 16 日国家竣工验收。

二期工程，采用中国改进型 CP1000 压水堆技术，装机容量 2×100 万 kW，设计寿命 40 年，1 号和 2 号机组综合国产化率分别超过 50%和 70%，于 2005 年 12 月开工建设，两台机组计划于 1010 年至 2011 年建成投入商业运行。

4. 田湾核电站（中核）

位于江苏省连云港市连云区田湾，厂区按 4 台百万千瓦级核电机组规划，并留有再建 2 至 4 台的余地。

一期工程采用俄罗斯 AES - 91 型压水堆技术，装机容景 2×106kW，设计寿命 40 年，综合国产化率 70%。于 1991 年 10 月 20 日正式开工，单台机组的建设工期为 62 个月，分别于 2007 年 5 月和 2007 年 8 月正式投入商运。

二期工程 3、4 号机组的建设已启动，单机容量均为 100 万 kW。

三期工程 5、6 号机组的建设已启功，采用中国二代加 CPR 核电技术。

5. 红沿河核电站（中广核）

辽宁红沿河核电站位于辽宁省大连市瓦房店东岗镇，地处瓦房店市西端渤海辽东湾东海岸。规划建设 6 台机组，采用中国改进型 CPR1000 压水堆技术，单机容量 100 万 kW，设计寿命 40 年，综合国产化率约 60%，1 号机组于 2008 年 3 月开工，2013 年 2 月并网发电，2 号机组于 2008 年 4 月开工，2013 年 11 月并网发电。

6. 宁德核电站（中广核）

规划建设 6 台机组，采用中国改进型 CPR1000 压水堆技术，单机容量 100 万 kW，设计寿命 40 年，综合国产化率约 75%以上，1 号机组于 2008 年 2 月开工，2012 年 12 月并网发电；2 号机组于 2008 年 11 月开工，2014 年 1 月并网发电。

7. 阳江核电站（中广核）

阳江核电站位于粤西阳江市东平镇沙环村，三面环山，南面临海。项目规划建设 6 台百万千瓦级或更大容量的核电机组，分两到三期建设，首期建设两台。1 号机组于 2009 年 4 月开工，2013 年 12 月并网发电；2 号机组于 2009 年 6 月开工，2015 年 3 月并网发电。

8. 三门核电站（中核）

2004 年 7 月，位于浙江南部的三门核电站一期工程建设获得国务院批准。这是继中国第一座自行设计、建造的核电站——秦山核电站之后，获准在浙江省境内建设的第二座核电站。三门核电站总占地面积 740 万 m^3，可分别安装 6 台 100 万 kW 核电机组。全面建成后，装机总容量将达到 1200 万 kW 以上，超过三峡电站总装机容量。一期工程总投资 250 亿元，将首先建设两台目前国内最先进的 100 万千瓦级压水堆技术机组。三门核电站正在建设中。

9. 海阳核电站（中电投）

位于山东烟台海阳市东南部海边，该工程规划建设 6 台百万千瓦级核电机组，并预留有扩建场地。一期工程规划建设两台 125 万 kWAP1000 核电机组，于 2017 年并网发电。

海阳核电项目采用美国西屋公司设计的当今世界上最先进的 AP1000 三代核电技术。由于运用非能动的安全系统，该技术可较大幅度地简化系统，减少设备数量，提高核电站的安全性和经济性。

10. 方家山核电站

方家山核电站是秦山一期核电工程的扩建项目，工程规划容量为两台百万千瓦级压水堆核电机站，采用二代改进型压水堆技术，国产化率达到 80%以上，1 号机组于 2008 年 12 月开工，2014 年 12 月并网发电，2 号机组于 2009 年 7 月开工，2015 年 2 月并网发电。方家山核电站建成后，秦山核电基地将拥有 9 台核电机组，总容量达到 630 万 kW。该项目位于浙江海盐，南临杭州湾，承接华东区域电网，区位优势相当明显。

近年来，我国为了加速实现核技术应用产业化，核科技攻关以核电为龙头、核燃料和核科研为基础，开展了以下工作：

（1）开展国产化先进核反应堆的系列技术攻关，其中百万千瓦级大型先进压水堆核电站的设备国产化比例从原有的 1%上升到 75%甚至 90%，实现了“自主设计、自产设备、自主建设、自主运营”，在聚变 - 裂变混合堆的研究方面，我国的聚变三乘积水平在 15 年里提高了 50 倍。

（2）在核燃料循环工业的各个环节都展开了重大技术攻关项目，包括铀矿勘探、采冶、铀浓缩、燃料元件制造、反应堆、后处理等。

（3）为促进核技术与其他现代技术的结合，开展了核技术在人类生产、生活中的应用研究，如核医学与分子生物学结合、核辐射技术与现代信息技术结合等。

在先进核反应堆技术方面，我国高温气冷实验堆已于2000年12月建成并达到临界。反应堆由中国自主设计、自主建造、自主营运，拥有自己的知识产权，技术上亦居世界前列。2008年10月7日举行了全球首个商用"球床"核反应堆、195 MW高温气冷堆核电站——华能山东石岛湾核电厂示范工程核岛EPC总承包协议和主设备供货合同的签字仪式，目前仍在建设中。

快中子增殖堆可将天然铀资源的利用率从压水堆的约1%提高到60%～70%，这对于充分利用铀资源、持续稳定发展核电、解决今后的能源供应问题具有战略意义。中国原子能科学院建造了一座实验型快中子反应堆（热功率65 MW、电功率20 MW）——中国实验堆（CEFR），2010年7月21日首次临界。

我国核电站堆型走的是压水堆、先进热中子堆、快堆和聚变堆发展路线。压水堆在国际上是经济、成熟的堆型，目前国际上核电站已有70%以上采用这种堆型。我国起步阶段以压水堆作为第一代核电站的主力堆型，现在建成的和在建的核电站基本上都是压水堆核电站。后续我国力争建成新一代的热中子堆型，并争取在2020年左右，使快中子增殖堆步入商用阶段，从2050年开始，聚变—裂变混合堆或聚变堆预期能投入使用，所以目前正在加紧快堆和核聚变堆方面的研究工作。

第三节　核电站的类型和工作原理

核电厂就是利用核能发电的电厂。核能是指原子核结构发生变化时释放出的能量，包括裂变能和聚变能。

核电厂与火电厂一样由两大部分组成：蒸汽供应系统和汽轮发电机系统。这两种电厂的蒸汽供应系统有较大的差异，其汽轮发电机系统基本相似。

核电厂的蒸汽供应系统是核蒸汽供应系统，由核燃料在反应堆内发生可控链式裂变反应，放出核能加热水来产生蒸汽；而火电厂的蒸汽供应系统是由煤或石油在锅炉内燃烧，放出化学能加热水来产生蒸汽。

核电站的主体包括反应堆、蒸汽发生系统及汽轮发电机，此外，还有稳压器、冷凝器、各类泵、加热器、再热器、管道、变电输电系统等。

核电厂的心脏是核反应堆。所谓反应堆是指对链式反应加以控制，使其能量缓慢释放出来便于为人类所利用的核反应装置。现阶段一般专指裂变堆。在核反应堆中，将中子减速（成为热中子）使其更容易击中核燃料的原子核引起裂变的物质称为慢化剂或减速剂。将核裂变产生的热量带出反应堆的介质称为冷却剂或载热剂。

图1-9所示为核电厂工作原理，核燃料在反应堆内进行链式核裂变反应，并释放反应热，在堆内吸收了反应热的冷却剂（水或气体）将热量带出反应堆，传给在蒸汽发生器中的二回路水，水汽化成为蒸汽，蒸汽带动汽轮发电机发电。一回路的冷却剂将热量放出后由泵送回反应堆重新吸热；二回路的蒸汽（乏汽）离开汽轮机后在冷凝器内凝结为水，再经水泵

送回蒸汽发生器重新汽化。

把核反应堆用主管道与主泵、蒸汽发生器、稳压器连接在一起，加上一些辅助系统，构成核电厂一回路系统，即核蒸汽供应系统。把蒸汽发生器与汽轮发电机、汽水分离再热器、冷凝器、给水加热器、泵等用管道连在一起，就构成了核电厂二回路系统，即汽轮发电机系统。蒸汽发生器是连接两个回路系统的重要设备，与一回路相连的为一次侧，与二回路相连的为二次侧。

一、核反应堆分类

核反应堆有很多种，概念上有900多种设计，目前实现的种类并不多，可以按照用途、中子的能量、核燃料的分布、核燃料、冷却剂、慢化剂等进行分类。

1. 按反应堆的用途分

(1) 生产堆。这种堆专门用来生产易裂变或易聚变物质，其主要目的是生产钚和氚及放射性同位素。

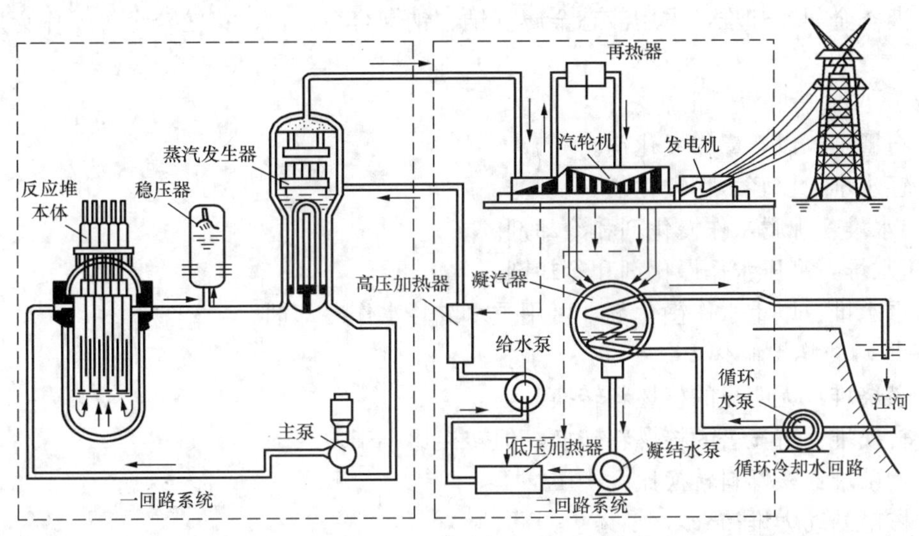

图1-9 核电厂工作原理示意

(2) 动力堆。这种堆主要用作发电、供热和船舰的动力。

(3) 试验堆。这种堆主要用于试验研究，它既可进行核物理、辐射化学、生物、医学等方面的基础研究，也可用于反应堆材料、释热元件、结构材料以及堆本身的静、动态特性的应用研究。

此外还有少量特殊用途的反应堆。

2. 按中子的能量分

(1) 热中子堆。堆内核裂变反应主要由热中子（能量在0.025 3eV左右）引起。大多数压水堆即属于这种类型。

(2) 中能中子堆。堆内核裂变反应主要由超热中子（能量介于热中子和快中子之间）引起。

(3) 快中子堆。堆内核裂变反应主要由快中子（能量在0.1MeV附近）引起，例如钠冷堆。

3. 按核燃料的分布分

（1）均匀堆：其中核燃料同慢化剂均匀混合（如铀化合物溶解或悬浮在慢化剂中，形成溶液、悬浮液或浆液；铀与聚乙烯或氢化锆弥散混合等）。

（2）非均匀堆：其中固体或液体核燃料（如熔盐）同慢化剂不相混合。

4. 按反应堆采用的核燃料分

（1）天然铀堆：以天然铀作核燃料（限于热中子堆）。

（2）浓缩铀堆：以浓缩铀作核燃料。

（3）钚堆：以钚作核燃料。

5. 按反应堆采用的冷却剂分

（1）水冷堆：采用水作为反应堆的冷却剂。

（2）气冷堆：采用氦气作为反应堆的冷却剂。

（3）有机介质堆：采用有机介质作为反应堆的冷却剂。

（4）液态金属冷却堆：采用液态金属（钠、钠钾合金、铅、铅铋合金等）作为反应堆的冷却剂。

6. 按反应堆采用的慢化剂分

（1）石墨堆：以石墨作慢化剂。

（2）轻水堆：以轻水作慢化剂。

1）沸水堆：沸腾水作慢化剂和冷却剂。

2）压水堆：高压水作慢化剂和冷却剂。

（3）重水堆：以重水作慢化剂，可用重水或轻水作冷却剂。

7. 按燃料转换性能分

（1）燃烧堆：无明显的核燃料转换。

（2）转换堆：有显著的核燃料转换，但转换比小于1。

（3）增殖堆：核燃料转换比大于1。

二、核电站动力堆简介

在核电站中动力堆主要有轻水堆（包括压水堆与沸水堆）、重水堆、石墨气冷堆和快中子增殖堆。

1. 轻水堆

轻水堆是以加压的普通水（轻水）作为慢化剂和冷却剂的核反应堆。轻水具有良好的热物性，且价格便宜、使用方便、输送所需功率小。轻水堆可以分为压水堆和沸水堆。

如果不允许水在堆内沸腾，称为压水堆。这种反应堆的内部压力较高（一般在15MPa以上），冷却剂水的出口温度低于相应压力下的饱和温度（低20℃左右），因此水不会沸腾。由于水的慢化能力和载热能力都好，所以压水堆具有结构紧凑、堆芯体积小、堆芯功率密度大、安全性能好、造价低、建设周期短等特点。不过，压水堆需要一个能承受高压的压力壳，其核燃料一般使用低浓缩铀（含有2%～3%的^{235}U）。舰艇及其他军用的反应堆都是压水堆，使用高浓缩铀作燃料。压水堆具有军用基础，已成为成熟的堆型。我国核电站目前使用的绝大部分堆型是压水堆。

如果允许冷却剂水在堆内沸腾，直接产生蒸汽，称为沸水堆。这种反应堆的核蒸汽供应系统只有一个回路，系统比较简单，反应堆内压力为7.0～8.0MPa，省去了压水堆中易出事故的蒸汽发生器，但其功率密度比压水堆小，堆芯和压力壳的体积比压水堆大，汽轮机会直接受到放射性污染，需要一系列防护措施，检修时需要停堆时间长，困难也较大。

轻水堆是目前最主要的堆型，在已运行的核电站中，轻水堆占 85.9%，其中压水堆占 61.3%，沸水堆占 24.6%。在新建核电站中，90%是轻水堆。

2. 重水堆

重水堆是以加压的重水作为慢化剂，其冷却剂可用重水或轻水。所谓重水，是指用氢的同位素氘合成的水。轻水是用氢合成的普通水。重水与轻水的热物性差不多。平均 20t 天然水中含有 3kg 重水。

由于重水对中子的慢化能力强，但吸收中子的几率小，因此重水堆可以采用天然铀（含有 0.7%的 ^{235}U）作燃料，这对于天然铀资源丰富但缺乏铀浓缩能力的国家具有较大的吸引力。

用于发电的重水堆主要是压力管式重水堆，通常称为加拿大坎杜堆。压力管式重水堆用压力管把重水慢化剂和冷却剂分开，加压的冷却剂在压力管内流动，慢化剂在反应堆容器里，不承受高压。重水堆的结构比较复杂，建造成本高于轻水堆，且重水价格昂贵，需要注意回收。

用沸腾轻水冷却的重水堆可以节省重水的用量，且回路简单，若与压力管式重水堆结合，称为坎杜沸水堆（加拿大），或新型转换堆（日本）。

日本用堆中产生的钚来增殖核燃料，将天然铀中的一部分不可裂变的铀转化为可裂变的钚，形成自持钚循环，这种新型转换堆可看作轻水堆与快中子增殖堆之间的过渡堆型。

3. 石墨气冷堆

石墨气冷堆是用石墨作慢化剂、气体作冷却剂的堆型，分天然铀气冷堆、改进型气冷堆和高温气冷堆三种。气体冷却剂与水相比，比热容较小，传热系数低，所需流量大，输送时需消耗大量的能量，可占总生产电能的 2%～5%。与水冷堆相比，气冷堆体积大、造价也较高，气冷堆的发电成本也高于水冷准，但仍低于煤电。

天然铀气冷堆是第一代气冷堆，又称镁诺克斯堆，用天然铀作燃料，石墨作慢化剂，二氧化碳气体作冷却剂，用镁合金作燃料包壳，冷却剂出口温度 400℃左右。最初作为军用钚（核武器原料）生产堆，后发展成发电、产钚两用堆。由于这种堆型的功率密度很低，尺寸大，装料量大，造价高，已经停建。

改进型气冷堆是第二代气冷堆，是在镁诺克斯堆基础上发展起来的，用低浓缩铀作燃料，石墨作慢化剂，二氧化碳作冷却剂，用不锈钢作燃料包壳，冷却剂出口温度提高到 650℃。其各项指标比第一代气冷堆有所提高，但体积仍比水冷堆大得多。

高温气冷堆是第三代气冷堆，是最新一代的石墨气冷堆，用高浓缩铀作燃料，石墨作慢化剂，氦气作冷却剂，用陶瓷涂层代替金属包壳，燃料为弥散型无包壳，冷却剂出口温度可达 1300℃，一般为 800℃。该堆型具有多种优点，热效率高，高温气体还可以直接用于炼钢、煤气化及多种化工工艺。

4. 快中子增殖堆

快中子增殖堆不用慢化剂，直接用裂变产生的快中子来引发核裂变链式反应，并能增殖核燃料。由于天然铀中仅 0.7%是可裂变的 ^{235}U，99.3%是不可裂变的 ^{238}U，当 ^{238}U 吸收一个快中子后可以转变成可裂变的 ^{239}Pu，从而实现铀资源的充分利用。

由于快堆的堆芯结构紧凑、体积小、功率密度大，因此要求采用传热性能好、不会慢化中子的材料作冷却剂，目前采用液态金属钠和氦气两种冷却剂，分别称为钠冷快堆和气冷快堆。

钠冷快堆尚处于研究之中，有望很快成为成熟的堆型。目前有实验堆，其反应堆的造价比较高，还有一些技术问题需要克服，如钠遇水会发生爆炸，系统中必须采取一切措施防止其与水接触。但由于钠具有极好的传热性能，在高热流密度下（可达 $2.7\times10^{6}W/m^{2}$）不会发生烧毁问题，采用较低的系统压力就可得到较高的冷却剂温度等，是快中子反应堆较理想的冷却剂。

用氦气冷却的气冷快堆的增殖比大于钠冷快堆，可在高温气冷堆技术的基础上发展，目前尚处于试验阶段。

第二章

核反应堆物理及热工基础

第一节　反应堆物理基础

从前所述可知，反应堆是利用易裂变的原子核，使之产生可控的、自持的、链式裂变反应的装置。裂变的同时，产生大量的核能、新的核素以及次级中子。

反应堆中有燃料、慢化剂、结构材料和控制材料等。反应堆一旦运行后，堆内中子要与这些原子核发生各种类型的相互作用，产生新核，发生一系列的放射性衰变现象。因此反应堆是一个强大的各种粒子（中子、α粒子、β粒子和γ粒子）辐射场。同时，反应堆的运行是建立在中子与堆内物质相互作用的基础上。

本节介绍与反应堆有关的原子核物理基础知识，主要指中子物理学基础。

首先，对物质的组成、原子核衰变、结合能与原子核的稳定性作一简单介绍。然后，介绍中子与原子核的各种核反应及其规律。最后，对核裂变的机理进行介绍，并给出反应堆热功率与中子通量密度的关系以及衰变热的计算公式。

一、物质的组成

宇宙中任何物质都是由一百零几种元素的原子组成。原子是保持物质化学性质的最小粒子，但原子并不是物质组成的最基本的单位，原子作为客观实体存在，它的半径为一亿分之一厘米（10^{-10}m），但原子并不是不可再分的最小微粒。今天人类对原子的认识是，原子是由原子核（原子的核心）及核外电子组成，形成一个"小太阳系"。

1. 原子核的组成

原子由原子核和核周围的电子组成。原子核带正电，电子带负电。由于原子核所带的正电荷和电子所带的负电荷的绝对值相等，因而原子是电中性的。实验已经证实，原子的全部质量几乎都集中在原子核之中。

原子核由质子和中子这两种基本粒子组成。质子带一个单位的正电荷，其电量等于电子电荷的电量。这种粒子实际上就是氢原子的核，也就是去掉其唯一电子的氢原子。中子不带电。原子核中的质子和中子统称核子。核子的质量用原子质量单位表示，记作 u（unit 的缩写）。从 1960 年 1 月 1 日起，国际物理学会议规定，1 个原子质量单位（u）定义为中性的^{12}C原子质量的 1/12。

lu＝（1.660 565 5±0.000 008 6）$\times 10^{-27}$kg。因而以 kg 为单位的质子质量 M_p＝1.672 648$\times 10^{-27}$kg，中子质量 M_n＝1.674 954$\times 10^{-27}$kg。由此可见，中子稍稍重于质子。

电子的质量 M_e＝0.000 549u。所以整个原子的质量几乎就是原子核中质子和中子的质量之和。

设某一原子核由 Z 个质子和 N 个中子组成，Z 和 N 分别表示该元素的原子序数和原子核内的中子数。原子核内核子（即中子和质子）的总数等于 $Z+N=A$，此处 A 为原子质量数。Z、N、A 皆为正整数。

2. 同位素

元素的化学性质取决于该元素的原子序数（即原子核中的质子数）。这是因为物质的化学性质取决于核周围的（轨道）电子，而其电子的数目必须等于原子核中的质子数，因为整个原子是电中性的。因此，只要原子核内包含同样数量的质子数，即具有相同的原子序数，即使其质量数不同（原子核内具有不同的中子数），其化学性质也基本相同，但它们的核特性常常具有明显的差别。这些含相同质子数和不同质量数的原子核的元素叫做同位素。大多数元素都有几种同位素，它们在化学性质方面一般无法区别，但却具有不同的核特性。

具有 A 个核子，Z 个质子的原子核常用 ${}^{A}_{Z}X$，其中 X 为元素的符号。例如 ${}^{235}_{92}U$ 表示铀原子核内有 92 个质子，235 个核子（质子和中子总数）。显然，原子核内有 235－92＝143 个中子。${}^{238}_{92}U$ 原子核内有 92 个质子，但共有 238 个核子。因而其原子核内中子数为 146 个。它们在元素周期表中占有一个位置。由于元素 X 在周期表中，其质量数 A 隐含了其原子序数 Z，经常只写成 ${}^{A}X$，例如 ${}^{235}_{92}U$ 可写成 ${}^{235}U$。在热中子的轰击下 ${}^{235}_{92}U$ 原子核能分裂成两个碎片，同时释放出大量的能量，它们被称为易裂变物质，既可用作核反应堆的燃料，也可用作核武器的装料。而在热中子的轰击下，${}^{238}_{92}U$ 不能产生裂变反应，它俘获中子后生成 ${}^{239}_{92}U$，经过两次 β^- 衰变转化为 ${}^{239}Pu$，而 ${}^{239}Pu$ 却是另一种很重要的裂变物质。${}^{238}_{92}U$ 被称为可裂变物质，有时也称为可转换物质。由此可见，${}^{235}_{92}U$ 和 ${}^{238}_{92}U$ 具有不同的核特性，但它们的化学性质却极为相似。

目前，铀是能通过裂变释放核能的最重要的元素之一。它在自然界中至少存在着三种同位素，它们的质量数分别为 234、235 和 238。它们的丰度分别为 0.005 5％、0.720％和 99.274％，所谓丰度是指某一同位素在其所属的天然元素中占的原子数百分比。它们的同位素质量分别为234.041 0、235、0439、238.050 8。

氢有三种同位素，氕（${}^{1}H$）、氘（${}^{2}H$［D］）和氚（${}^{3}H$［T］），自然界中只存在 ${}^{1}H$、${}^{2}H$ 两种同位素，它们的丰度分别为99.985 2％和0.014 8％。我们常称 ${}^{1}H$ 为氢，氘和氧可以合成重水 D_2O，可以作反应堆的慢化剂和冷却剂。例如加拿大的 CANDU 反应堆，其冷却剂和慢化剂都是重水。氘和氚可以进行核聚变。

氧有 8 种同位素，其中在自然界中只有 ${}^{16}O$、${}^{17}O$ 和 ${}^{18}O$ 是稳定的，相应的丰度分别为 99.756％、0.039％和 0.205％。另外 5 种同位素不稳定，其中 ${}^{13}O$、${}^{14}O$ 和 ${}^{15}O$ 三种要发生 β^+ 衰变，它们的半衰期分别为0.008 7s、70.43s 和 122s。另外两种为 ${}^{19}O$ 和 ${}^{20}O$，要进行 β^- 衰变，它们的半衰期分别为 26.9s 和 13.57s。

具有一定数目的中子和质子以及特定能态的一种原子核或原子称为核素。核子数、中子数、质子数和能态只要有一个不同，就是不同的核素。核素之间通常包括四大类：同位素、同核异能素、同中子素和通量异位素。

3. 原子核能级

原子核可具有激发的各种能量，或者说它具有能级。一个原子核的最低能量状态叫基态，比基态高的能量状态称激发态，激发态还可分为第一激发能级等。如果原子核的运动状态处于激发态的某个能级上，这种状态是不稳定的，会自发跃迁到基态，并以放出射线的方式释放出多余的能量。

在核反应过程中，常见有不同能量的 γ 射线发生，表明核反应过程中原子核可处于若干激发态。

4. 核力

原子核结合得如此稳固，核子之间一定存在着一种引力，核子之间的这种引力称为“核力”。核力是原子核的基本特性，所有其他核性质及有关现象总要与核力联系起来。原子核中核力要与质子之间的库仑斥力相平衡。

核力的基本特点有如下几点。

（1）核力的短程性。核力的作用范围很小，其作用距离的数量为 10^{-15}m，在这个范围内，核子间距离近，核力迅速增加；核子之间距离增大，核力迅速减小；当核子间距离超过作用范围时核力迅速下降为零。

（2）核力的饱和性。每个核子只与它最相邻的有限数目的几个核子发生作用，而不是核内所有核子都发生相互作用，这就是说核力具有饱和性。

（3）核力与电荷无关。不管核子带电不带电，它们的结合能都基本相等。在核内质子和中子的稳定性是一样的。这说明，质子和质子，中子与中子，中子与质子之间的核力是大致相等的，核力与核子是否带电荷无关。

（4）核力是吸引力。除了核子间距离小于 0.4 费米（fm，1fm＝10^{-15}m）时，核力表现为斥力外，在其余核力作用的范围内，核力表现为吸引力。

二、原子核的衰变

原子核内具有特定数目的质子和中子并处于同一能态的一类原子称为核素。核素有的稳定，有的不稳定。不稳定的原子核中包含的中子相对质子不是太多就是太少。不稳定的核素发出射线释放能量，通过释放能量使原子核更稳定，核素的这种性质称为放射性，这种现象称为放射性衰变，具有放射性的物质称为放射性物质。

（一）衰变的类型

常见的放射性衰变方式有 α 衰变、β 衰变和 γ 衰变。

1. α 衰变

放射性核素自发地放射出 α 粒子（α 射线）而生成另一种核素的过程称为 α 衰变。α 粒子实际上是一个氦原子核（$^{4}_{2}He$），它由 2 个质子和 2 个中子组成，带 2 个单位正电荷。

下面是一个 α 衰变的例子：

$$^{226}_{88}Ra \longrightarrow ^{222}_{86}Rn + ^{4}_{2}He$$

上述过程放出的 α 粒子可以按能量分成四组：能量为 4.782MeV 的占 94.6%，能量为 4.599MeV 的占 5.4%，能量为 4.340MeV 的占 0.005 1%，能量为 4.194MeV 的占 7×10^{-4}%。出现这种不同能量 α 粒子是因为衰变成的 $^{222}_{86}Rn$ 可以处于几个不同的能态。

α 衰变过程可以用下述核反应式表示：

$$^{A}_{Z}X \longrightarrow ^{A-4}_{Z-2}Y + \alpha + E$$

式中　X——母体核；

A——母核质量数；

Z——母核原子序数；

Y——子体核；

E——衰变时放出的能量（衰变能）。

有些原子核经 α 衰变后形成的子体核仍然处于激发状态，它需要向基态跃迁并放出 γ 射线。γ 射线的能量等于激发态与基态之间的能量差。

2. β 衰变

放射性核素自发地放射出高速电子（β 射线）而生成另一种核素的过程称为 β 衰变。

β 射线可以是由母体核内的一个中子转变成一个质子时放出（对于中子“过剩”的核），也可以是由母体核中的一个质子转变成一个中子时放出（对于中子“不足”的核）。前一过程放出的是负电子，后一过程主要是针对中子数较少的原子核，放出的是正电子。为了便于区别，放出正电子的 β 衰变过程称为 β^+ 衰变，放出负电子的衰变过程称为 β^- 衰变。例如

β^- 衰变：　$^{19}_{8}O \longrightarrow ^{19}_{9}F + \beta^- +$ 反中微子

β^+ 衰变：　$^{15}_{8}O \longrightarrow ^{15}_{7}N + \beta^+ +$ 中微子

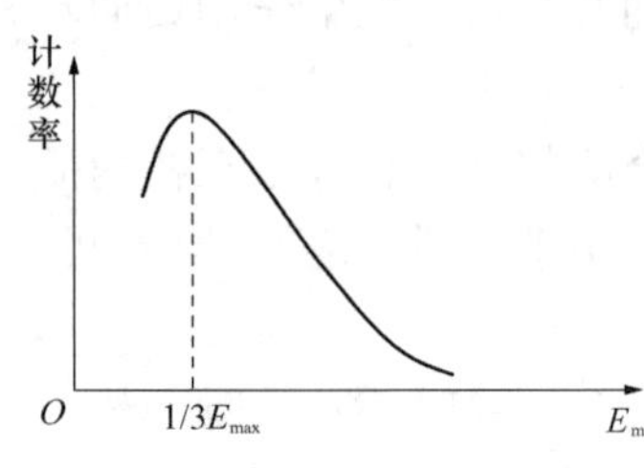

图 2-1　β 粒子的能量分布曲线

在 β 衰变过程中放出的能量，由 β 粒子、中微子或反中微子以及反冲核带走。因为反冲核质量较大，反冲运动的能量很小，因此放出的能量主要由 β 粒子及中微子或反中微子带走。又因它们之间可以有任意的能量分配方式，故 β 粒子的能谱是连续的。β 粒子的能量分布为从 0 到最大值的一个连续谱，平均能量约为最大能量的 1/3，如图 2-1 所示。

有些“缺少”中子的原子核，也可能把核外的轨道电子吸收到核内以代替 β^+ 衰变，这种过程称为电子俘获。这时核内即有一个质子转化为一个中子，同时放出一个中微子。电子层中的空位，即由其他较外层的电子来填补，于是便有 X 射线放射出来。

β 衰变过程可以分别用下述反应式表示：

$$^{A}_{Z}X \longrightarrow ^{A}_{Z+1}Y + \beta^- (\beta^- \text{衰变})$$

$$^{A}_{Z}X \longrightarrow ^{A}_{Z-1}Y + \beta^+ (\beta^+ \text{衰变})$$

可以看出，同位素 $^{A}_{Z}X$ 经过 β^- 衰变（或 β^+ 衰变及电子俘获）转化为 $^{A}_{Z+1}Y$（或 $^{A}_{Z-1}Y$），核的质量数未变，但质子则增多（或减少）了一个。因此，衰变后的元素在周期表上向后（或向前）移动了一格。

应当指出，一般所说的 β 衰变是指 β^- 衰变。

放射性核素的原子核 β 衰变后形成的子体核往往处于激发状态，当它向基态跃迁时放出 γ 射线。γ 射线的能量等于激发态与基态之间的能量差。

有的核素放出若干组不同能量的 β 射线，子体核素便有多种不同能量的激发状态，因而伴随 β 衰变便产生多种不同能量的 γ 射线。只有少数几种放射性核素是纯 β 衰变体，如 ^{3}H、^{14}C、^{90}Sr、^{32}P 等。

β 射线与物质的相互作用较强，在介质中能量损失较快，穿透力较弱，见图 2-2。为了防止 β 射线产生大量韧致辐射，通常用低原子序数的材料屏蔽，如铝、有机玻璃等。压水堆核电厂的腐蚀产物和活化产物大多具有 β 放射性。能量较高的 β 核素的体表沾污会对皮肤产生外照射，严重沾污可能会烧伤皮肤；内污染会对组织或器官产生一定照射。

3. γ 衰变

放射性核素的原子核经 α 衰变、β 衰变后形成的子体原子核往往处于激发状态。一般情

况下，原子核在激发状态存在的时间十分短（一般为 10^{-13}s），差不多马上就跃迁到基态而放出 γ 射线，故不能作为独立的核素。但有些衰变子体原子核在激发态存在的时间较长（$T>0.1$s），则可作为独立的核素。它自发地放出 γ 射线而形成新核素（同质异能素）的过程，称为 γ 衰变。同核异能素即是质量数和原子序数都相同而只是核能级不同的两种核素。

γ 射线是能量单一的电磁波，其能量大小等于核跃迁前后两个能级之差。γ 射线无静止质量，不带电荷，与物质的相互作用弱，能量损失慢，穿透力很强，见图 2-2。对 γ 射线的屏蔽材料一般选择原子序数较大的物质，如铅。在核电站，γ 射线是常见的外照射，因为使用方便，常用水作为屏蔽材料，如乏燃料水池中的水的一个作用就是对乏燃料放射的 γ 射线进行屏蔽。

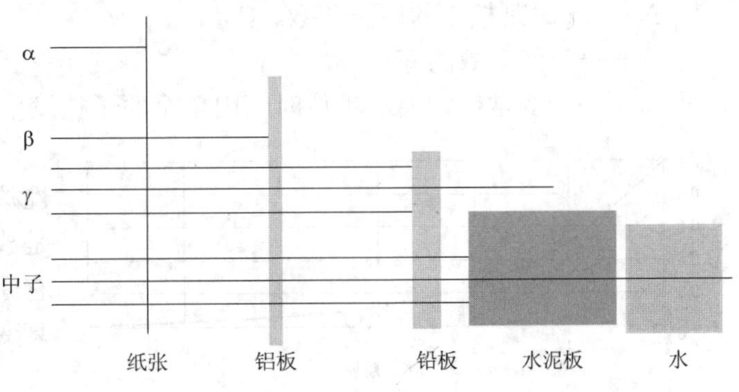

图 2-2　不同辐射在材料中的穿透能力

4. 衰变链

有些不稳定核素（母核）在经过 α 衰变或 β 衰变后，子核仍为不稳定核素，它们会继续地进行 α 衰变或 β 衰变，如此继续，直至达到稳定核素。初始母核向稳定核素过渡要连续经过若干次衰变过程，发射一连串具有不同能量的各种射线，通常称这种一连串的衰变过程为放射性衰变链。例如在反应堆内，^{235}U 在热中子作用下裂变而成的碎片 ^{135}Te，存在一系列的 β^- 衰变，最后才变成稳定的 ^{135}Ba，如

$$^{135}\mathrm{Te}(\beta^-) \rightarrow {}^{135}\mathrm{I}(\beta^-) \rightarrow {}^{135}\mathrm{Xe}(\beta^-) \rightarrow {}^{135}\mathrm{Cs}(\beta^-) \rightarrow {}^{135}\mathrm{Ba}(\text{稳定})$$

再如天然存在的 ^{238}U、^{235}U、^{232}Th，它们的衰变链很长。以下为 ^{238}U 的衰变链：

$$^{238}\mathrm{U}(\alpha) \rightarrow {}^{234}\mathrm{Th}(\beta^-) \rightarrow {}^{234}\mathrm{Pa}(\beta^-) \rightarrow {}^{234}\mathrm{U}(\alpha) \rightarrow {}^{230}\mathrm{Th}(\alpha) \rightarrow {}^{226}\mathrm{Ra}(\alpha) \rightarrow {}^{222}\mathrm{Rn}(\alpha) \rightarrow {}^{218}\mathrm{Po}(\alpha)$$
$$\rightarrow {}^{214}\mathrm{Pb}(\beta^-) \rightarrow {}^{214}\mathrm{Bi}(\beta^-) \rightarrow {}^{214}\mathrm{Po}(\alpha) \rightarrow {}^{210}\mathrm{Pb}(\beta^-) \rightarrow {}^{210}\mathrm{Bi}(\beta^-) \rightarrow {}^{210}\mathrm{Po}(\alpha) \rightarrow {}^{206}\mathrm{Pb}$$

其中从 ^{214}Bi（β^-）衰变至 ^{210}Pb 期间，有衰变分支

$$^{214}\mathrm{Bi}(\alpha) \rightarrow {}^{210}\mathrm{Tl}(\beta^-) \rightarrow {}^{210}\mathrm{Pb}$$

5. 中子

在核电站，中子一般来自核燃料的裂变反应，裂变过程中或裂变后放出的高速中子，反应式为

$$^{235}\mathrm{U} + \mathrm{n} \longrightarrow \mathrm{F}_1 + \mathrm{F}_2 + (2 \sim 3)\mathrm{n} + \beta + \gamma$$

在电站停堆时反应堆内的中子通量很低，反应堆厂房几乎没有中子辐射，在运行期间中子辐射与反应堆的功率水平成正比。

中子具有以下特征：①不带电荷，与物质电离是通过间接的方式进行的，能量损失较慢，在物质中穿透力很强；②屏蔽，对中子的屏蔽材料应选择较轻原子量的物质，如：水、石蜡；③在核电站中，一般来说只存在于运行中的反应堆厂房。

（二）放射性衰变的基本规律

放射性物质的衰变服从指数衰减规律，衰变过程是一个统计过程，不受外界因素（如温

度、压力）的影响。放射性物质的衰变曲线如图 2-3 所示。

放射性衰变的表达式为

$$N = N_0 e^{-\lambda t}$$

式中 N_0——$t=0$ 时刻的核素的原子核数；

N——t 时刻核素的原子核数；

e——自然对数的底；

λ——衰变常数，表示单位时间内单个原子核发生衰变的几率，s^{-1}。

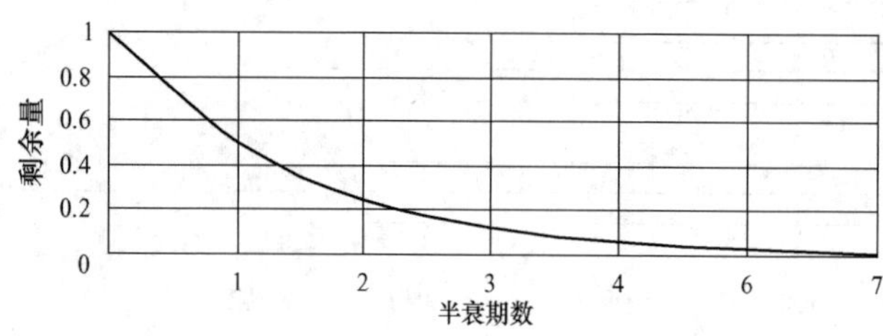

图 2-3 放射性物质的衰变曲线

半衰期 $T_{1/2}$：另外一个描述放射性核素衰变快慢的物理量，它的定义是放射性核素的原子核因衰变减少到它原来数目的一半所需的时间。它与衰变常数 λ 的关系为

$$T_{1/2} = \ln 2/\lambda = 0.693/\lambda$$

各种核素的半衰期差别很大，例如：^{232}Th 的半衰期 $T_{1/2}$ 为 1.41×10^{10} a，^{212}Po 的半衰期 $T_{1/2}$ 为 3.0×10^{-7} s。

应记住，7 个半衰期后，活度减为初始活度的约 1%，10 个半衰期后为 0.1%。

各种放射性核素的衰变常数和半衰期差别很大。表 2-1 列出了部分放射性核素的半衰期。

表 2-1 部分核素的半衰期

核素	半衰期	核素	半衰期
^{16}N	7.1s	^{226}Ra	1600a
^{41}Ar	1.8h	^{235}U	7E8a
^{59}Fe	45d	^{238}U	4.5E9a
^{3}H	12.3a		

放射性同位素样品在单位时间内衰变的次数，即为该同位素样品的活度。单位为贝可勒尔，简称贝可（Bq），它表示单位时间内衰变 1 次的放射性活度，也采用居里（Ci）来表示活度单位，居里与贝可勒尔的关系为

$$1\text{Ci} = 3.7\times10^{10}/\text{s} = 3.7\times10^{10}\text{Bq}$$

因此，半衰期也可定义为某同位素活度降为一半所需的时间。

稳定的核素在反应堆内中子的辐照下转化为放射性的核素，这个过程称为中子的活化。

三、结合能与原子核的稳定性

1. 质量亏损

如果没有核力作用而产生的能量变化，原子核的质量就应该等于组成它的粒子质量的和，即质子与中子质量的总和。质子数通常用 Z 表示，则中子数为（$A-Z$）。然而用质谱仪或其他方法直接测定核的质量表明，Z 个质子和（$A-Z$）个中子结合而成的核 $^{A}_{Z}X$，其质量 M_A 总比 Z 个质子及（$A-Z$）个中子的质量和为小，即

$$\Delta m = Zm_p + (A-Z)m_n - m_A \tag{2-1}$$

式中　m_p、m_n——质子和中子的质量。

即所有原子核的质量都比组成它的所有核子质量的总和略小，这种质量上的差异成为质量亏损。

按电中性的要求，一个原子除了包含核内的 Z 个质子和（$A-Z$）个中子外，还必须包含 Z 个核外电子。若 m_e 表示电子的质量，则组成一个原子的各种粒子的质量之和为

$$Zm_p + Zm_e + (A-Z)m_n$$

则

$$\Delta m = Z(m_p + m_e) + (A-Z)m_n - m$$
$$m = m_A + Zm_e$$

式中　m——中性原子的质量。

若用氢原子质量代替一个质子加上一个电子的质量，即

$$m_H = m_p + m_e$$

则

$$\Delta m = Zm_H + (A-Z)m_n - m \quad (2-2)$$

已知氢原子质量 m_H=1.007 825u，中子质量 m_n=1.008 665u，对于原子质量已有实验确定的任何一种核素，其质量亏损可通过式（2-2）计算而得：

$$\Delta m = 1.007\,825Z + 1.008\,665(A-Z) - m \quad (2-3)$$

例如氘核，它由一个质子和一个中子组成。氘的原子质量 m=2.014 102u，氘的原子序数 z=1，质量数 a=2，代入式（2-3）后

$$\Delta m = 1.007\,825 \times 1 + 1.008\,665(2-1) - 2.014\,102$$
$$= 0.002\,388(\mathrm{u})$$

2. 结合能和比结合能

根据爱因斯坦的狭义相对论原理，质量与能量的等价关系可以用式（2-4）来表示：

$$E = mc^2 \quad (2-4)$$

式中　c——光速，2.997 924 58×10^8m/s。

如果能量 E 用 MeV 表示，质量 m 用原子质量单位表示，则式（2-4）可写成

$$E(\mathrm{MeV}) = 931.5 \times m(\mathrm{u})$$

即 1u 与931.5MeV 的能量相当。式（2-4）也表明了，当核子结合成原子核时，质量总要亏损，即在结合过程中有 $\Delta E = \Delta mc^2$ 的能量从该原子核系统中释放出来。反之，要把原子核中所有核子完全分开，就须提供这么多能量。这个能量称为该原子核的结合能。结合能就是单独核子在形成原子核过程中所释放出的能量总和，即

$$\Delta E = [Zm_p + (A-Z)m_n - m_A]c^2$$

或

$$\Delta E \approx [Zm_H + (A-Z)m_n - m]c^2$$

也可以写成

$$\mathrm{B.E.} = \Delta E = 931.5 \times [1.007\,825Z + 1.008\,665(A-Z) - m] \quad (2-5)$$

原子核内一个核子的平均结合能称为比结合能 f。它等于总结合能除以总核子数 A，即

$$f = \frac{\mathrm{B.E.}}{A} = \frac{931.5}{A}[1.007\,825Z + 1.008\,665(A-Z) - m] \quad (2-6)$$

【例 2-1】 计算^{235}U（铀）(m=235.043 9u，Z=92，A=235）的比结合能。

解 由式（2-6）可以计算核素的比结合能。

^{235}U 的比结合能为

$$\frac{\text{B. E.}}{A}=\frac{931}{235}\times[(1.007\,825\times 92)+1.008\,665\times(235-92)-235.043\,9]=7.59(\text{MeV})$$

同样的方法可以算得自然界每个核数的平均比结合能值。图 2-4 所示为自然界核素比结合能与质量数的关系曲线。由图中曲线可知，大多数的点都落在一条曲线上或接近这条曲线。对于质量数 A 较小的元素，随着质量数 A 的增加，比结合能 f 也增加。且有若干个核素的比结合能在光滑线以外，从而出现一系列的极大值。在质量数 A 为 50～70 的范围内，比结合能 f 达到最大值，约为 8.5MeV。然后，随着质量数 A 的增加，比结合能 f 缓慢地下降。

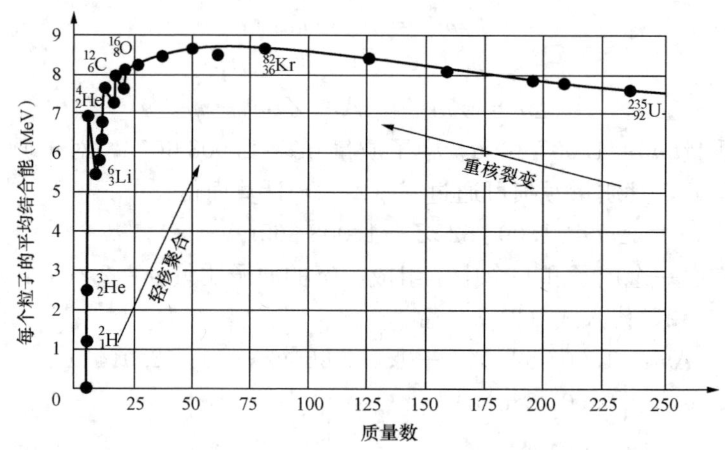

图 2-4　核子的平均结合能随质量数的变化

3. 原子核的稳定性与核能

不同质量的原子核其平均比结合能的大小是不同的。A=60 以前，比结合能随 A 增加而增加；在 A=60 以后，比结合能随 A 增加而缓慢地下降。轻质量的核较重质量的核其平均比结合能小，说明核子在组成轻质量的核和重质量的核时，平均放出的结合能少；而组成中等质量原子核时，平均放出的结合能多。两个轻核结合成一个中等质量核时，每个核子平均放出的结合能多，所以这些核最稳定。重核分裂成两个中等质量的核的时候，同样，每个核子平均放出的结合能多，因此更为稳定。从核能利用的角度来讲，前者为聚变反应，后者为裂变反应。习惯上把 A<25 的核称为轻核，A>150 的核称为重核，质量数介乎两者之间的称中等质量的核。

裂变能就是重核分裂成中等质量核时所放出的结合能。假设有下述裂变反应：

$$^{235}\text{U}\longrightarrow {}^{117}\text{A}+{}^{118}\text{B}$$

由比结合能曲线可得知，A=235 核的比结合能为 7.59MeV，而质量数为 117 和 118 的核的比结合能为 8.5MeV，因而核反应前后结合能的差为

$$(117+118)\times 8.5-235\times 7.59\approx 214\text{MeV}$$

这个能量将被释放出来，其比结合能为

$$214/235 = 0.91\mathrm{MeV}$$

上述过程称为核裂变，它是原子弹和核反应堆中能量的来源。但实际上^{235}U 自发裂变的几率极小，为使有大量裂变反应发生，必须先给^{235}U 提供一定的能量以构成一定的裂变条件，例如用中子轰击就可以达到这个目的，这种裂变称为诱发裂变。

聚变能是两个轻核结合成一个中等质量核（称为聚变反应）所释放出来的能量。这是由于结合前后结合能的增加引起的。例如核反应

$${}^{2}_{1}\mathrm{H} + {}^{3}_{1}\mathrm{H} \rightarrow ({}^{5}_{2}\mathrm{He})^{*} \longrightarrow {}^{4}_{2}\mathrm{He} + {}^{1}_{0}\mathrm{n}$$

其中氘核（${}^{2}_{1}$H）的结合能为 2.23MeV，氚核（${}^{3}_{1}$H）的结合能为 8.48MeV，氦核（${}^{4}_{2}$He）的结合能为 28.13MeV，则氘核和氚核聚变反应后释放的能量为

$$28.13 - (2.23 + 8.48) = 17.41\mathrm{MeV}$$

其比结合能为

$$17.41/5 = 3.48\mathrm{MeV}$$

这个过程称为核聚变，它使氢弹释放巨大的能量，也是今后总有一天会实现的热核动力的能源。显然，聚变反应释放的能量比裂变反应大。

但首先，原子核半径为 10^{-15}m，故两核碰撞的几率小；其次是原子核都带正电，他们的距离越近，库仑斥力越大，碰撞几率更小。要实现这类聚变反应，必须先对系统提供一定的能量。例如提高系统的温度使其高达几百万度以上，已增加轻核的动能使之产生聚变核反应。

现在人们已经知道，宇宙中能量的主要来源就是原子核的聚变，太阳和宇宙中的其他大量恒星，能长时间地发热发光，都是由于轻核聚变的结果。目前聚变反应的工程研究还未到来，只处于实验室研究阶段；而^{235}U 的裂变反应作为人们获得能量的方法，已经广泛用于商业阶段。

四、中子与原子核的相互作用

1. 中子

中子是组成原子核的基本粒子之一，中子不带电。中子的质量为 m_{n}＝1.008 665u，因而中子以 kg 为单位的质量为 m_{n}＝1.674 954×10^{-27}kg

宇宙中存在着自由中子。但反应堆物理启动时需要的中子往往采用中子源释放的中子。反应堆堆芯中易裂变物质在发生链式裂变反应时，释放出大量的（瞬发）中子，裂变产物在进行放射性衰变时，也要释放（缓发）中子。因此，反应堆是一个强大的中子辐照场。

由于中子的能量不同，它们与原子核的相互作用的概率、方式也不同。反应堆物理分析中，通常按中子能量的大小把它们分为下列几类：

热中子（中子能量 E_{n}＜1eV）

超热中子（中子能量的范围 1eV＜E_{n}≤1keV）

中能中子（中子能量的范围 1keV＜E_{n}≤0.5MeV）

快中子（中子能量的范围 0.5MeV＜E_{n}≤10MeV）

高能中子（中子能量 E_{n}＞10MeV）

2. 中子核反应

一个中子与一个原子核之间发生相互作用，致使原子核的质量、电荷或能量状态改变的过程称为中子核反应。热中子反应堆内发生得最多的是中子与燃料核、慢化剂核以及结构材料核发生的核反应。设入射粒子为 a，被轰击的原子核即靶核（通常假设它是静止的）为 b，

生成核（或反冲核）为c，生成粒子为d（为简单起见，这里只假定生成一个粒子和一个生成核），反应过程可以表示成

$$b(a,d)c$$

或

$$a+b\longrightarrow c+d$$

例如α粒子作用某些轻元素（例如铍、硼或锂），生成C和中子，可表示为

$$^{9}Be(\alpha,n)^{12}C$$

也可写成

$$^{9}Be+^{4}He\longrightarrow ^{12}C+^{1}n$$

中子轰击^{16}O产生^{16}N及一个质子，可表示为^{16}O（n，p）^{16}N或$^{16}O+n\longrightarrow ^{16}N+^{1}P$

核反应必须遵守下列四个基本定律。

（1）核子数守恒，即反应前后的核子数必须相等。

（2）电荷数守恒，即反应前后所有粒子的电荷之和必须相等。

（3）动量守恒，即反应前后动量相等。据此可对生产核及核子的相对运动方向作出估计。在质心坐标系中，反应前后系统的动量和都等于零。

（4）能量守恒，包括静止质量能在内，反应前后能量守恒。可以用来预测某种反应在能量上是否可以发生。

3. 中子与原子核的作用原理

理论研究和实验表明，中子与原子核的相互作用过程与入射中子的能量有关。具体来说，中子与原子核的相互作用过程可以分为三种：势散射、直接相互作用和复合核模型。

势散射是最简单的核反应，由于粒子的二重性，当入射中子接近靶核发生势散射时，可看作是中子波与靶核的表面势相互作用。此情况下的中子并未进入靶核，只是力的作用，中子改变了飞行方向和能量。任何能量的中子都可能引起这种反应。这种核反应的特点是散射前后靶核的热力学能没有变化。入射中子把它的一部分或全部动能传递给靶核，成为靶核的动能。这种散射与两个弹性球的碰撞非常相似。势散射前后中子与靶核系统的动能和动量守恒，势散射是一种弹性散射。

直接相互作用是指当具有足够高能量的入射中子射向靶核时，中子将穿过靶核的表面势，直接与靶核内的某个核子碰撞。并且使靶核内某个核子从核里发射出来，而入射中子却留在核内。如果从靶核里发射出的核子是质子，这就是直接相互作用（n，p）反应。如果从靶核里发射出的核子是中子，而靶核同时发射γ射线，靶核由激发态返回基态，这就是直接非弹性散射过程。因此，入射中子要具有较高的能量才能与原子核发生直接相互作用。不过，在核反应堆内具有那样高的能量的中子，其数量是很少的。所以在反应堆物理分析中，这种直接相互作用方式是不重要的。

复合核模型是最重要的中子与原子核的相互作用形式。在这个过程中，当具有一定能量的入射中子射向靶核时，中子将穿过靶核的表面势，进入靶核内部。入射中子被靶核$^{A}_{Z}X$吸收，形成一个新核（复合核）$^{A+1}_{Z}X^{*}$。中子和靶核在质心坐标系中的总动能E_c就转化为复合核的热力学能。同时中子的结合能也给了复合核，于是使复合核处于基态以上的激发态。

复合核是不稳定的，它通过放出粒子而回到基态。如果放出来的是一个与入射中子能量相同的中子，则剩余核回到基态，称这种散射为复合弹性散射，也称共振弹性散射。如果放出中子的能量小于入射中子的能量，则剩余核仍处于激发态，称这个过程为复合非弹性散射

或称共振非弹性散射。

复核模型认为，核反应分成两个阶段。第一阶段，入射粒子 a 与靶核 A 形成一个复核 B^*，第二阶段为复核衰变形成新核 C 和出射粒子 c，即

$$a + A \longrightarrow B^* \longrightarrow C + c$$

例如能量为 10MeV 左右的中子轰击 ^{57}Fe，^{56}Fe 可以有下列几种不同的衰变方式：

$$^{56}Fe + n \rightarrow {}^{57}Fe^* \rightarrow \begin{cases} ^{56}Fe + n(n, n) \\ ^{56}Fe^* + n(n, n) \\ ^{57}Fe + \gamma(n, \gamma) \\ ^{55}Fe + 2n(n, 2n) \end{cases}$$

不同能量范围内的中子分别与轻核、中等核和重核可能发生的核反应见表 2-2。

表 2-2　中子与各种质量数的原子核发生核反应的特性

	热中子 (0～1eV)	超热中子 (1e～0.1MeV)	快中子 (0.1～10MeV)
轻核 $A<30$	(n，n)	(n，n) (n，p)	(n，n)
			(n，p)
			(n，α)
中等质量核 $30 \leq A \leq 90$	(n，n) (n，γ)	(n，n) (n，γ)	(n，n)
			(n，n′)
			(n，p)
			(n，α)*
重核 $A>90$	(n，γ) (n，n)	(n，n) (n，γ)	(n，n)
			(n，n′)
			(n，p)
			(n，γ)

注　取自 E. Segre. Nuclei and Particles. 1977。

*　表示有共振。

4. 中子散射

入射粒子是中子，与靶核作用后出射的粒子仍是中子。一般地讲，由于入射中子的能量部分或全部都给了靶核，因此出射中子的能量要小于入射中子的能量，散射是使中子慢化的主要核反应过程。散射分为弹性散射（n，n）和非弹性散射（n，n′）两种。

（1）弹性散射。弹性散射的特点是散射前后的中子—靶核系统的动能守恒和动量守恒。根据散射核反应的机制不同，中子的弹性散射可以分为势散射和复合弹性散射。

势散射：中子并未进入靶核内，仅仅是由于中子波与靶核的表面势相互作用，改变了入射中子的运动速度和飞行方向。势散射只是一种力的作用，这个力作用于向着核运动或者核附近运动的中子。由于这个作用力与核的大小和形状有关，所以势散射也称为形状弹性散射。

势散射的一般反应式为

$$^1_0n + {}^A_ZX \longrightarrow {}^A_ZX + {}^1_0n \tag{2-7}$$

复合弹性散射：靶核吸收了入射中子形成一个处于激发态的复核（$^{A+1}_{Z}X$）*。复合核衰变放出中子，并使反冲核回到基态$^{A}_{Z}X$，则称此过程复合弹性散射，有时也称为共振弹性散射。

复合弹性散射的一般反应式为

$$^{1}_{0}n+^{A}_{Z}X\rightarrow(^{A+1}_{Z}X)^{*}\longrightarrow^{A}_{Z}X+^{1}_{0}n$$

弹性散射过程中，散射后靶核仍然保持在基态，它的热力学能没有变化。散射前后的中子—靶核系统的动能守恒，其动量也守恒。这种弹性散射与两个弹性球的碰撞非常相似，并且任何能量的中子与靶核都能发生这种反应。可以根据动能守恒和动量守恒，用经典力学方法来处理。

热中子反应堆内，中子从高能慢化到热能起主要作用的是弹性散射。

（2）非弹性散射。具有一定能量的入射中子进入靶核，入射中子把他的一部分动能（通常为绝大部分）给了靶核，成为靶核的热力学能，形成复合核。此时，复合核处于激发态，然后处于激发态的复合核通过释放中子（该中子的能量小于入射中子的能量）并发射 γ 射线而返回基态。非弹性散射的特点是该核反应中，总是伴随着 γ 射线的发射。可以发现，中子与靶核发生非弹性散射时，散射前后的中子—靶核系统动量守恒，但动能不守恒。

非弹性散射的一般反应式可以表示为

$$^{1}_{0}n+^{A}_{Z}X\rightarrow(^{A+1}_{Z}X)^{*}\longrightarrow^{A}_{Z}X^{*}+^{1}_{0}n' \qquad (2-8)$$

在发生非弹性散射时，中子能量的损失是可观的，但并不是所有能量的中子都能发生非弹性散射，只有入射中子的动能高于靶核的第一激发态（最低激发能态）的能量时才能使靶核激发，从而发生非弹性散射。也就是说，只有入射中子能量高于某一数值时才能发生非弹性散射。因此，非弹性散射具有阈能的特点。

表 2-3 所示为几种反应堆内常用元素核的前两个激发能级的能量。表中数据表明，重核激发态的能量低，轻核激发态的能量高。但即使对于像^{238}U这样的重核，中子至少具有45keV 以上的能量才能与之发生非弹性散射。因此，只有在快中子反应堆中，非弹性散射才是重要的。

在热中子反应堆内，由于裂变中子的能量在 MeV 范围内，因此高能中子仍会与一些重核发生非弹性散射。但是，非弹性散射后的中子能量很快降到非弹性散射阈能以下后，便主要靠弹性散射来慢化中子了。

表 2-3　几种核的前两个激发态能量

核素	第一激发态（MeV）	第二激发态（MeV）	核素	第一激发态（MeV）	第二激发态（MeV）
^{12}C	4.43	7.65	^{27}Al	0.84	1.01
^{16}O	6.06	6.14	^{56}Fe	0.84	2.1
^{23}Na	0.45	2.0	^{238}U	0.045	0.145

5. 中子吸收

低能区的中子吸收比较强烈，中子因吸收反应而消失，影响了反应堆内的中子平衡。中子吸收的核反应包括（n，γ）、（n，f）、（n，α）和（n，p）反应。

（1）辐射俘获反应（n，γ）。辐射俘获反应是反应堆内最常见的吸收反应。它的一般反

应式为

$$ {}_0^1n + {}_Z^AX \rightarrow ({}_Z^{A+1}X)^* \longrightarrow {}_Z^{A+1}X + \gamma \qquad (2-9) $$

入射中子进入靶核后形成一种处于激发态的复合核 $({}_Z^{A+1}X)^*$，复合核是不稳定的。它通过发射 γ 射线而回到生成核基态，生成核的原子序数与靶核相同，但质量数增加 1。生成核 ${}_Z^{A+1}X$ 是靶核的同位素，有时生成核也是不稳定的。所以，生成核具有放射性。

辐射俘获反应可以在所有的中子能区内发生，但低能中子与中等质量核、重核作用时容易发生这种反应。所以在热中子反应堆内，辐射俘获反应显得特别重要。

例如，压水堆的燃料中含有大量的 ^{238}U，其俘获反应表达式为

$$ {}_{92}^{238}U + {}_0^1n \rightarrow {}_{92}^{239}U + \gamma $$

^{238}U 吸收中子后生成 ^{239}U，^{239}U 是不稳定的放射性同位素，经过两次 β^- 衰变可转换成 ^{239}Pu。^{239}Pu 是自然界中不存在的人工易裂变材料。这一过程对铀资源的充分利用有重要意义。

如镉控制棒对低能中子的吸收反应 $^{113}Cd(n, \gamma)^{114}Cd$。压水堆结构材料中的或水与不锈钢腐蚀产物中的铬、锰、铁、钽等组分对中子的吸收反应 $^{50}Cr(n, \gamma)^{51}Cr$，$^{55}Mn(n, \gamma)^{56}Mn$，$^{58}Fe(n, \gamma)^{59}Fe$ 以及 $^{181}Ta(n, \gamma)^{182}Ta$ 等，也都属于这一类反应。

反应表明，在辐射俘获反应中，原先稳定的原子核俘获一个中子后，往往转变成了放射性的原子核，因此俘获辐射反应会产生大量的放射性。这就给反应堆设备维护、三废处理、人员防护等带来了不少困难。

（2）放出带电粒子反应（n，p）、（n，α）等反应。中子被靶核吸收后形成激发态复合，这些复核通过放出带电粒子如 α、p 粒子而回复到生成核的基态。但这些核反应只对少数几种轻核才能发生。这是因为放出的带电粒子要逃出核，除了必须具有等于它的结合能的能量外，还必须克服库仑势垒所需的附加能量。而中等质量核和重核的库仑势垒都很高，所以只有轻核才有可能发生这种反应。

中子与靶核作用生成一个新核并放出质子、α 粒子等带电粒子的反应，对反应堆也很重要，例如压水堆一回路中的水流经堆芯时，水中的 ^{16}O、^{17}O 等核吸收中子后都放出一个质子，发生 $^{16}O(n, p)^{16}N$，$^{17}O(n, p)^{17}N$ 等反应。这些反应的生成核并不稳定，要发生放射性衰变。例如 ^{17}N 要发生 β^- 衰变，同时放出很硬的 γ 射线，如

$$ ^{16}N \longrightarrow {}^{16}O + \beta^- + \gamma $$

这是一回路水放射性剂量的一个重要来源。

反应堆中硼核（控制材料）可产生（n，α）反应，如 $^{10}B(n, \alpha)^7Li$，$^6Li(n, \alpha)^3H$。前者可用来探测热中子，后者可用来生产氚。

在反应堆物理分析中，放出带电粒子的反应可以不加考虑。

（3）裂变反应。裂变反应是反应堆内最重要的核反应。易裂变同位素（如 ^{233}U、^{235}U、^{239}Pu 和 ^{241}Pu 等）在各种能量的中子作用下均能产生裂变反应，并且在低能中子作用下发生裂变的可能性较大。而可裂变同位素（如 ^{232}Th、^{238}U 和 ^{240}Pu 等）只有在能量高于某一阈值的中子作用下才能发生裂变反应。目前，压水堆内最常用的燃料是 UO_2，其中 ^{235}U 是易裂变同位素，在任何能量中子作用下，都能产生裂变反应，即

$$ {}_{92}^{235}U + {}_0^1n \longrightarrow ({}_{92}^{236}U)^* \longrightarrow {}_{Z1}^{A1}X + {}_{Z2}^{A2}Y + \nu({}_0^1n) \qquad (2-10) $$

式中　${}_{Z1}^{A1}X$、${}_{Z2}^{A2}Y$——中等质量数的核，称为裂变碎片；

ν——每次裂变平均释放的次级中子数。

这一过程中，还平均释放出 200MeV 的能量。

然而^{235}U 吸收中子后并不都发生裂变反应，还有可能发生俘获反应，如

$$^{235}_{92}\text{U} + ^{1}_{0}\text{n} \longrightarrow (^{236}_{92}\text{U})^{*} \longrightarrow ^{236}_{92}\text{U} + \gamma$$

在反应堆物理分析中，中子的吸收反应是指俘获反应和裂变反应，不包括放出带电粒子的核反应。

五、核截面和核反应率

1. 微观截面

中子与物质核的相互作用常用物理量“截面”来度量，它实际上是发生某类核反应的几率。

考虑一个面积为 A，厚度为 dx 的单位体积内包含 N 个原子的薄靶，把它放在强度为 I 的均匀、速度单一的中子束中，该中子束垂直撞击整个靶，如图 2-5 所示。在这个实验中，我们发现在靶核内中子与靶核的相互作用率与入射中子束强度、靶核的原子核密度、靶核的面积以及厚度成正比。

（整个靶内的）相互作用率

$$R = \sigma INA\mathrm{d}x \tag{2-11}$$

$$\sigma = \frac{R}{INA\mathrm{d}x}$$

式中 σ——比例常数。

因为 $NA\mathrm{d}x$ 为靶核内原子总数，I 为中子束强度［中子束/（$\mathrm{m}^2 \cdot \mathrm{s}$）］，所以比例常数 σ 为靶层中一个靶核与中子束中一个中子发生某类核反应的几率。从式（2-11）中可看出，σ 的量纲为面积，故又称 σ 为发生某类核反应的微观截面。因为微观截面常常在 $10^{-26} \sim 10^{-30}\mathrm{m}^2$ 数量级，数值太小。习惯上常用靶恩（barn 缩写为 b）来作单位，即 1b 等于 $10^{-28}\mathrm{m}^2$，或 $10^{-24}\mathrm{cm}^2$。

我们可以用特定的微观截面来描述特定的核反应。

所有微观截面之和称为微观总截面 σ_t，它等于微观散射截面 σ_s 和微观吸收截面 σ_a 之和，即

$$\sigma_t = \sigma_s + \sigma_a \tag{2-12}$$

而微观散射截面 σ_s 又等于微观弹性散射截面 σ_e 加上微观非弹性散射截面 σ_{in}，即

$$\sigma_s = \sigma_e + \sigma_{in} \tag{2-13}$$

微观吸收截面为

$$\sigma_a = \sigma_r + \sigma_f + \sigma_\alpha + \sigma_p + \cdots \tag{2-14}$$

式中 σ_r——微观俘获截面；

σ_f——微观裂变截面；

σ_α、σ_p——（n，α）、（n，p）反应的微观截面。

在反应堆内，最主要的吸收反应是裂变或辐射俘获，故其微观吸收截面主要由等号右端的前两项决定。

2. 宏观截面与平均自由程

（1）宏观截面。前已述，微观截面描述的是中子与单个原子核发生相互作用的几率，但

工程实践上要处理的是中子与大量原子核发生反应的问题。所以又引入一个新的物理量：宏观截面，符号为 Σ。

令

$$\Sigma = N\sigma \quad (2-15)$$

显然，Σ 为一个中子与单位体积靶核发生某类核反应的几率。

然而，实际上 Σ 完全不是一个真正的“截面”，它的单位是长度的倒数，Σ 还有另一层物理意义。对式（2-11）也可以写成

$$-\frac{\frac{dI}{I}}{dx} = N\sigma = \Sigma$$

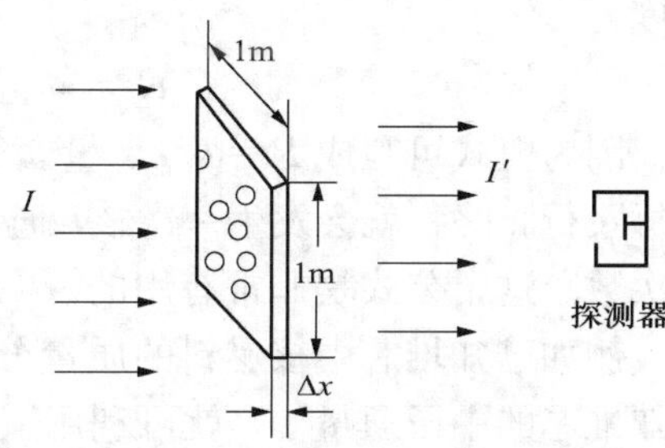

图 2-5 中子束射向靶核示意
（平行中子穿过靶核后衰减）

因此，自然可以将 Σ 解释为一个中子在每单位飞行程长上与靶核发生某类反应的几率。

对不同的反应过程，可定义不同的宏观截面。例如宏观裂变截面定义为

$$\Sigma_f \equiv N\sigma_f$$

宏观吸收截面 Σ_a 和宏观散射截面 Σ_s 分别表示为

$$\Sigma_a \equiv N\sigma_a$$

$$\Sigma_s \equiv N\sigma_s$$

宏观总截面 Σ_t 为

$$\Sigma_t = \Sigma_a + \Sigma_s \quad (2-16)$$

（2）平均自由程。我们把宏观截面的倒数定义为平均自由程，记为 λ。

$$\lambda_i = \frac{1}{\Sigma_i}, (i = \text{a, f, s}\cdots)$$

平均自由程物理含义是中子在介质中运动时，平均要走多长路程才与介质的原子核发生一次相互作用。平均自由程也可以定义为中子在靶物质中连续两次相互作用之间的平均距离。

举例：仍以上面的数字为例。某材料的 $\Sigma_a = 0.25/\text{cm}$，中子在该材料中穿行 1cm，被该材料的核吸收掉的几率是 0.25，那么平均要在该介质中穿过 4cm，才会发生一次吸收反应，即中子在该材料中的平均吸收自由程 $\lambda_a = 1/\Sigma_a = 4\text{cm}$。

3. 中子通量密度和核反应率

中子反应率：为了从宏观上描述中子核反应的强度，我们定义一个物理量——核反应率密度，它是单位时间内在单位体积中发生的核反应的次数。

核反应率密度一般用符号 R 表示。显然，R 既与介质中的中子数目有关，也与介质的宏观截面有关。

为了导出 R 的表达式，我们还需要定义另外一个重要的物理量，即中子通量。中子通量 Φ 的定义为

$$\Phi = nv, \{中子数/(\text{m}^2 \cdot \text{s})[(实际中习惯用中子数/(\text{cm}^2 \cdot \text{s})]\}$$

式中 n——中子密度，即单位体积中的中子数目；

v——中子飞行速度。

由此可见，中子通量是单位体积（$1m^3$）中所有中子在单位时间（1s）内飞行的总路程，有时也称 Φ 为径迹长度。利用中子通量和宏观截面，就可以用下式来计算反应率密度：

$$R = \Phi\Sigma = \Sigma nv[\text{作用数}/(m^3\cdot s)]$$

因为上式可写成 $R=\Phi/\lambda$，量 Φ 是单位体积内的中子在单位时间内飞过的总路程，而平均每飞行 λ 路程就会发生一次核反应，两者之商为单位体积内的中子在单位时间发生核反应的次数。这个公式是非常有用的。

例如已知堆芯中核燃料的质量分数和分布，就可以算出堆芯的宏观裂变截面 Σ_f；如果已知堆芯的中子通量 Φ，就可利用上式计算出每秒在每立方厘米堆芯体积内发生多少次裂变反应，进而可以算出堆芯的发热强度等。总之，这个公式使我们可以从宏观上了解核反应的强度。

4. 截面随中子能量的变化

各类核反应的几率或微观截面，在不同入射中子能量以及不同质量数的靶核情况下，差别较大。通常把中子按能量的大小分为低能区（$E_n\leqslant 1eV$），在该区吸收截面随中子能量的增大而逐渐减小，即与中子的速度成反比。在这个区域叫做$\frac{1}{v}$区；中能区（$1eV<E_n<10^3eV$），在这个区域，许多重元素核的截面出现许多共振峰，这个区域也称共振区；在 $E>10^3eV$ 以后的区域称为快中子区，该区的截面通常很小，而且截面随能量的变化比较平滑。但反应堆内发生的几个最重要的反应，如弹性散射（n，n）反应、辐射俘获（n，γ）反应以及重核裂变（n，f）反应等，它们的反应截面大体上都可按入射中子能量 E 的大小分成三个区域。在低能区内，反应截面或者保持常数［对（n，n）反应］或者与$\frac{1}{\sqrt{E}}$成正比［对（n，γ）或（n，f）反应］。满足$\sigma\propto\frac{1}{\sqrt{E}}$或$\sigma\propto\frac{1}{v}$关系的能区称为$\frac{1}{v}$区。在 σ 为常数或$\frac{1}{v}$区之上是共振区。当中子能量等于某些特定值时，反应截面有极大值，否则截面相对较小，出现了共振峰。当中子能量再高时，由于截面的共振峰互相重叠不再能够分辨，因此 σ 随 E 的变化虽仍有一定起伏，但是变得平滑了。

另一方面，当靶核质量数 A 增加时，发生共振反应的能区大体上往低能方向移动。

六、核裂变反应

核裂变反应是核反应堆内最重要的核反应，因为核裂变过程中放出能量，同时并放出中子。这就有可能在适当的条件下由裂变产生的中子再引起核裂变，再放出中子，并释放能量。这样使核裂变在人为控制之下按照人的要求持续下去，达到人们所要求的利用原子能的目的。

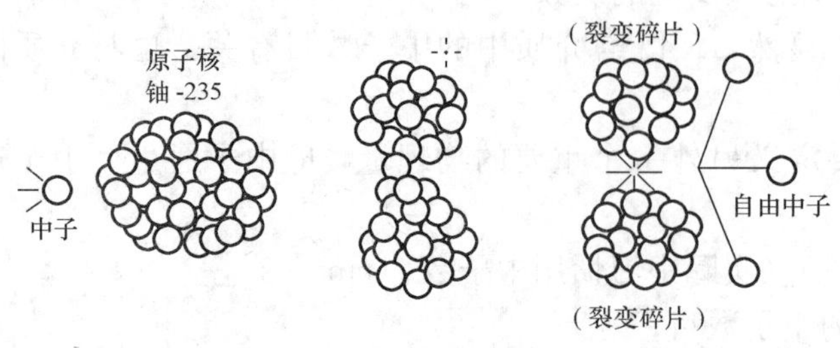

图 2-6 核裂变的液滴原理示意

1. 核裂变机理

根据重核的特性、类比细胞的分裂，认为原子核像一滴水，由于核力作用范围只能到达原子核直径的几分之一区域，所以在重原子核里不少质子间的静电斥力有时有超过核力的机会。当一个外来中子闯入这个液滴（即重核）里来时，扰动的结果会使液滴（即原子核）发生剧烈的震荡，造成整个核可能开始变成椭圆形，这样，核力就更无法维持昔日把所有核子抱成一团的局面。一旦在椭圆的两端形成正电荷中心，静电斥力中心就会更加把核向两个相反方向排斥，愈排斥愈长，出现哑铃状，最后不可避免地破裂成两块质量大致相同的碎片。这与生物学细胞繁殖的分裂过程非常相似，因此根据一位生物学家的建议，称之为核“裂变”。

在裂变过程中，原子核吸收一个中子后形成复合核，复合核变形到裂变状态所必须具有的过剩能量叫做裂变的临界能量。这个能量是发生裂变所需的最小激发能。如果可以得到这么多的能量，例如由俘虏中子后形成的激发能，则通常将发生裂变。如果不能获得这么多能量，则裂变不可能发生。表 2-4 所示为几个重要原子核的临界能和结合能。

表 2-4　几种重要原子核的临界能 E_{crit} 和结合能 E_b

核	复合核	临界能 E_{crit}(MeV)	结合能 E_b(MeV)	核	复合核	临界能 E_{crit}(MeV)	结合能 E_b(MeV)
^{232}Th	^{233}Th	6.5	5.1	^{238}U	^{239}U	5.5	4.9
^{233}U	^{234}U	4.6	6.6	^{239}Pu	^{240}Pu	4.0	6.4
^{235}U	^{236}U	5.3	6.4				

表 2-4 中所列结合能 E_b 是指当核子结合成原子核时，质量总要亏损，也即在结合过程中有的能量从该原子核系统中释放出来；反之，要把原子核中所有核子完全分开，就须提供这么多能量。这个能量称为该原子核的结合能。

表 2-4 中数据表明，^{233}U、^{235}U 和 ^{239}Pu 等易裂变核，吸收一个中子得到的结合能大于该核的临界能。因此，这些易裂变核吸收任何能量的中子均能引起这些核的裂变。而 ^{238}U 这样的核吸收一个中子得到的结合能是 4.9MeV，而临界能是 5.5MeV。所以只有入射中子的能量大于 0.6MeV 左右时，裂变才能发生。实际上，能量大于 1.1MeV 的快中子入射到 ^{238}U 上时，该核才能发生裂变反应。

2. 裂变截面

裂变截面与入射中子能量、靶核类别、靶核温度等相关。

^{238}U 只有在入射中子的能量大于约 1.1MeV 时才发生裂变，称为阈能反应。

3. 裂变产物

（1）核裂变的方式有多种，其中绝大多数裂变成两个碎片。裂变碎片的种类（质量数 A）和数目（产额）与引起裂变的中子能量和核类别有关。

（2）在总的核裂变中产生某种给定质量数产物的核裂变所占的份额，称为裂变产额。

（3）裂变碎片大都不稳定，通常需要一系列 β 衰变，同时可能放出 γ 射线，而变成稳定核。这是反应堆放射性的重要来源。

（4）个别碎片在衰变中放出中子，放出的中子称为缓发中子。

4. 裂变中子

（1）裂变中子的类型。裂变中释放的中子可以分成两类，即瞬发中子和缓发中子。占裂变中子总数 99%以上的瞬发中子在裂变后 10^{-14} s（或更短）的裂变瞬间内被释放。裂变发生以后，瞬发中子的发射就马上停止，但缓发中子继续从裂变碎片中放出，持续几分钟之久，它们的强度随时间很快地下降。

（2）裂变产生中子的数目。表 2-5 所示为 3 种易裂变核在裂变反应中每吸收一个 0.025 3eV 的热中子或快中子（约 1MeV）后所释放的平均（总）中子数 ν。注意 ν 的值不是整数，这是由于受激的复合核以多种不同的方式分裂的缘故。虽然在任何一次特定裂变中放出的中子数总是整数，但其平均值不一定是整数。

表 2-5　裂变中释放的平均中子数

易裂变核	热中子（0.025 3MeV）		快中子（约 1MeV）	
	ν	η	ν	η
^{233}U	2.49	2.29	2.58	2.40
^{235}U	2.42	2.07	2.51	2.35
^{239}Pu	2.93	2.15	3.04	2.90

η 为易裂变物质每吸收一个中子由于裂变反应而释放的中子数，称有效裂变中子数，也称热中子裂变因数。ν 与 η 之间的关系是

$$\eta=\nu\times\frac{\text{裂变吸收的中子}}{\text{吸收中子的总数}}=\nu\times\frac{\Sigma_f}{\Sigma_a} \tag{2-17}$$

式中　Σ_f——易裂变核素的宏观裂变截面；

Σ_a——总吸收截面。

对于单一的易裂变物质 $\frac{\Sigma_f}{\Sigma_a}$ 可以用 σ_f/σ_a 来代替，易裂变核 $\sigma_a=\sigma_f+\sigma_\gamma$，而 $\alpha=\sigma_\gamma/\sigma_a$，所以式（2-17）可写成

$$\eta=\frac{\nu}{1+\alpha} \tag{2-18}$$

表 2-5 中包括了三种易裂变核素的 η 值。快中子的 η/ν 比显著地大于热中子，这是因为快中子非裂变反应（主要是辐射俘获）吸收的中子份额较小。

表 2-5 所示的数据对于核反应堆中增殖易裂变物质的可能性具有重要的影响。要发生增殖，除了应有一个中子用来维持裂变链以外，还必须吸收一个中子后能有一个以上的中子用来将可转换核素转化为易裂变核素；就是说，η 必须大于 2。此外，还必须考虑由于逸出反应堆系统以及结构材料与冷却剂等的寄生俘获而不可避免地损失的中子。因此，对于有意义的增殖来说，η 必须显著地大于 2，例如至少为 2.15。从表 2-5 可以明显地看出，以 ^{239}Pu 为易裂变物质的快中子反应堆的增殖最为有效。这就是人们主要感兴趣的快中子反应堆类型。在热中子反应堆中，看来只有用 ^{233}U 才能实现增殖，但其效率将不会提高。

（3）裂变中子的能量分布。大多数瞬发中子能量在 1～2MeV 之间，但也有一些中子的能量超过 10MeV。

瞬发中子的平均能量约为 2MeV。

缓发中子的初始能量平均值（约 0.4MeV）一般比瞬发中子能量的平均值（约 2MeV）低。因而缓发中子在被慢化到热中子时的不泄漏几率和逃脱 ^{238}U 共振俘获几率都比瞬发中子的大。具体影响与反应堆的具体性质有关。

5. 裂变能量的释放、反应堆功率与中子通量密度的关系

（1）裂变释放的能量。在裂变过程中释放的总能量同反应堆中可回收能量（也就是可用

于产生热能的能量）是不同的。为说明这种情况，我们来研究^{235}U的裂变。

^{235}U裂变放出的总能量和可回收能量见表2-6。

表2-6　^{235}U的裂变能

能量形式	释放的能量（MeV）	可回收能量（MeV）	能量形式	释放的能量（MeV）	可回收能量（MeV）
裂变碎片的动能	168	168	瞬发γ射线	7	7
裂变产物衰变			裂变中子动能	5	5
β射线	8	8	俘获γ射线	—	3～12
缓发γ射线	7	7	总能量	207	198～207
中微子	12	—			

裂变能的绝大部分能量（约168MeV）是以裂变碎片的动能形式出现的，占裂变能量的84%左右。由于裂变碎片有这样大的能量，所以这些碎片会穿透裂变核的电子壳层，成为强带电粒子，进入周围介质。和其他粒子在介质中的运动情况一样，这些裂变碎片很快就停止下来，它们的能量消耗在距裂变位置不超过10^{-5}m的区域内，这样，这部分能量丝毫也未从反应堆内散出，因此，裂变碎片的动能全部可以收回。

这些裂变碎片衰变时，会发射约8MeV的β射线、7MeV的γ射线以及12MeV的中微子。带电的β射线只在堆内穿行很短的距离，所以β射线的能量也可以回收。因为几乎所有的反应堆都是设计成相对地没有多少γ射线可以射出堆外，所以γ射线的能量也是可以回收的。相比之下，中微子甚至可以穿透最大的反应堆而不发生相互作用。因此，这部分能量不可避免地要损失掉，所有的反应堆大约有6%的裂变能是这样损失掉的。

瞬发γ射线的总能量约为7MeV，这部分能量也可以回收，因为相对而言，射出堆外的γ射线非常少。

瞬发裂变中子的总动能约为5MeV，在绝大多数反应堆中，几乎没有瞬发裂变中子会逃出堆外，所以这部分能量也可以回收。这些中子留在堆内，最终总要被堆内的材料所俘获。但是，在中子循环中，每次裂变产生ν个中子中，必须有一个中子要被易裂变核吸收并引起裂变，才能使反应堆持续运行。因此，每次裂变所剩下的（$\nu-1$）个中子，必定会在堆内被寄生吸收（即被非裂变反应所吸收）。每次吸收往往产生一个或更多的俘获γ辐射，其能量取决于入射中子在复合核内的结合能。因为^{235}U的ν近似等于2.42（其精确数值取决于引起裂变的中子能量），这就是说，每次裂变可产生能量为3～12MeV左右的俘获γ辐射（它取决于堆内的材料）。当然，这部分γ辐射能可以被全部回收。

由表2-6可以看出，俘获γ辐射能在一定程度上补偿了由于中微子发射而损失的那部分能量。因而，^{235}U每次裂变总的可以回收的能量约为200MeV，即$E_f=200$MeV。

显然，裂变材料的释放能与裂变核素有关。^{235}U每次裂变的可回收能大约比^{233}U小2%，比^{239}Pu大4%。

(2) 反应堆热功率。反应堆单位时间内释放的热量，称为反应堆的热功率。很显然，反应堆内的热功率P为

$$P=\bar{\phi}\Sigma_f^5 VE_f \tag{2-19}$$

式中　$\bar{\phi}$——反应堆内的平均热中子通量密度，中子/（$m^2\cdot s$）；

Σ_f^5——${}^{235}U$ 的宏观裂变截面，1/m；

V——反应堆堆芯体积，m^3；

E_f——每次裂变放出的能量，200MeV。

因为 $1MeV=1.60\times10^{-13}J$，故

$$E_f = 200\times1.60\times10^{-13} = 3.2\times10^{-11}W\cdot S = 3.2\times10^{-17}(MW\cdot S)$$

若功率 P 以 MW 表示，则式（2-19）可写成

$$P = 3.20\times10^{-17}\bar{\phi}\Sigma_f^5 V(MW) \quad (2-20)$$

热功率为 1MW 的反应堆每天（86 400s）产生的能量为

$$1MW = 10^6\times86\,400(J/d)$$

则热功率为 P(MW) 的反应堆每天发生裂变的总次数为

$$\text{裂变率} = \frac{P\times10^6\times86\,400J/d}{200\times1.6\times10^{-13}J/\text{裂变数}} = 2.7\times10^{21}P(\text{裂变数}/d) \quad (2-21)$$

即每天消耗 $2.7\times10^{21}P$ 个${}^{235}U$ 原子核，等于每天裂变${}^{235}U$ 的质量（kg）为

$$\begin{aligned}\text{消耗率} &= 2.7\times10^{21}P\times A_{235}/N_A = 2.7\times10^{21}P\times235\times10^{-3}/(6.022\times10^{23})\\ &= 1.05\times10^{-3}P(kg/d)\end{aligned} \quad (2-22)$$

${}^{235}U$ 的消耗通过中子与${}^{235}U$ 发生两种核反应：裂变反应和辐射俘获反应。式（2-22）仅考虑裂变反应使${}^{235}U$ 的消耗，显然是偏低的。考虑到辐射俘获反应对${}^{235}U$ 的消耗，实际消耗的${}^{235}U$ 要比上面这个值大 σ_a/σ_f 倍。${}^{235}U$ 的 $a=\sigma_\gamma/\sigma_f=0.169$，则 $\sigma_a/\sigma_f=(\sigma_f+\sigma_\gamma)/\sigma_f=1+a=1.169$，故实际燃耗率为

$$1.05\times10^{-3}P\times(1+a) = 1.05\times10^{-3}P\times1.169 = 1.23P\times10^{-3}(kg/d)$$

即 1MW 的反应堆约每天消耗${}^{235}U$ 为 1.23g。

易裂变物质的实际消耗率应为

$$\text{消耗率} = 1.05\times10^{-3}P(1+\alpha),kg/d$$

6. 衰变热

反应堆中能量的来源为裂变碎片和裂变中子的动能和裂变产物的放射性衰变。反应堆停堆后，虽然瞬发中子消失了，但由于缓发中子的存在仍能使易裂变核发生裂变，从而有能量释放出来。同时由于裂变产物不断地放射性衰变，也有能量释放出来。这时的功率称为剩余功率。这就是为什么反应堆停堆后，功率不会立即下降到零的缘故。由于${}^{235}U$ 裂变所释放的缓发中子的先驱核的半衰期很短，最长的在 1min 左右，所以停堆 1min 以后，由缓发中子引起裂变而释放的裂变能对剩余功率的贡献甚微，就不予考虑，而主要由裂变产物的放射性衰变对剩余功率作贡献。这部分的能量释放常称为衰变热。

第二节　核反应堆的临界条件和热功率分布

一、中子的慢化和扩散

反应堆内产生的裂变中子都是快中子，平均能量约为 2MeV。在大的热中子反应堆中，这些快中子要在慢化剂中慢化，使其成为热中子，热中子再扩散及被吸收，再引起裂变。

对于热中子反应堆而言，慢化过程是一个非常重要的物理过程。

处于与周围介质同样温度的热中子在系统中要进行扩散。同样，扩散过程也是一个非常

重要的物理过程。

1. 中子慢化概念和物理机制

中子由于散射（包括弹性和非弹性）碰撞而降低速度的过程称为慢化过程。

弹性散射：把中子与介质核的相互作用当作两个刚性球之间的完全弹性碰撞。此过程中，系统的动能和动量均守恒。碰撞后，中子因把自己动能的一部分传递给介质核而减速，运动方向也发生变化。能量较低的中子在质量较小的介质内的慢化过程，主要是基于这种弹性散射碰撞机理。

非弹性散射：可按照复合核模型来理解。中子与靶核结合形成复合核，复合核获得中子的动能与结合能，便处于激发状态，放出 γ 射线，同时再重新释放出一个中子。该反应是阈能反应，过程中动能不守恒，动量守恒。这种非弹性散射碰撞为几千电子伏以上的中子与质量数较大的铀、铁等介质核相互作用而慢化的主要机理。

2. 慢化剂的慢化能力

中子与氢核碰撞时，有可能碰一次就损失全部能量。而中子与 ^{238}U 发生一次碰撞，可损失的最大能量约为碰撞前能量的2%。可见必须采用轻元素来作慢化剂。反应堆中常用的慢化剂有水（氢）、重水（氘）和石墨（碳）等。在反应堆物理中，常用“慢化能力”和“慢化比”这两个量来衡量慢化剂的优劣。

用 $\xi\Sigma_S$ 表示单位体积慢化剂全部核的慢化能力。其中 Σ_S 表示慢化剂的宏观散射截面，ξ 为平均对数能降。Σ_S 越大，说明中子与慢化剂发生散射的机会越多；ξ 越大，则说明每次散射中子损失能量越多。两者相乘，反映了慢化剂慢化中子的能力。

然而，仅用慢化能力还不能全面反映一种材料是否适合作为慢化剂或是否具有优良的慢化性能。我们知道，任何一种核，除能散射中子外，也会吸收中子。如果其吸收截面 Σ_a 过大，会引起堆内中子的过多损失而不适合作为慢化剂。鉴于此，定义 $\frac{\xi\Sigma_s}{\Sigma_a}$ 为慢化比。慢化比能较全面地反映慢化剂的优劣。

好的慢化剂不仅应该具有较大的慢化能力、还应该具有大的慢化比。在几种常用慢化剂中，水的慢化能力最强，故用水作慢化剂的反应堆堆芯体积较小。但水的慢化比最小，这是因为它的吸收截面较大，所以水堆必须用浓缩铀作燃料。重水和石墨的慢化比都比较大，因为它们的吸收截面很小。因此重水堆和石墨堆都可以采用天然铀作核燃料。但是这两种物质的慢化能力比水要小得多，故重水堆和石墨堆（尤其是后者）的堆芯体积要比轻水堆大得多。

3. 中子的扩散

反应堆内的链式裂变反应过程实质上涉及中子在介质内的不断产生、运动和消亡的过程。反应堆理论的基本问题之一，就是确定堆内中子密度（或中子通量密度）的分布。

由于中子与原子核间的无规则碰撞，中子在介质内的运动是一种杂乱无章的具有统计性质的运动，即原来在堆内某一位置具有某种能量与某一运动方向的中子，在稍晚时候，将运动到堆内的另一位置以另一能量和另一运动方向出现，这一现象称之为中子在介质内的输运过程。

直接表述中子在反应堆内的空间（含方向）、能量和时间的分布的方程，称为输运方程，由于它与玻耳兹曼研究气体运动的方程相似，因此也称为玻耳兹曼方程。

问题：中子输运方程比较精确地描述了中子在反应堆内的运动和分布，但由于其是含有空间位置 r、能量 E 和运动方向 Ω 等六个变量的偏微分一积分方程，因此求解是一个非常复杂的过程，只有在个别简单情况下，才能求出解析解。

二、链式裂变反应

中子在反应堆内的行为特征严格来说是服从输运方程所描述的规律。但严格求解输运方程是很困难的，在某些情况下甚至是不必要的。在此仅采用简单的扩散近似来描述稳态时中子通量密度在反应堆内的空间分布。

中子在反应堆的行为可以分成快中子的慢化和热中子的扩散。

1. 热中子反应堆内的中子循环

当燃料核受中子轰击发生裂变时，同时放出次级中子。若次级中子再能引起燃料核的裂变，又同时放出次级中子，只要这个过程延续着，反应堆就不断地释放出能量。通常把这一连串的裂变反应称为原子核链式裂变反应，见图 2-7。

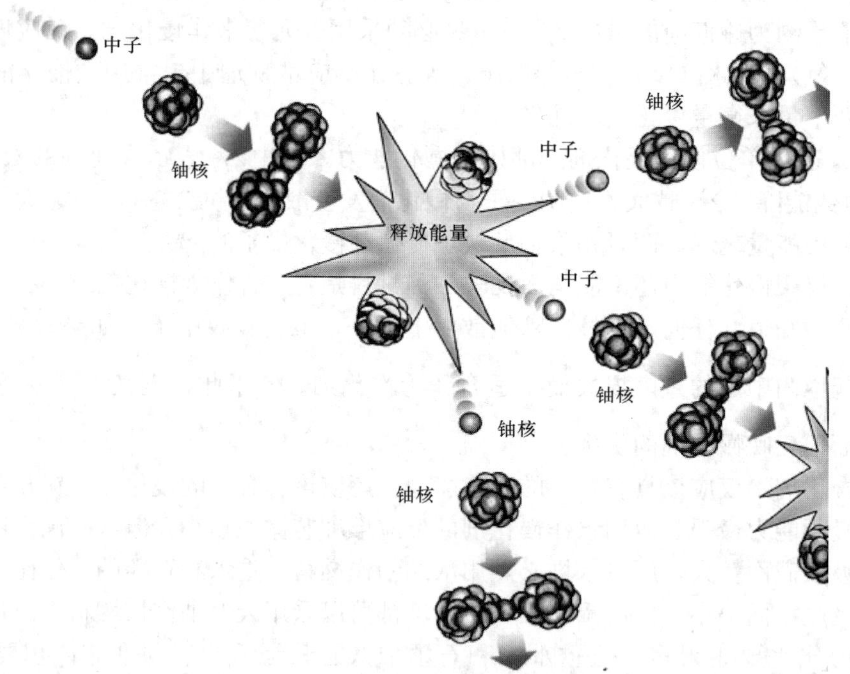

图 2-7　链式裂变反应示意

裂变反应过程中，一个中子使一个燃料核发生裂变后又会产生 2～3 个次级中子。次级中子再能引起燃料核的裂变，又同时放出次级中子，以此类推。因此，只要裂变反应发生后，可以不再依靠外界补充中子，核燃料就能继续自持地裂变下去。这样的核反应称为自持链式裂变反应。

压水堆是热中子反应堆，它以低富集度^{235}U作为核燃料，其中^{235}U仅占 3%左右，燃料中绝大部分是^{238}U，占 97%左右。引起^{235}U核裂变的主要是热中子。

设反应堆中由于靶核的裂变产生 N 个快中子，当快中子能量大于 1.1MeV 时，能引起^{235}U核和^{238}U核的快中子裂变，主要是^{238}U核的快裂变，使得 N 个中子增加到 $N\varepsilon$ 倍。ε

称为快中子增殖因数，该参数定义为热中子和快中子引起裂变所产生的快中子总数与仅有热中子裂变所产生的快中子数的比值，也即慢化到 1.1MeV 以下的中子数与仅有热中子裂变所产生的快中子数的比值。

ε 表示由一个初始裂变中子所得到的慢化到 ^{238}U 裂变阈能以下的平均中子数。例如，天然铀系统中，堆内某代中子循环开始时，假定共有 1000 个初始裂变中子，其中被 ^{238}U 核吸收 15 个裂变阈能以上的中子，产生 46 个裂变中子，最终得到 1031 个 ^{238}U 裂变阈能以下的中子，因而，天然铀系统的 ε 就等于 1.031。ε 的值主要取决于燃料的性质。

快中子在慢化过程中，有一部分中子泄漏到堆外去。假设快中子不泄漏几率为 P_F，则泄漏出去的快中子为 $N\varepsilon(1-P_F)$，而留在堆内的快中子则为 $N\varepsilon P_F$，这部分中子留在堆内继续参与中子循环。中子在慢化过程中，要经过共振能区（$1\sim10^4$ eV），而 ^{238}U 核在该能区有许多共振峰，能强烈地吸收中子。设 p 为一个中子经过共振能区而不被吸收的几率，即逃脱共振吸收几率，那么一个快中子慢化到热中子时就有 $N\varepsilon P_F p$ 个。

热中子在扩散过程中，仍有一部分中子泄漏到堆外去。假设热中子不泄漏几率为 P_T，则泄漏出去的热中子为 $N\varepsilon P_F p(1-P_T)$ 个，而留在堆内的热中子为 $N\varepsilon P_F p P_T$。由于堆内存在着燃料、慢化剂和结构材料等，它们都能吸收中子，燃料吸收的中子只占被吸收中子数的一部分。设 f 为热中子利用系数，则被燃料吸收的中子数为 $N\varepsilon P_F p P_T f$。f 的定义为燃料吸收的热中子数与被吸收的热中子总数的比值。

^{235}U 吸收热中子后，一部分中子使 ^{235}U 产生裂变反应，而另一部分中子只被 ^{235}U 俘获而不引起裂变。令 η 为热中子裂变因子（也称有效裂变中子数），它的定义为燃料每吸收一个热中子所产生的裂变中子数，即燃料核热裂变产生的裂变中子数与燃料核吸收的热中子总数的比值。

这就是由 N 个快中子开始，经过慢化、扩散，引起 ^{235}U 的裂变放出 $N\varepsilon P_F p P_T f\eta$ 个快中子的中子循环的物理图像。图 2-8 所示为这种物理过程。

2. 自持链式裂变反应的临界条件

从热中子反应堆内的中子循环可知，能否实现自持的链式反应，取决于下列几个过程。

(1) 燃料吸收热中子引起的裂变。主要是热中子引起 ^{235}U 的裂变，这是产生中子的主要来源。

(2) ^{238}U 的快中子增殖。能量大于 1.1MeV 的中子引起 ^{238}U 的裂变，产生裂变中子。对于天然铀，这些裂变中子约占燃料裂变中子的 3%左右。

(3) 慢化过程中的共振吸收。

(4) 慢化剂以及结构材料等物质的辐射俘获。

(5) 中子的泄漏。

整个过程包括快中子在慢化过程中的泄漏和热中子在扩散过程中的泄漏。

当热中子反应堆内材料组分、几何结构、尺寸大小完全确定后，中子循环内的各种参数（ε、p、P_F、P_T、η、f）都已经确定。为描述堆内裂变中子增殖、衰减情况，可引入反应堆的有效增殖因子 k_{eff}，它的定义为堆内新一代裂变中子与上一代裂变中子的比值。

$$k_{eff} = \varepsilon p f \eta P_L \tag{2-23}$$

$$P_L = P_F P_T$$

式中　P_L——中子在慢化过程中的不泄漏几率。

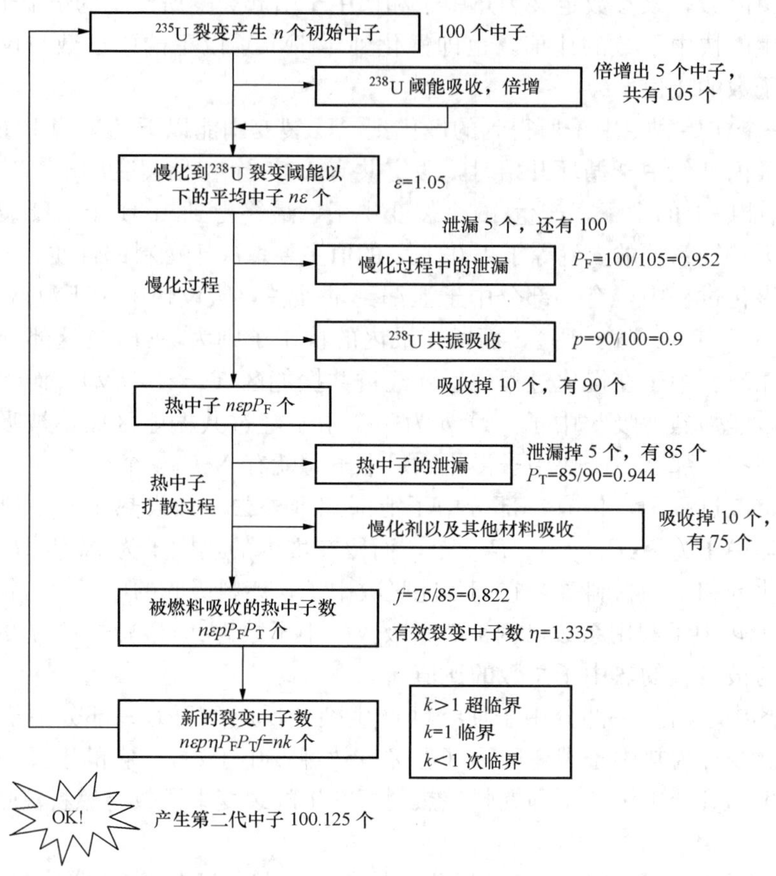

图 2-8 热堆内中子循环

式（2-23）表明，有效增殖因子 k_{eff} 与堆芯的材料组成和几何形状尺寸有关。如果系统无限大，则中子不泄漏几率 $P_L=1$。这时上述增殖因子称为无限介质的增殖因子 k_∞。

$$k_\infty = \varepsilon p f \eta \tag{2-24}$$

式（2-24）称为四因子公式。它是由费米首先得到的，用来研究热中子反应堆的公式。

在四因子公式中，ε 和 η 主要由燃料性质决定，但 p 和 f 却可以在一定程度上变化。为了保证核裂变链的延续，应该使 p 和 f 都尽可能的大。实际上这两个因素是互相制约的，如果使燃料和慢化剂的比例增加，f 将增大，而 p 将减小；反之相反。在实际应用上，必须找出一种能使乘积 pf 为最大的成分和布置，以使链式反应得以维持。

由反应堆的有效增殖因子 k_{eff} 的定义可得以下结论。

$k_{eff}=1$，则说明每代中子循环的中子数都相等，即任意相邻两代的中子数都相等，称为反应堆临界。

$k_{eff}<1$，说明中子循环中任一代的中子都比上一代少。显然，链式反应链不能延续，称为次临界。

$k_{eff}>1$，说明随着链变链的进行，任一代的中子数都多于前一代的中子数，称为超临界。

从中子数守恒的观点来看，反应堆的有效增殖因子 k_{eff} 又可定义为中子的产生率与中子的消失率（吸收和泄漏）的比值。

$k_{eff}=1$，则中子的产生率与消失率处于动态平衡。因而反应堆有比较稳定的中子通量密度。该系统处于临界状态。

$k_{eff}<1$，说明中子的消失率大于产生率。因而，系统的中子将越来越少，该系统处于次临界状态。

$k_{eff}>1$，说明随着链变链的进行，中子的消失率小于产生率。因而，系统的中子将越来越多，该系统处于超临界状态。

三、核反应堆的临界理论

从上面分析可知，反应堆的临界条件是 $k_{eff}=k_{\infty}P_L=1$，由于 P_L 总是小于 1，要满足临界条件，必须首先是反应堆有一个合适的尺寸，以保证 $k_{\infty}>1$，并使 $k_{\infty}P_L=1$，这个尺寸称为临界尺寸，临界条件下所装载的燃料量称为临界质量。这是反应堆设计和运行的核心。另外，在临界状态下分析系统内中子通量密度（或功率）的空间分布也是研究反应堆临界的重要内容之一。

研究反应堆临界的方法常用分群扩散模型。具体求解反应堆临界点的方法有许多种（如输运和扩散），处理多区反应堆最有效和常用的方法之一是分群扩散模型。在这种处理方法中，将中子能量自源能量到热能之间分为若干个能量区间（叫做“能群”），然后，把每一能群内的中子放在一起来处理，并将它们的扩散、散射、吸收以及其他反应的特性用适当平均的扩散系数和相应截面（群常数）来描述。在分群扩散理论中，最简单的是“单群”理论，但是它只能提供一种比较近似的结果。在热中子反应堆中，常常采用双群扩散理论，尤其是以石墨或重水作慢化剂的反应堆。

四、反应堆内中子通量分布与热功率分布

反应堆平均中子通量

$$\bar{\phi}=\frac{\int\phi(r,z)\mathrm{d}r\mathrm{d}z}{V}$$

式中　$\phi(r,z)$—— 圆柱形反应堆（如图 2-9 所示）内任意一点的中子通量。

在临界状态时，求中子扩散方程为

$$\phi(r,z)=\phi_0 J_0\left(\frac{2.045}{R_e}r\right)\cos\left(\frac{\pi}{H_e}z\right) \tag{2-25}$$

$$R_e=R+\lambda_e$$

$$H_e=H+2\lambda_e$$

式中　ϕ_0 ——反应堆中心的中子通量；

J_0 ——第一类零阶贝塞尔函数；

R_e，H_e ——反应堆的外推半径和外推高度；

R—— 反应堆半径；

H ——反应堆高度；

λ_e ——外推距离，可有扩散理论求出。

反应堆内的中子通量分布直接影响到反应堆内的功率分布。反应堆内的中子通量分布不均匀，中间大、四周小，反应堆的热功率分布也呈同样的分布。

$$q_V = q_V^{max} J_0\left(\frac{2.045}{R_e}r\right)\cos\left(\frac{\pi}{H_e}z\right) \tag{2-26}$$

式中　q_V^{max}——堆芯中心处（$r=0, z=0$）的最大体积释热率。

圆柱形反应堆核功率不均匀系数 F_q^N 为

$$F_q^N = \frac{q_V^{max}}{\bar{q}_V} = 2.32 \times 1.57 = 3.64$$

式中　$\bar{q}_V$—— 反应堆堆芯平均释热率。

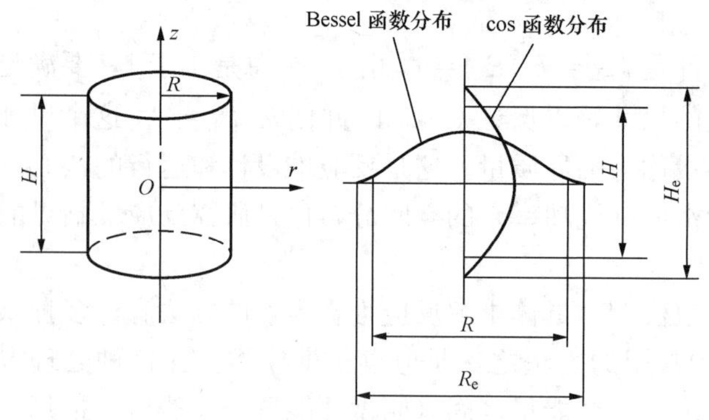

图 2-9　反应堆及其中子通量分布

对于反应堆设计者来说，反应堆功率不均匀系数越小越好，因此通常采取下述方法来展平堆芯中子通量分布，以提高反应堆的输出功率：①加反射层，可以将部分漏失到堆芯外的热中子反射回堆芯；②燃料径向分区布置，一般压水堆所用燃料的质量分数为 2%～3%，因此燃料布置时将质量分数为 3%的核燃料布置在最外层，质量分数为 2%的核燃料布置在堆芯的中心区域，中间布置质量分数为 2.5%的核燃料；③堆芯内合理布置控制棒及毒物（强吸收中子的材料）。

利用上述中子通量展平方法，现代压水堆核功率不均匀系数大大降低，约为 2.5。

第三节　反应性随时间变化

反应堆一旦运行后，由于易裂变材料的消耗，新易裂变材料的产生，裂变产物的中毒等物理现象，反应堆内将随时有反应性变化。运行中反应堆的反应性变化按其时间特性可分为两类：第一类是反应性量随时间的变化速率很缓慢（一般以小时或日为单位来度量），例如裂变产物中毒引起的反应性变化，易裂变材料的消耗引起的反应性变化等；第二类是研究在反应堆的启动、停堆和功率调节过程中，中子通量密度和功率随时间的变化，这种变化是很迅速的（一般以秒为单位来度量），这一类问题通常称为中子动力学问题。

本节主要研究前一类的问题，其中包括：裂变产物同位素的生成与消耗；反应堆启动和停堆后 ^{135}Xe 和 ^{149}Sm 中毒随时间的变化；反应性随时间的变化；核燃料同位素成分的变化和燃耗：堆芯寿期、燃耗深度以及燃料的转换与循环问题。

一、反应性的定义和单位

在反应堆的物理分析和运行过程中，许多问题都是以临界状态为基准的，通常用反应性 ρ 这个物理量来表示系统偏离临界状态的程度，反应性 ρ 的定义为

$$\rho = \frac{k-1}{k} \tag{2-27}$$

式中　k——反应堆有效增殖因子 k_{eff}，省略了下脚标（下同）。

式（2-27）表明：$\rho=0$，$k=1$，系统临界；$\rho>0$，$k>1$，系统超临界；$\rho<0$，$k<1$，系统次临界。即反应性的符号标志着反应堆的状态。

反应性的大小主要取决于燃料的装量和燃料的富集度，也取决于反应堆的堆型和反应堆的结构组成。

在许多情况下，只讨论反应堆在临界状态附近的问题，k 与 1 十分接近，故 ρ 可以近似写成

$$\rho \approx k-1 \tag{2-28}$$

二、裂变产物的中毒

热中子反应堆在运行过程中，易裂变核在热中子的作用下产生大量的裂变产物（裂变产物包括裂变碎片及其衰变产物）。有些裂变产物具有较大的热中子吸收截面，故对反应性 ρ 有明显的影响。其中特别重要的裂变产物是 ^{135}Xe 和 ^{149}Sm 两种同位素，它们不仅具有很大的热中子吸收截面，而且它们的先驱核还具有较大的产额。尽管它们都能使反应堆产生一个负反应性，但其动态特性是不一样的。下面将分别讨论。

1. 毒物对反应性的影响

具有较大热中子吸收截面的物质习惯上被称为中子毒物，简称毒物。

毒物对中子的吸收而对反应性的影响，称毒物的中毒效应。

反应堆的有效增殖因子由中子循环的不同的因子构成：$k=\varepsilon p\eta fP$，任何一个因子的变化都将引起有效增殖因子 k 的变化。作为一个很好的近似，可以认为裂变产物毒物仅仅是通过改变热中子利用系数 f 而影响反应堆的增殖因子。对公式中的 ε、p 及 η 没有影响。而且由于毒物的质量分数相对较小，对中子的散射性质影响不大，因而对不泄漏几率 P 也没有多大的影响。于是在原先处于临界状态的反应堆内，毒物的反应性当量可以写成

$$\rho=\frac{k'-k}{k'}=\frac{f'-f}{f'} \tag{2-29}$$

式中　k'、f'——有毒物时有效增殖因子和热中子利用系数；

　　　k、f——无毒物时有效增殖因子和热中子利用系数。

无毒均匀堆的热中子利用系数 f 为

$$f=\frac{\sum_{aF}^{T}}{\sum_{aF}^{T}+\sum_{aM}^{T}} \tag{2-30}$$

式中　$\sum_{aF}^{T}$、$\sum_{aM}^{T}$——燃料和慢化剂（包括堆内结构材料）的热群宏观吸收截面。

有毒均匀堆的热中子利用系数 f' 为

$$f'=\frac{\sum_{aF}^{T}}{\sum_{aF}^{T}+\sum_{aM}^{T}+\sum_{aP}^{T}} \tag{2-31}$$

式中　$\sum_{aP}^{T}$——毒物的热群宏观吸收截面。

将式（2-30）和式（2-31）代入式（2-29）得

$$\rho=-\frac{\sum_{aP}^{T}}{\sum_{aF}^{T}+\sum_{aM}^{T}} \tag{2-32}$$

因为毒物生成后 $\sum_{aP}^{T}>0$，所以中毒反应性

$$\rho<0 \tag{2-33}$$

式（2-32）可以写成

$$\rho = -\frac{q}{1+\frac{\sum_{aM}^{T}}{\sum_{aF}^{T}}} \tag{2-34}$$

$$q = \frac{\sum_{aP}^{T}}{\sum_{aF}^{T}} \tag{2-35}$$

式中　q——毒物的毒性。

在热中子反应堆中，慢化剂及结构材料的吸收截面很弱，即 $\sum_{aM}^{T} \ll \sum_{aF}^{T}$，因而 $\frac{\sum_{aM}^{T}}{\sum_{aF}^{T}} \ll 1$，结果，式（2-34）可以进一步写成

$$\rho \approx -q \tag{2-36}$$

即如果无毒反应堆处于临界状态，则有毒物产生的反应性正好等于毒物毒性的相反数。

虽然式（2-36）是均匀堆推导到而来的，但也可用于描述非均匀反应堆内裂变产物中毒的一般特性。

热中子反应堆中，有两种裂变产物是特别重要的，它们是^{135}Xe 和^{149}Sm。因为，一方面它们具有非常大的热中子吸收截面和裂变产额，因而其质量分数在反应堆启动后便迅速增长，不久就趋于饱和，对反应性有较大的影响；另一方面，由于放射性的衰变使它们的质量分数在工况变化时发生迅速的变化。这些将使反应堆在启动、停堆及功率变更时，反应堆内的反应性在较短的时间内发生较大的变化，给运行造成困难。热中子反应堆中，必须对这两个核素进行单独的研究。

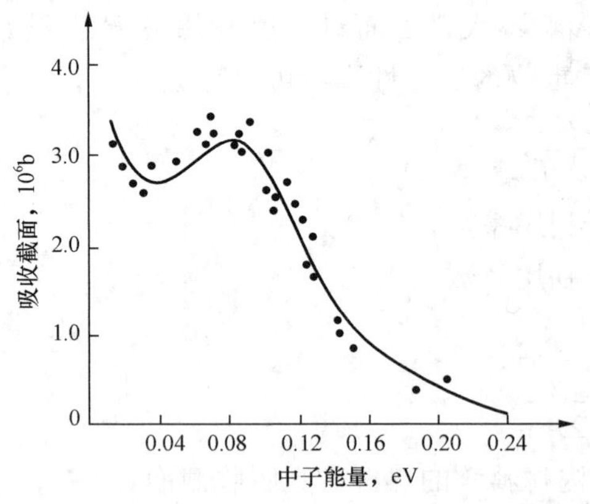

图 2-10　^{135}Xe 的吸收截面与中子能量的关系

2. ^{135}Xe 的中毒

^{135}Xe 是所有裂变产物中最重要的一种同位素。因为它的热中子吸收截面很大，如图 2-10所示。当中子能量为 0.025eV 时，^{135}Xe 的微观吸收截面为 2.7×10^{6}b 左右，而且中子能量在 0.08eV 处有一个大的共振峰。在热能范围内它的平均吸收截面大约为 3×10^{6}b。但在高能区，^{135}Xe 的吸收截面随中子能量的增加而显著地下降，因而在快中子反应堆中，^{135}Xe中毒的影响比较小。

^{135}Xe 的先驱核的产额较大，平均寿命短。中毒效应几乎全由^{135}Xe 造成的。

反应堆中的^{135}Xe 的来源有两部分：①^{235}U 裂变直接产生（产额为 0.228%）；②由同位素^{135}I 的 β 衰变而来，而^{135}I 也是由^{235}U 裂变直接产生和由同位素碲（^{135}Te）衰变而来。

（1）平衡氙中毒。由于^{135}I 和^{135}Xe 的半衰期很短，而^{135}Xe 的吸收截面又很大，一般热中子反应堆在一定功率水平下稳定运行一段时间（约 48h）后，这些同位素的质量分数将很快上升到它们的饱和值或平衡值，即它们的产生率和消失率处于动态平衡，此时^{135}Xe 的核密度不随时间而变化，由此而引起的中毒效应不变，称为平衡氙中毒。

（2）碘坑。在停堆后的一段时间，由于中子通量密度 $\phi=0$，^{135}Xe 不可能靠俘获中子而消失。同时由于^{135}I 衰变成^{135}Xe 的半衰期比^{135}Xe 衰变的半衰期短，即 $\lambda_{I} > \lambda_{Xe}$，这种条件会

使氙的质量分数在反应堆完全停闭后增加到一个最大值。产生这种现象的原因在于，刚停堆时堆内积存的^{135}I由放射性衰变生成^{135}Xe的速率比^{135}Xe的衰变率大。因此，停堆以后一段时间内，由^{135}Xe的中毒反应性也随时间逐渐增大。大约经过11h，反应性达最大。此时堆内积累的^{135}Xe也最大。如果反应堆停堆前的中子通量密度为$5\times10^{18}m^{-2}\cdot s^{-1}$，则由于氙同位素的增长而引起的反应性约为−0.53，比它的平衡中毒反应性−0.039 22大很多。

随着停堆时间进一步增加，堆内积累的^{135}I已大部分衰变成了^{135}Xe，^{135}I的质量分数相当低，而^{135}Xe仍按它的衰变常数λ_{Xe}继续衰变而消失。也就是说，此时^{135}Xe的消失率大于它的产生率。随着停堆时间的增长，^{135}Xe的质量分数越来越低，因而氙毒产生的反应性也越来越小。

应该特别注意，停堆前运行的热中子通量密度ϕ越高，其反应性增加的也越大，停堆时^{135}I积累的质量分数也越大。由于反应堆停堆后反应性要出现一个最小值，它又与^{135}I的衰变密切有关，故这种现象称为碘坑。

碘坑现象对于反应堆的设计和运行十分重要。特别是对于设计在高中子通量密度下运行的反应堆可能带来一些麻烦。尤其是如果在停堆后的某个时间内，当提出所有控制棒而得到正反应性小于^{135}Xe中毒引起的负反应性时，则只有等^{135}Xe衰变到一定程度之后，反应堆才能重新启动。

停堆后的^{135}Xe中毒（碘坑）变化与停堆方式有关。如果将突然停堆改为逐渐降低功率的方式来停堆，那么因为有一部分^{135}Xe和^{135}I在停堆过程中因吸收中子（此时堆内中子通量密度不等于零，而是比降功率运行前的中子通量密度要低）和衰变而消耗了，相当于在较低的功率下停堆，所以停堆后的碘坑深度要比突然停堆方式引起的碘坑深度要浅的多。

碘坑现象给停堆后的重新启动也带来一些物理问题。如果在碘坑中重新启动，由于中子通量密度的突然增加，^{135}Xe将大量地被吸收，它的质量分数很快地下降，因而氙中毒迅速地减少，这时将出现正的反应性效应，堆内的剩余反应性很快增加，影响了因减少控制毒物而达到临界状态的量和控制毒物的变化速率。

当反应堆从某稳态功率变化到另一稳态功率运行时，氙毒有变化。从而反应性也有变化。功率向下跃迁时，氙毒的反应性随时间的变化与突然停堆的情况相似，只是变化程度有差别。当功率向上跃迁时，氙毒的反应性随时间的变化与突然停堆的情况正好相反。这时在功率升高的初始阶段将引入正的反应性。

（3）氙振荡。大型热中子反应堆中局部区域内中子通量密度的变化会引起局部区域^{135}Xe质量分数和局部区域反应性的变化；反过来，局部区域反应性的变化也会引起^{135}Xe质量分数的变化。在这种情况下的彼此相互作用就可能使堆芯中^{135}Xe质量分数和中子通量密度分布产生空间振荡，这种现象称为氙振荡。

要产生氙振荡现象必须具备的条件：①热中子通量密度高，一般要大于10^{17}n/（$m^2\cdot s$）；②反应堆堆芯的尺寸足够大，一般要求堆芯的尺寸要大于30倍徙动长度；③要有局部扰动。

产生^{135}Xe振荡现象后，虽然局部区域的^{135}Xe质量分数会有差别，但就整个堆芯而言，^{135}Xe的总量变化不大，因此反应堆的反应性也不会有大的变化。所以只有通过对局部区域的中子通量密度测量才能发现^{135}Xe振荡现象。

堆内局部区域中子通量密度的增长意味着该处产生更多的热量，这会超过预期值或超过反应堆事故分析的假设值。如果不加以控制会使某些燃料元件过热，以致引起局部损坏。^{135}Xe的振荡还会使堆内的温度场发生交替变化，也会加速堆内材料应力破坏。

^{135}Xe振荡按其性质分类，可分为收敛性振荡和分散性振荡两种。按其振荡的位置可分为轴向氙振荡和径向氙振荡。轴向氙振荡的位置一般发生在3/4堆芯高度的两个对称点位置上，氙振荡的周期大约为一天。

显然，这种振荡对中子通量密度分布发生了不利的畸变，不利于安全运行。由于氙振荡的周期比较长，因而有足够的时间来测量和控制它。一般大型反应堆，都设置专用控制棒来消除这种振荡。

3. ^{149}Sm的毒性效应

在压水堆的裂变产物中，^{149}Sm对反应堆的影响仅次于^{135}Xe。^{149}Sm是核裂变产物钕（^{149}Nd）裂变链的稳定产物。^{149}Sm是从^{149}Nd经过两次β-衰变生成的（^{149}Nd经过一次β-衰变生成^{149}Pm，^{149}Pm经过一次β-衰变生成^{149}Sm）。^{149}Nd产额为1.13%，半衰期为2h，钷（^{149}Pm）的半衰期为54h，由于^{149}Pm的俘获截面较小，因而^{149}Pm的消失主要通过^{149}Pm的放射性衰变。

（1）平衡钐毒。因为^{149}Sm的吸收截面比^{135}Xe小得多，而且^{149}Pm的半衰期比^{135}I和^{135}Xe长，因此钷和钐的质量分数达到其平衡值所需的时间要比氙稍微长些。尽管如此，在所有反应堆内，这些同位素的质量分数达到平衡值最多也只需几天时间。

（2）停堆后钐毒的积累。停堆后^{149}Sm的质量分数随时间而增加，停堆后^{149}Sm的最大质量分数可达停堆前平衡质量分数的两倍左右。若反应堆再次启动后，这些多余的^{149}Sm因吸收中子很快被消耗，平衡钐状态又将恢复。若停堆前中子通量密度比较低，则停堆后的^{149}Sm质量分数基本保持不变。

钐具有比较小的吸收截面和产额，且其先驱核具有较长的半衰期，这就意味着它所引起的反应性效应将比^{135}Xe小得多。尽管如此，在核分析内必须计入^{149}Sm的积累效应。

虽然平衡钐质量分数与中子通量密度无关，但停堆后钐质量分数随停堆前中子通量密度的增加而增加。反应堆停堆后再启动时，由于^{149}Sm吸收中子而损失使堆内的反应性增加。因为^{149}Sm是稳定的，所以这种效应的发生与停堆后多长时间重新启动无关。相反，停堆后^{135}Xe继续衰变损失，因此，只有在碘坑底部重新启动时反应堆内的反应性增加才明显。

4. 其他裂变产物的中毒

在所有裂变产物中，除了上面介绍的^{135}Xe和^{149}Sm的吸收截面特别大之外，还有许多裂变产物的吸收截面相对比较小。但是由于它们随着运行时间的增加其质量分数不断积累，产生负的反应性也在不断地变化，影响运行中的反应堆的反应性平衡。我们称这些裂变产物为非饱和性（或永久性）的裂变产物。

非饱和性裂变产物的核素种类很多，它包括300多种不同核素的各种放射性及稳定同位素。因此，要分别计算它们的核质量分数对反应性的影响是一件极其复杂的工作。通常把除了^{135}Xe和^{149}Sm核素以外的其他所有非饱和性同位素归并为一组，用一个假想的裂变产物同位素（FP）来代替。令其裂变产额为1，而吸收截面数值可由经验数据给出。计算方法同对^{135}Xe和^{149}Sm的核素的处理。计算结果表明，非饱和性裂变产物的同位素和质量分数随反应堆积分中子通量密度的增加而增加，当反应堆运行时间较长时，燃料内非饱和性裂变产物核素的质量分数和由于它引起的负反应性都较大，因而使反应堆的剩余反应性显著地下降。

三、燃料的燃耗效应

1. 物理过程

反应堆一旦运转，其燃料就开始耗损，燃料的耗损将引起反应性的下降，这种效应称为反应性燃耗效应，简称燃耗效应。燃料消耗到一定程度后需要更换，它直接影响反应堆的工作寿期。以低富集铀为燃料的压水堆为例进行分析。新鲜燃料中包括两种同位素。一种是易裂变同位素^{235}U，另一种是可裂变同位素^{238}U。

反应堆运转后，由于易裂变同位素^{235}U的不断消耗，使得反应堆的反应性不断下降。同时^{238}U生成的另一类易裂变同位素与裂变，使得反应性的下降得到某些减缓。

^{235}U的核密度随燃耗在不断地减少，而同时新的易裂变同位素^{239}Pu随运行时间在初期阶段迅速积累，但由于^{239}Pu具有很大的热中子吸收截面，因而其核密度很快就达到动态平衡，近似为一个常数；钚的其他同位素是由^{239}Pu逐级俘获中子而形成，所以它们的产生率要慢得多。

2. 燃耗深度

以单位质量的燃料所发生的能量作为燃料的燃耗深度的度量单位。燃耗深度的大小反映了一个反应堆的先进程度，也反映一个国家燃料制造工艺的水平。

燃耗深度α_1是燃料贫化的一种度量，它表明了反应堆积分能量的输出。燃耗深度单位常用兆瓦小时/千克铀（MW·h/kgU）或兆瓦日/吨铀（MW·d/tU）来表示。计算如下：

$$\alpha_1 = \frac{\text{热功率}\cdot\text{燃烧时间}}{\text{反应堆铀的总装量}}[\mathrm{MW\cdot d/(tU)}] \tag{2-37}$$

式中，反应堆铀（^{235}U和^{238}U）的总装量，如果是氧化铀燃料，必须把氧的质量扣除。

工程中经常用到另一个表示燃耗深度的单位：有效满功率小时（EFPH）或有效满功率天（EFPD）。也就是将燃料的燃耗用达到这一燃耗深度所需运行满功率天数来表示。一个有效满功率天（EFPD）等于100%满功率下运行一天，若在50%满功率下运行，则一个有效满功率天（EFPD）等于运行两天。

大亚湾核电站铀的装载量为72.4t铀，热功率为2895MW。所以，满功率运行一天的平均燃耗为

$$\alpha = \frac{2895\times 1}{72.4} \approx 40(\mathrm{MW\cdot d/tU})$$

如果一年按300个满功率天设计，每年更换三分之一燃料组件，则每年平均燃耗深度为12 000MW·d/tU，三年平均燃耗为36 000MW·d/tU。大亚湾核电站燃耗深度的设计值为平均燃耗33 000MW·d/tU，最大燃耗深度为39 000MW·d/tU。

从堆芯中卸出的燃料所达到的燃耗深度称为卸料燃耗深度。最大的允许卸料燃耗深度受到反应堆的核特性和燃料本身的性能限制。从物理上讲，反应堆的初始剩余反应性越大，燃料元件在堆内燃耗的时间越长。但实际上，卸料燃耗深度主要是受燃料元件的材料性能的限制，燃料元件的性能主要是指燃料元件在各种工况下的稳定性。例如在用金属铀为燃料时，由于它在高温下要发生相变，在高中子通量密度和γ射线的辐照下要发生肿胀，它的稳定性

远不如二氧化铀，因此金属铀不能达到较高的燃耗深度。

平均卸料燃耗深度直接关系到动力堆的经济性。提高平均卸料燃耗深度有各种方法。例如采用不同富集度的核燃料进行分区装料；采用化学补偿来控制反应性和展平功率分布；选用在高温、高辐照条件下稳定性较好的二氧化铀和碳化铀做燃料元件芯块；选取适当的芯块密度，以利于裂变气体的释放和防止密集化效应；选用稳定性较好，吸收截面较小的材料（如锆合金）做燃料元件的包壳材料；改进燃料元件的加工工艺，提高加工精度，等等。由于采用以上这些措施，目前压水堆的卸料燃耗深度可达45 000MW・d/tU。

3. 反应性随燃耗深度的变化和堆芯寿期

一个新的堆芯（或换料后的堆芯）的燃料装载要比临界装量要大。主要是要保证反应堆有一定的运行寿期以及要补偿运行中产生的反应性效应，所以反应堆的初始有效增殖因子（剩余反应性）比较大，必须用控制毒物来补偿这些剩余反应性。随着反应堆运行时间的增加，有效增殖因子逐渐地减少。当反应堆的有效增殖因子降到 1 时，反应堆满功率运行的时间就称为堆芯寿期。

在最大氙质量分数的情况下的堆芯寿期要比在平衡氙质量分数情况下的堆芯寿期短。船用反应堆为了保证随时都可以启动，必须按照最大氙质量分数条件来确定堆芯寿期。

4. 核燃料的转换与增殖

核电站中可以用作核燃料的有^{233}U、^{235}U 和^{239}Pu，但只有^{235}U 是在自然界中存在。但是天然铀中^{235}U 的丰度只有 0.71%，而 99.28%是^{238}U。因而，单纯以^{235}U 作为燃料的核动力，很快将耗尽自然界中的天然铀，它可能无法满足核动力发展的需要。幸运的是，核动力的另外两种核燃料^{233}U 和^{239}Pu 可以通过^{238}U 和^{232}Th 的转换而得到，在反应堆燃料的燃耗过程中可以实现这个转换。^{238}U 和^{232}Th 在自然界中的储存是相当丰富的。这样，核能的资源将扩大几十倍甚至近百倍，从而可以在较长的时间内满足人类对能源的需要。

通常用转换比 CR 来描述转换过程。它的定义为反应堆中每消耗一个易裂变材料原子所产生新的易裂变材料的原子数，即

$$\mathrm{CR} = \frac{\text{易裂变核的生产率}}{\text{易裂变核的消耗率}} = \frac{\text{堆内可转换核的辐射俘获率}}{\text{堆内所有易裂变核的吸收率}} \tag{2-38}$$

CR>1 的反应堆称为增殖堆，一般是快中子反应堆，快中子堆的裂变主要是由能量在 1～100keV 的高能中子引起的，因此堆内不需要慢化剂。以^{239}Pu 为燃料的快中子反应堆具有良好的增殖性，CR=1.2。CR<1 的反应堆称为转化堆，热中子反应堆的转化比小于 1，高温气冷堆的 CR≈0.8，被称为先进转化堆；压水堆的 CR≈0.6。在热中子堆中，^{233}U 具有较好的核性能，只有用^{233}U 作为核燃料的热中子堆可以实现增殖。

第四节 温度效应和反应性控制

反应堆在启动、运行和停闭过程中介质温度要发生变化。例如压水堆由冷态过渡到热态，堆芯介质温度要变化 200～300K，当反应堆功率变更时，堆芯温度也要发生变化。

堆芯燃料温度的变化将影响燃料堆中子的共振吸收；慢化剂温度的改变将改变慢化剂的慢化能力和吸收能力；介质温度的改变将导致中子截面的改变；介质温度的变化将改变可溶

硼的溶解度，从而影响对中子的吸收。上述的变化改变了堆内的中子平衡，使得有效增殖因子发生变化，从而引起反应性的变化。

为了使得反应堆有足够长的循环周期，必须要有足够的剩余反应性，同时还要克服反应堆运行过程中，由于介质温度的变化、裂变产物的中毒和燃耗效应引起的反应性变化。

这些反应性的变化以及为使反应堆启动、停闭和功率变更，都必须采用外部控制的方法来控制反应性。

此处主要定性地讨论反应堆安全运行对温度效应的要求以及各种组分的反应性温度系数。在简单地介绍反应性的控制任务和方式后，对目前压水堆常采用的三种控制方式的特点进行分析。

一、反应性的温度效应

反应堆介质温度的变化而引起的反应堆有效增殖因子的变化，从而引起反应性的变化称为反应性的温度效应，简称温度效应。

1. 反应性温度系数及其和反应堆稳定性的影响

反应堆在启动过程中，由冷态（通常为温室）向热态（运行温度）过渡。运行工况的改变（例如不同功率水平的运行）都能使反应堆的介质温度发生变化。这种温度变化可能是局部的，例如结构不均匀性影响某些地点的冷却剂流动，也可能影响整个反应堆，例如冷却剂流率的变化会逐渐改变反应堆的温度。这些温度的变化，将引起反应性 ρ 的变化，因而系统的有效增殖因子 k_{eff}（用 k 代替）也将改变。

反应性温度效应的系数

$$\alpha_T = \frac{\mathrm{d}\rho}{\mathrm{d}T}$$

表示反应堆温度变化 1 度（1℃ 或 1K）时所引起的反应性变化（式中 T 为反应堆的温度）。将 α_T 代入反应性 ρ 的表达式（2-27）后，上式可以写成

$$\alpha_T = \frac{1}{k^2}\frac{\mathrm{d}k}{\mathrm{d}T} \tag{2-39}$$

在临界附近时 $k \approx 1$，式（2-39）可以近似为

$$\alpha_T = \frac{1}{k}\frac{\mathrm{d}k}{\mathrm{d}T} \tag{2-40}$$

习惯上将式（2-40）作为反应性温度系数的定义，即反应性的温度系数 α_T 是指反应堆温度变化 1K 时有效增殖因子 k 的相对变化量。

由式（2-40）可知，因为 $k>0$，所以 α_T 与 $\frac{\mathrm{d}k}{\mathrm{d}T}$ 有相同的代数符号。于是，如果 α_T 是正的，则 $\mathrm{d}k/\mathrm{d}T$ 也是正的，因而反应堆的有效增殖因子将随温度的升高而增加；反之，有效增殖因子便随温度的升高而减小。

当反应堆有正温度系数时，若反应堆的温度升高，那么 k 就增加，功率也随之增加。功率的增加又导致温度的进一步升高，温度的升高又增加了 k 值，反应堆的功率将这样持续增加，直到反应堆置于外部引入的反应性控制之下，或者造成堆芯熔化为止，后者可能会导致极坏的后果。假如开始时温度下降，则 k 将减小，功率便降低，这将导致温度的进一步下降，因此反应堆会自行关闭。显然，温度系数为正的反应堆对于温度的变化是不稳定的。

具有负温度系数的反应堆，其性质就大不相同。这时，温度的升高导致 k 的减小，这样就降低了功率水平，并使反应堆温度回到它的初始温度，因此具有负温度系数的反应堆对于温度的变化是稳定的，这是安全运行必不可少的条件之一。

反应堆的负温度系数在一定程度上还具有自动调节反应堆功率以适应负荷变化需要的能力，即有自动跟踪负荷的自调性。以压水堆为例，如二回路的负荷变大，将从一回路夺去更多的热量，因而反应堆的进口水温将降低，从而使堆内的平均水温降低。由于负温度系数，k 将上升，功率会自动上升，以适应负荷的要求。当然，这种自调性只是在一定范围内起作用，不能用于全部的反应堆功率调节。

压水堆是将燃料块分散嵌在慢化剂、冷却剂中的一种非均匀堆。由于燃料、慢化剂的物理特性不一，因而反应堆的温度系数分成两类。一类是燃料的反应性温度系数 α_{TF}，由于燃料的温度对功率变化的响应近似是瞬时的，因此燃料的反应性温度系数也是瞬发温度系数。另一类是慢化剂或冷却剂的温度系数 α_{TM}，慢化剂的温度改变必须依赖从燃料传来的热量的变化，因而又称缓发温度系数。

燃料温度变化 1 度（1℃或 1K）所引起的反应性变化称为燃料反应性温度系数，也称多普勒系数。以低富集铀为燃料的反应堆中，燃料反应性温度系数总是负的。由于反应堆内燃料有效温度及其变化是不能测量的，因此，在考虑反应堆的瞬变时，实际上使用的多普勒系数是功率的函数，即将它定义为由功率变化引起的堆芯反应性变化，采用功率每变化百分之一时的反应性变化来度量（$\Delta\rho/\Delta P$）。

慢化剂温度变化 1 度（1℃或 1K）所引起的反应性变化称慢化剂反应性温度系数，也称慢化度系数。

慢化剂的反应温度系数主要由下列两个因素构成：①温度上升时，使得能谱硬化，影响中子的散射、吸收和裂变；②温度变化时，原子核密度变化，影响反应堆内中子的泄漏、慢化能力和热中子利用系数的改变。通常第二个因素是主要的。

当慢化剂温度增加，密度减少时，会引起两个相反的效应。一方面是慢化剂温度增加时，慢化剂密度减少，慢化剂相对于燃料的有害吸收将减少，这使有效增殖因子增加，所以该效应慢化剂温度系数 α_{TM} 的贡献是正的效应。尤其慢化剂中含有化学补偿毒物如硼酸时，温度的升高导致溶解度的减少，这种正效应更为显著。特别在寿期初慢化剂中的硼酸浓度比较大时，有可能出现正的慢化剂温度系数。因此，压水堆的运行设计规范中往往规定初始硼酸浓度必须小于 1400μg/g。但是，另一方面由于慢化剂密度减少，使慢化剂的慢化能力减弱，因而共振吸收增强，所以该效应对慢化剂的温度系数 α_{TM} 的贡献是负的。另外慢化剂温度增强，使中子能谱硬化，引起 ^{238}U 和 ^{240}Pu 低能部分共振吸收增强，同时也使 ^{238}U 和 ^{240}Pu 的 α 值下降，对反应性也引起负的效应。

2. 空泡系数和流量系数

（1）空泡系数。在液体冷却剂的反应堆中，冷却剂的沸腾（包括局部沸腾）将产生蒸汽泡，它的密度远小于液体的密度。在冷却剂中所包含蒸汽泡的体积分数（百分数）称为空泡分数，以 x 表示。空泡系数是指在反应堆中，冷却剂的空泡分数的百分之一所引起的反应性变化，即

$$\alpha_v = \frac{d\rho}{dx} \tag{2-41}$$

当出现空泡或空泡分数增大情况是，有如下三种效应：①冷却剂的有害中子吸收减小，这是正效应；②中子泄漏增加，这是负效应；③慢化能力变小，能谱变硬，这可以是正效应，也可以是负效应，这与反应堆的类型和核特性有关。一般来说，对 PWR 反应堆是负效应，而对大型快中子反应堆，可能是正效应，特别是当空泡出现在芯部中心区域时。

一般来说，在压水堆中空泡含量在 0.5%左右，这是由于局部沸腾或随机性沸腾造成的。由于气泡含量少，它引起的反应性变化可忽略不计。表 2-7 所示为几种典型反应堆的反应性系数。

表 2-7　几种典型反应堆的反应性系数

反应性系数	沸水堆	压水堆	重水堆	高温汽水堆	钠冷快堆
燃料温度系数（10^{-5}/K）	−4～−1	−4～−1	−2～−1	−7	−0.1～0.25
慢化剂温度系数（10^{-5}/K）	−50～−8	−50～−8	−7～−3	1.0	
空泡系数（10^{-5}/%功率）	−200～100	0	0	0	−12～20

（2）流量系数。反应性流量系数是指一回路中流量变化所引起的反应性变化。设一回路冷却剂流量变大，从堆内导出的热量增大，各种参数在经过一段时间波动以后达到稳定。这时冷却剂的平均温度或达到一个新的平均值，或保持在原来的水平上。但反应堆内的温度场总会有变化。所以流量的变化将通过温度的核效应与密度效应使反应堆的反应性 ρ 产生一定的变化。实验表明，流量系数是正值，它的大小与反应堆的运行方案、堆功率和一回路的流量有关。同时，它也与堆内各点的中子通量密度的分布、控制棒棒栅位置和热量有关。一般来说，高功率时的流量效应比低功率时显著，流量大时的流量效应比流量小时要大。系数的具体数值都必须在反应堆上通过实测得到。例如有的压水堆在一定条件下流量增加一倍后，其反应性 ρ 的增加才大致与慢化剂平均减少 1～2℃时的数值相当。

3. 功率系数和功率亏损

反应性功率系数是指功率变化 1MW 时，反应性的变化量，定义为

$$\alpha_\rho = \Delta\rho/\Delta P \tag{2-42}$$

式中　ΔP——反应堆的热功率变化量，MW；

　　$\Delta\rho$——反应性变化量。

功率系数 α_ρ 的单位为 $\Delta\rho$/MW 或 $\frac{\Delta k}{k}$/MW。

在大亚湾核电站中，功率系数定义为功率变化 1%是所引起的反应性变化。将功率系数在 0～100%的范围内进行任一区的积分，便可得出功率变化所引起的反应性变化的总量。这就是积分功率系数，或称功率亏损。

当功率增加，反应堆产生一个负反应性（指反应性亏损了），则必须加上一个等量的正反应性以保持反应堆在临界状态。

由于反应堆内的燃料温度及其变化都是不可测量的，因此，实际运行中通常以功率作为观测值。原则上讲，用反应堆功率系数来表示反应性比用温度系数和空泡系数等来表示更为直接。

功率系数是一个复合量，影响它的主要因素为燃料的温度系数、慢化剂的温度系数和空泡系数。此外还有燃料－慢化剂的温差以及燃料的中毒效应和运行寿期等。压水堆中，功率

系数为负值。

二、反应性控制

通过前面分析热中子反应堆运行后，可知反应性发生变化的主要因素为：①反应堆临界后从冷态到热态的过度，慢化剂核燃料的温度要升高，将引入一个负反应性；②反应堆功率运行后裂变产物的中毒，主要是^{135}Xe、^{149}Sm，反应性将减小；③反应堆运行后，燃料不断消耗，尽管压水堆中有新的易裂变同位素产生，但总的趋势是反应性不断减少；④反应堆在工况变更时，反应性ρ也要变化。

（一）反应性控制任务

为了保证反应性有一定工作寿期，以满足启动、停堆和功率变化的要求，反应堆的初装量必须大于临界装量，以有一个适当的初始剩余反应性。同时，必须提供控制和调节这个剩余反应性的具体手段，以使反应堆的反应性保持在所需的各种数值上。具体来说，反应性控制的任务有以下几方面。

（1）紧急控制。当反应堆需要紧急停堆（1.5～2s 内停堆）时，反应堆的控制系统能迅速地引入一个大的负反应性，以快速停堆，并达到一定的停堆深度。要求紧急停堆系统有极高的可靠性。

（2）功率调节。当外界负荷或堆芯温度发生变化时，反应堆的控制系统必须引入一个适当的反应性，以满足反应堆功率调节的需要。

（3）补偿控制。反应堆在运行初期有较大的剩余反应性，随着反应堆的运行，剩余反应性不断减少，为了保持反应堆临界，必须逐渐的从堆芯移出控制毒物。

反应堆在运行过程中所引起的反应性变化的物理变化过程不同，引起的反应性大小和变化速率也是不一样的。因而所采用的反应性控制的方式和要求也不一样。表 2-8 给出了压水堆内几个主要过程引起的反应性变化及其所要求的反应性控制的变化率。

表 2-8 压水堆的反应性控制要求

反应性效应	数值（%）	要求的变化率	反应性效应	数值（%）	要求的变化率
温度亏损	2～5	0.5/h	燃耗	5～8	0.017/d
功率亏损	1～2	0.05/min	功率调节	0.1～0.2	0.1/min
氙和钐中毒	5～25	0.004/min	紧急停堆	2～4	<1.5～2s

（二）反应性控制中所用的几个物理量

（1）剩余反应性。堆芯中没有控制毒物时的反应性称为剩余反应性，以ρ_{ex}来表示。控制毒物是指反应堆中作为控制用的所有物质，例如控制棒、可燃毒物和化学补偿毒物等。

（2）控制毒物反应性。某一控制毒物投入堆芯时引起的反应性变化，称为该控制毒物反应性（或价值），以$\Delta\rho_i$表示。

（3）停堆深度。当全部控制毒物都投入堆芯时，反应堆所达到的负反应性称为停堆深度，以ρ_s来表示。

（4）总的被控反应性。总的被控反应性等于剩余反应性与停堆深度之和，以$\Delta\rho$表示，即$\Delta\rho=\rho_{ex}+\rho_s$。

表 2-9 所示为几种主要堆型的各种反应性值。表中数据表明，热中子反应堆（已经实用化的热中子反应堆有轻水堆和重水堆，轻水堆又分为压水堆和沸水堆）的剩余反应性和总

的被控反应性最大，而快中子反应堆（主要为钠冷快堆）中对应的反应性最小，这是因为快中子反应堆的增殖比大，增殖的燃料将补偿燃料的燃耗；同时，快中子反应堆的温度系数和裂变产物对反应性影响也比它们对热中子反应堆的影响小。表中数据还表明，轻水反应堆的剩余反应性和总的被控价值相对比较大。这是因为轻水反应堆的慢化剂负温度系数比较大，而且它的转换比较小。

表 2-9　几种主要堆形的各种反应性值

反应性		沸水堆	压水堆	重水堆	高温气冷堆	钠冷快堆
清洁堆芯的剩余反应性 ρ_{ex}	在 20℃时	0.25	0.293	0.075	0.128	0.050
	在运行温度时		0.248	0.065		0.037
	在平衡氙和钐时		0.181	0.035	0.073	
控制毒物价值	总的被控制价值	0.29	0.32	0.125	0.210	0.074
	控制棒总价值	0.17	0.07	0.035	0.11	0.074
	可燃毒物总价值	0.12	0.08	0.09	0.10	
	化学补偿总价值		0.17			
停堆深度 ρ_s	冷态和清洁堆芯	0.04	0.03	0.05	0.082	0.024
	热态和平衡氙、钐时		0.14		0.137	0.037

（三）反应性控制原理

热中子反应堆的有效增殖因子 $k_{eff}=k=\varepsilon p f \eta P_L$，所以原则上对表达式中的每一因子的控制都能达到对有效增殖因子 k 的控制，从而达到对反应性的控制。

反应性的控制主要有以下几种方法。

（1）改变堆内中子吸收。在堆芯中加入或提出控制毒物以改变堆内中子的吸收。目前广泛采用的控制毒物有可移动式控制棒、固体可燃毒物和在液体冷却剂中加入可溶性毒物（如硼酸等）。

（2）改变中子的慢化性能。在谱移反应堆（重水—轻水混合慢化反应堆）中，通过改变重水与轻水的比例，以改变中子能谱，从而改变反应性。

（3）改变燃料含量。在用燃料来作控制棒跟随体的时候，当控制棒移动时，除了改变堆内中子的吸收之外，还改变堆内燃料含量，中子的产生率发生了变化，从而改变反应性。

（4）改变中子泄漏。小型快中子反应堆中，可用移动反射层的方法，改变中子的泄漏，从而改变反应性。

对于一个实际的反应堆，燃料的富集度、燃料与慢化剂的相对组分都已确定，此时，快中子增殖因数 ε、热中子裂变因子 η 基本不变，控制逃脱共吸收几率 p 也不太有效。所以反应性控制主要是通过对热中子利用系数 f 和不泄漏几率 P_L 来实现。

有些重水堆通过调节堆内重水的水位以改变 P_L 及 f 来达到反应堆的启动、停堆及运行调节的目的。

压水堆主要是通过插入控制棒来改变 f 和 P_L 使堆运行在一定功率的水平上。控制棒插入反应堆内，从两方面改变了反应堆的增殖因子。首先是控制棒的插入吸收了堆内的中子，使得 f 降低。其次，控制棒使中子通量密度发生某种形式的畸变，从而增加了系统内中子的

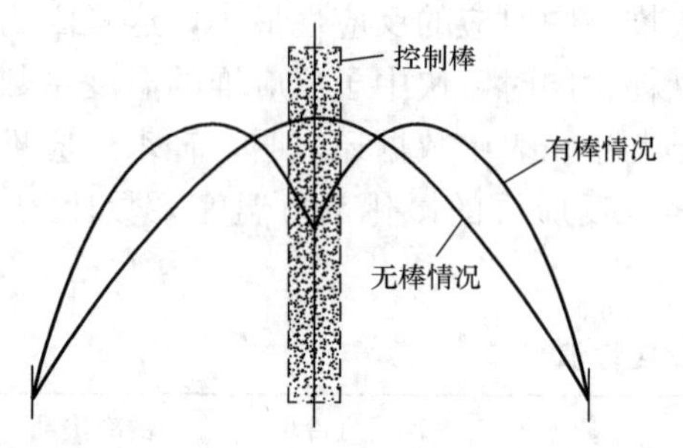

图 2-11 裸堆内有无控制棒时的中子通量密度分布

泄漏，即 P_L 减小，使得反应堆的有效增殖因子降低。如图 2-11 所示为一根棒插入圆柱形裸堆前后的中子通量密度情况。可以看到，当有控制棒在堆内时，中子通量密度分布的弯曲度或曲率比较大，因此，堆芯表面处的中子通量密度梯度也比较大，从而泄漏的中子流也比较大。对许多反应堆来说，控制棒同时增加中子的吸收和提高中子的泄漏这两种效应，在确定控制棒对系统增殖因子的影响时这两种效应是同等重要的。

表 2-9 中数据表明，压水堆的初始剩余反应性很大，控制棒的价值比较低。压水堆的堆芯体积比较小，要安排众多的控制棒是很难的，压力容器顶盖开孔增加，使压力容器顶盖的强度大大降低，增加了设计制造的难度。目前在压水堆中，都是采用控制棒、固体可燃毒物和冷却剂中加硼酸溶液三种方法联合控制反应性，以减少控制棒的数目。

三、控制棒控制

1. 控制棒控制的特点

用控制棒来控制反应堆的安全运行是当今反应堆运行的主要手段。控制棒控制的特点是控制速度快，可靠有效。它主要用于补偿与功率变化过程有关的多普勒效应、慢化剂温度效应以及空泡效应，还可用于实施安全停堆。

根据控制棒的功能不同，一般将控制棒分成以下几类。

（1）安全棒。反应性价值大，专门用于停堆的控制棒，因此也称为停堆棒，它具有的反应性要大于剩余的反应性。反应堆运行时，它处于堆芯的上部外端，一旦需要紧急停堆，就将其迅速插入堆芯，使反应堆处于次临界状态，并保持一定的次临界度。

（2）补偿棒。补偿棒用来补偿随时间变化比较慢，但数值又比较大的反应性，如补偿反应性的温度效应、裂变产物的中毒效应和燃料的燃耗效应。在反应堆的循环初期，补偿棒几乎全部插入堆芯，以补偿反应堆的剩余反应性，到循环末期，补偿棒全部抽出堆芯。由于补偿棒数量较多，被补偿的反应性变化缓慢，一般采用手动操作。

（3）调节棒。用来调节反应性的微小变化，用于功率细调。在反应堆稳定运行时用它来跟踪各种意外的反应性扰动，这类扰动的特点是反应性小，速度快，因而这类控制棒的价值较小。在反应堆运行中，即使由于操作人员的误操作，把一组调节棒从堆芯内全抽出，也不会使反应堆达到瞬发临界状态。由于调节棒动作比较烦琐，所以调节棒设计成既可以投入自动，也可以手动，因此又称为自动调节棒。

目前，压水堆将安全棒和补偿棒统称停堆棒。

用控制棒来控制反应堆的启动、运行和停闭，它的特点是控制棒吸收体材料的吸收截面大因而价值高，带来的另一个问题是对反应堆的功率分布、中子通量密度分布扰动大，从而影响反应堆的运行品质。为了减少控制棒的这种扰动影响，一般采用多数量小尺寸的设计原则。此外，为减少因控制棒移动而带来的扰动，常与可燃毒物棒与化学控制的方法联合使用。

2. 控制棒材料

控制棒吸收体的材料有下列要求：①热中子微观吸收截面 σ_a 要大；②与堆芯材料相容性要好；③抗腐蚀、抗辐射性能好；④易加工，有一定机械强度。

下面具体分析几种用作控制棒吸收体的材料。

（1）铪（Hf）。就铪的中子学、机械和物理性能而言，它是适用于压水堆的一种极为理想的控制材料。它的热中子吸收截面虽然不太高，大约只有 113 靶。但它在超热区有比较强的共振吸收，即在较宽的能量范围内，其中子吸收截面都比较大。在 0.01～10eV 中子能量范围内，铪片的吸收是很高的。

铪吸收中子的反应都是（n，γ）反应，即

$$^{177}Hf + n \longrightarrow {}^{178}Hf$$

$$^{178}Hf + n \longrightarrow {}^{179}Hf$$

……

因而，它们的黑度不会因本身的燃耗而减小。此外，这种金属能抗高温水的腐蚀，容易加工，抗辐射，不要包壳。

铪作为控制棒吸收体材料的缺点是价格较贵。自然界中 Hf 与 Zr 大约以 1∶50 的比例一起共存。Hf 的中子吸收能力极强，而 Zr 却相反，吸收截面极小。前者常用于控制材料，后者常用作反应堆的结构材料。但由于 Hf 和 Zr 的化学性十分相似，故分离成本较高。目前 Hf 一般用作船用动力堆的控制棒材料。

（2）Ag-In-Cd 合金（80-15-5）。镉的同位素的热中子吸收截面较大，其平均值为 2450 靶，但其超热吸收极低。铟同位素在低于 1.2eV 时有较强的吸收截面。银在 5～6eV 附近有一共振吸峰。所以 Ag-In-Cd 合金在 10eV 以下的能区对中子都有较大的吸收。该合金吸收中子都是由于（n，γ）反应的结果，因而本身燃耗较小。经大量实验表明，质量百分比为 80（Ag）-15（In）-5（Cd）的合金，其力学性能、抗辐射性能都比较好，是目前压水堆电站常采用的控制棒材料。用该材料做控制棒时，一般控制棒表面包有不锈钢包壳，以免水与合金直接接触。

（3）硼。同位素硼，主要是 ^{10}B，它的丰度为 18.8%，热中子吸收截面较高，达 3838 靶。一般采用浓缩硼包以不锈钢包壳。常采用 B_4C 烧结块，外面有不锈钢做包壳以增加强度。另外可以做成 B-S.S。由于硼吸收中子的机理是通过（n，α）反应实现的，因而燃耗较大，产生的 α 粒子影响材料的晶间腐蚀。

3. 控制棒价值，积分价值和微分价值

（1）中子价值。一个中子由于它处在堆芯不同的位置，对链式反应和对反应堆功率的贡献是不同的。也就是说，堆芯不同的位置，中子具有不同的价值。中子的价值意味着它引起裂变的几率。它是描述堆内的中子所处的位置不同，从而对链式反应或对反应堆功率的贡献不同的物理量。显然，在芯部边界附近的中子，由于泄漏的几率比较大，其中子的价值要比芯部中心处的小。

（2）控制棒价值。控制棒所能控制的反应性称控制棒的价值。控制棒的价值取决于其他控制棒的状态、燃料的燃耗和堆内的毒物效应。控制棒的价值也与控制棒插入处的中子通量的平方 $\Phi^2(\gamma)$ 成正比。

（3）控制棒的积分价值。实际反应堆的控制棒只有安全棒在停堆时全部插入堆内，在运行时全部提出堆外。其余的控制棒大部分是部分插入，随着反应性的不断补偿的要求，才逐渐提出反应堆。因此，反应堆设计人员和反应堆运行人员都需要了解控制棒插入深度与控制棒价值的关系。控制棒插入某个深度时的价值称为控制棒的积分价值。

（4）控制棒的微分价值。控制棒沿着插入方向移动单位距离所引起的反应性变化称为控制棒的微分价值。

4. 控制棒插入深度对堆芯功率分布的影响

控制棒的主要作用是控制堆芯的反应性。但由于控制棒是强吸收体，因而控制棒的插入将使中子通量密度分布和功率分布都产生畸变。

反应堆在循环初期由于剩余反应性较大，补偿棒大都插在堆芯的底部，而在循环末期，控制棒基本都处于堆芯的顶部。在整个循环周期中，控制棒将从底部不断地向顶部移动。因此，控制棒插入不同深度不仅影响控制棒的价值，而且也影响堆芯中的功率分布。

据此可以采用调节控制棒插入长度和控制棒的合理布置来展平堆芯的功率分布。在主要靠控制棒来控制反应性的反应堆中，在堆芯寿期的初期，有较大的剩余反应性，控制棒插入比较深。在有控制棒的区域，中子通量密度比较低，但由于保持反应堆的总功率不变，因此在没有控制棒的底部，将形成一个中子通量密度的峰值。在中子通量密度高的区域，燃料的燃耗很快。随着反应堆的运行，控制棒不断地提出堆芯，到堆芯寿期末期时，控制棒都已提到堆芯的顶部，中子通量密度的峰值和功率的峰值也逐渐向顶部方向偏移。

通过采用控制棒在堆芯的均匀分布和优化提棒方式，可使控制棒堆功率分布畸变的影响减少到最小。

5. 控制棒的干涉效应

一个实际的反应堆有很多控制棒组件。这些控制棒同时插入堆芯时，控制棒的总价值并不等于各根控制棒单独插入堆芯时的价值之和。这是由于控制棒的价值与插入处的中子通量密度的大小有密切关系。而当一根控制棒插入堆芯后将引起堆芯中子通量密度分布的畸变，必定会影响其他控制棒的价值。这种现象称为控制棒间的相互干涉效应。

控制棒的价值取决于两个因素：①控制棒本身的特性；②控制棒所处位置的中子通量密度水平和中子价值。中子通量密度水平越高，中子价值越大，同样性质的控制棒的价值越大。

两棒距离在某一数值时，它们的总价值会达到最大。考虑到控制棒的相互干涉效应，通常在堆芯设计时，应使控制棒间的间距大于热中子扩散长度。

6. 卡棒准则

反应堆的控制棒设计需满足“卡棒”准则，“卡棒”准则的定义为反应堆运行在任何工况下，当一束反应性价值最大的控制棒在堆芯顶部被卡住而不能下插时，也能实现反应堆冷态停堆。这是一个留有保险裕度的安全准则，而且能在停堆后提出任何一束控制棒进行试验或检修时保证反应堆安全。

在反应性控制中，还有一个重要的物理量：停堆裕度。其定义为假定最大价值的一束控制棒卡在堆外，其余所有控制棒全部插入堆内，由此使反应堆处于次临界的反应性总量称为停堆裕度或称停堆深度。

7. 控制棒提升过程中的咬合

控制棒的积分和微分价值表明，控制棒插入（或提升）时，其两端的价值最小，控制棒的中央部位的价值基本为线性关系。为了避免反应性引入率的差异，在控制棒的提升过程中，往往要求相邻控制棒组的提升有一个咬合。所谓咬合是指A组控制棒提升到一定的高度而尚未提出堆芯时，B控制棒组开始从堆芯底部提起，然后A组和B组控制棒交替提升。同样，B组和C组控制棒的提升也有相同的咬合。一般咬合100步、114步或115步等，这是根据各核电厂设计而定的。

采用控制棒咬合可以得到比较均匀的控制棒微分价值，使提棒时堆芯轴向中子通量密度分布更均匀。

四、可燃毒物控制

1. 控制特点

在大型动力堆中，为了减少控制棒对中子通量密度分布的扰动，还采用可燃毒物来控制反应性。特别是首炉堆芯全是新燃料，剩余反应性过大，如果全部靠控制棒来补偿这些剩余反应性，就需要很多控制棒，而每一束控制棒都需要一套复杂的驱动机构，不但不经济，而且在实际工程上也很难实现。为了解决这个问题，可以采用控制棒、可燃毒物和化学补偿毒物的联合控制，以减少控制棒数目。

可燃毒物控制，即在新堆芯中按一定的分布加入可燃毒物。在反应堆运行初期，剩余反应性较大，利用可燃毒物热中子吸收截面大的特点，能补偿多余反应性以减少控制棒的控制要求。随着堆的运行时间增加，多余的反应性也减小，由于可燃毒物的燃耗，其本身所控制的反应性也减少。

20世纪80年代以前，可燃毒物只用于压水堆的首炉堆芯中，因为从第二炉开始，堆芯中含有不同燃耗的燃料组件，初始剩余反应性很小，没有必要再用可燃毒物。20世纪80年代以后，普遍发展了低泄漏装料方案。由于新燃料组件被放置在堆芯内区，使堆芯的功率峰增大，这样，在每个堆芯寿期中都必须采用相当数量的可燃毒物棒来抑制功率峰以满足设计的要求。

可燃毒物管补偿反应性不需要外部控制，是自动进行的。一个较佳的可燃毒物管的布置，需经过反应堆的燃耗计算以便与反应堆的反应性进行匹配。

2. 可燃毒物材料

可燃毒物材料要求具有比较大的吸收截面，还要求由可燃毒物的燃耗释放出来的反应性与燃料的燃耗所减少的剩余反应性基本匹配。另外，可燃毒物吸收中子后产物的吸收截面应尽可能的小，还要求有良好的机械性能。

根据上述的基本要求，目前作为可燃毒物的材料主要有硼和钆。它们可以和燃料混合在一起，也可以做成管状、棒状或板状插入到燃料组件中。压水堆中应用最广泛的是硼玻璃。到堆芯寿期末，硼基本上被烧尽。残留下的玻璃吸收截面比较小，因此对堆芯寿期影响不大。如图2-12所示，图（a）为一个环状可燃毒物，图（b）为湿状环状可燃毒物，而图（c）为涂硼燃料元件，即在二氧化铀芯块的外表面涂上薄的一层硼化锆。目前在压水堆中还采用在UO_2燃料棒中掺和氧化钆（Gd_2O_3，含量可达10%）作为可燃毒物。钆是一种非常良好的可燃毒物，可通过控制新燃料组件的数量及其内含可燃毒物燃料元件的数目以及可燃毒物组件在堆芯内的布置来控制堆芯的功率分布。

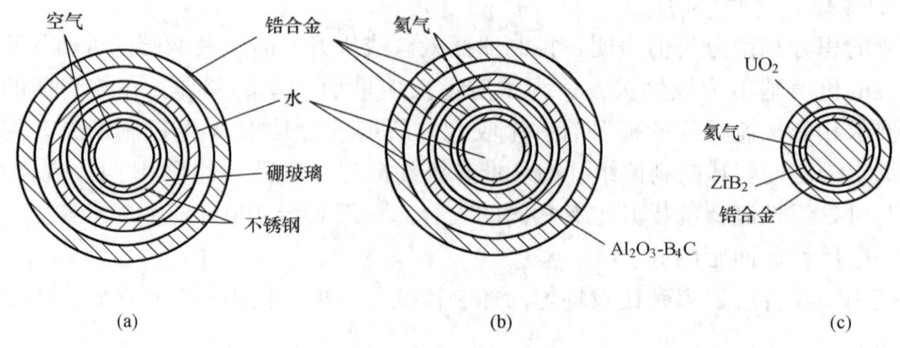

图 2-12 可燃毒物棒

（a）硼玻璃可燃毒物棒 PYREX；（b）湿式状可燃毒物棒 WABA；（c）涂硼燃料元件 IFBA

3. 可燃毒物的布置

反应堆中可燃毒物基本上是非均匀布置。把可燃毒物做成管状、棒状或板状，插入到燃料组件盒中，放入堆芯。例如秦山二期核电厂和大亚湾核电厂的可燃毒物都采用硼硅酸盐玻璃为吸收体，内外包壳是 304 不锈钢，将可燃毒物做成管状，插入堆芯。可燃毒物非均匀布置在可燃毒物中形成了较强的自屏效应，这种效应随反应堆运行时间而变化。由于自屏效应，可燃毒物的有效吸收截面减少，并随运行时间而变化。

五、化学补偿控制

压水堆中的化学控制是指在一回路冷却剂中加入可溶性化学毒物来控制反应性，以代替补偿棒的作用。对化学毒物的要求是在冷却剂中，其化学和物理性质稳定，具有较大的吸收截面，与堆芯其他材料的相容性要好。实践证明，在压水堆中，采用硼酸作为化学毒物能符合这些要求。

1. 控制特点

在水中加硼酸，通过对^{10}B浓度的调节，实现部分反应性控制。由于水在慢化剂中的分布是均匀的，因而浓度改变时堆内中子通量密度分布不产生畸变，不会产生类似控制棒对中子通量密度分布的局部扰动。慢化剂中^{10}B浓度的改变很慢，因而化学控制速度不及控制棒那样快速，而且水中含硼量要受到正温度系数的限制。所以现在大型压水堆中，化学控制常作为辅助控制系统与控制棒等配合起来使用。

化学控制主要用于补偿时间过程较慢的反应性变化，主要是①燃耗、裂变产物的反应性效应；②从冷态到热态零功率过渡过程中的慢化剂温度效应；③^{135}Xe、^{149}Sm 的中毒效应。

从表 2-9 可知，在压水堆的三种反应性控制方法中，以化学控制所控制的反应性为最大。这是由于化学控制比其他两种控制方式有更多的优点：化学补偿毒物在堆芯中的分布比较均匀，不会引起中子通量密度分布的畸变；与燃料分区配合，能降低功率峰因子，提高平均功率密度；化学控制中硼浓度可以根据运行需要来调节，而固体可燃毒物是不可调节的；化学控制不占栅格位置，不需要驱动机构，从而可以简化反应堆的结构，提高反应堆的经济性等。

化学控制也有一些缺点，例如由于硼的浓度变化需要一定的时间，所以它只能控制慢变化的反应性；尽管控制硼浓度变化的设备在反应堆的外部，但是需增加一套附加设备和系统；化学控制的另一个主要缺点是水中硼浓度的大小对慢化剂温度系数有显著的影响。当水的温度升高时，水的密度减小，单位体积水中含硼的核子数也相应减少，因而引入一个正反应性。因此随着硼浓度的增加，慢化剂负温度系数的绝对值越来越小。当水中硼浓度超过某一数值时，有可能使慢化剂的温度系数出现正值，影响反应堆的安全运行。同时，由于$^{10}B(n,\alpha)^{7}Li$核反应中出现的α和^{7}Li均为强电离粒子，会使水电离产生H_2和O_2，它们对结构材料有腐蚀作用。

硼溶液中硼的质量分数单位规定用μg/g或mg/kg来表示，它表示1kg溶液中含有1mg硼或1t溶液中含有1g硼。以往习惯用ppm来表示，即每千克水中含有1mg硼时的浓度称为1ppm。

图2-13所示为慢化剂温度系数与慢化剂温度的关系曲线，可看出慢化剂温度系数与慢化剂的温度有关。在慢化剂温度较低时，当硼的浓度超过500μg/g时就出现了正的慢化剂温度系数。但在反应堆的工作温度（553～573K）下，当硼的浓度大于1300μg/g时才出现正的慢化剂温度系数。在堆芯设计时，要求反应堆在热态时慢化剂温度系数不出现正值。因此，目前压力堆设计中，一般把硼浓度限制在（1300～1400）μg/g以下。

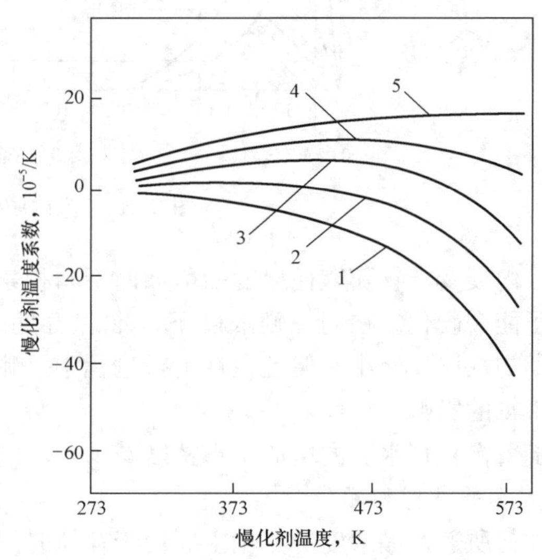

图2-13　慢化剂温度系数与慢化剂温度的关系

1—0μg/g；2—500μg/g；3—1000μg/g；4—1500μg/g；5—2000μg/g

随着反应堆运行时间的增长，燃耗不断增加，堆芯中反应性也逐渐地减小，所以必须不断地减低硼浓度，使堆芯保持在临界状态，该硼浓度称为临界硼浓度。

临界硼浓度随燃耗增加而逐渐减小，它对慢化剂温度系数的影响也逐渐减小，慢化剂的温度系数的绝对值随燃耗的增加变得更大。

根据技术规范要求，在停堆换料时，为了保证反应堆有足够的停堆深度，冷却剂中的硼浓度应大于2000μg/g。所以，换料后重新启动反应堆前，首先得进行硼浓度稀释的操作。

2. 硼微分价值

硼浓度对堆芯反应性补偿效应的度量用硼微分价值来表示，它定义为堆芯冷却剂中单位硼浓度变化所引起的堆芯反应性变化量，可以表示为

$$\alpha_H = \frac{\Delta\rho}{\Delta C_B}$$

式中　$\Delta\rho$——堆芯反应性变化；

ΔC_B——堆芯硼浓度变化。

a_H的单位用μg/g或mg/kg来表示，表示1kg溶液中含有1mg硼或1t溶液中含有1g硼。微分价值总是负值，其大小（绝对值）随硼浓度的增加以及燃耗深度和慢化剂温度的增加而减小。

值得注意的是，硼价值随硼浓度变化而变化。因为硼是标准的 $1/v$ 吸收体，硼浓度高时，热中子吸收增强，使中子能谱变硬（即中子按能量的分布向高能方向偏移），硼的热中子吸收截面减小，硼的价值降低，见图 2-14。

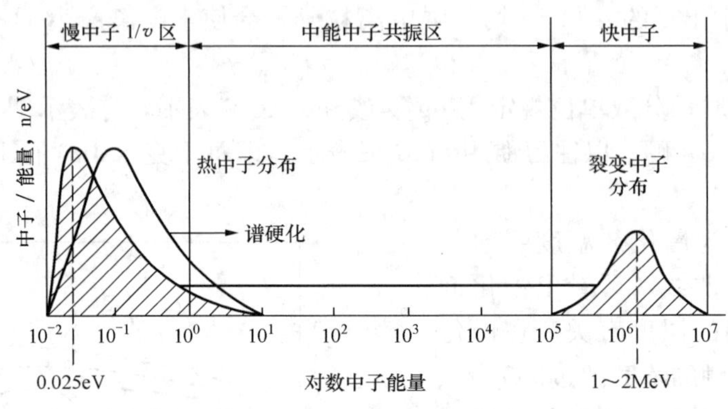

图 2-14 堆内中子能谱的硬化

堆内裂变产物随燃耗深度的增加而不断积累，其中许多裂变产物是 $1/v$ 吸收体，也使堆内中子能谱硬化。在同一硼浓度下，堆芯寿期末（EOL）的硼微分价值的大小（绝对值）比寿期初（BOL）小。但是，在运行过程中，硼酸浓度随堆芯寿期不断变小，这可抵消裂变产物中毒的影响。

随着慢化剂水温的增加，水密度减少，堆内中子能谱硬化，硼的微分价值减小。

3. 硼的稀释和硼化

如前所述，硼浓度的变化主要用于补偿时间过程较慢的那些反应性变化。运行中，硼的浓度要根据运行的需要，可能增加（硼化），也可能降低（稀释）。

例如，反应堆在 50%功率运行时，控制棒棒位已经很高了，此时单靠提升控制棒使反应堆运行在 100%功率已是不可能的。所以实际上升负荷过程中，常常利用稀释一回路冷却剂的硼浓度来跟踪，可以维持控制棒尽量不动，以保持较低的功率分布不均匀系数。同时，在功率变化时，要考虑裂变产物中氙浓度变化对反应性的影响。

硼的稀释和硼化有下列特点：由于硼浓度的变化需要一个过程，因此具有明显的滞后性，即硼浓度的变化与开始操作有一个时间滞后，同样，当停止操作后，硼浓度的改变也不会立即停止，也需要持续一段时间。

在硼的稀释过程中，在不同的硼浓度下降低同样的硼浓度，所需要的稀释水的量也不一样。例如硼浓度分别在 C_B=500ppm 和 C_B=1000ppm 时，同样降低 10ppm。根据计算，假设某核电厂一回路水装量为 165t，则前者需要的稀释水量为 3.33t，而后者则为 1.658t，相差悬殊。例如，在 BOL 时硼浓度为 C_B=1000ppm 和 EOL 时硼浓度为 C_B=500ppm，这两种情况下硼酸微分价值几乎相等，而 BOL 时的功率亏损 1500pcm 小于 EOL 时的 1900pcm，所以 EOL 时补偿功率变化所需要硼浓度大于 BOL 时的硼浓度。因此，硼浓度变化大和稀释用水量大，这限制了 EOL 时的功率增长速率。

EOL 时稀释水量大，给放射性废水处理带来了很大的困难，因此，有的压水堆核电厂设计了硼热再生系统，由几个除离子装置组成。系统设计成有调整流经除离子装置的流向与出入口温度、实现吸附和释放硼而使溶液中硼浓度变化（稀释或硼化）的功能。

第五节　核反应堆的热工基础

一、压水堆堆芯设计及传热特点

压水堆用轻水兼做冷却剂和慢化剂。燃料组件竖直放置，这样既有利装卸又有利于水的传热。每个燃料组件由17×17燃料元件棒排列（其中包括264根燃料棒、24根控制棒导向管和一根仪表管）。AFA2G（二代改进型燃料组件Advanced Fuel Assembly 2nd Generation）的包壳和定位格架由锆-4合金做成。燃料棒总长度约116.84mm，包壳壁厚为0.57mm。每根燃料棒内装271块直径8.19mm、高度13.5mm的UO_2芯块，芯块总高度（活性区高度）365.8cm。冷态时燃料包壳内与芯块之间有0.085mm的间隙，包壳内充一定压力（3.1MPa左右）的氦气，这样既允许芯块膨胀，也利于芯块与包壳的传热，并防止燃料初始坍塌。定位格架高度33mm，共有8层，其中中间6层定位格架出口带有水流导向（搅混）叶片以改善水流与燃料棒的传热特性，提高临界热负荷；AFA3G（三代改进型燃料组件）的包壳材料为M5合金，燃料棒内充以加压氦气（2.0MPa），控制棒导向管和仪表管的材料也为锆-4合金。定位格架有8层，并有三层跨间搅混格架（MSMG）。

换热有三种基本形式，即对流换热、导热和辐射传热。压水堆堆芯的换热主要靠前两种方式。UO_2芯块（^{235}U）裂变后产生的热量主要通过热传导传给芯块表面及燃料包壳。一回路的冷却剂通过主泵进行强制循环进入堆芯，将燃料元件表面热量通过对流换热带走。冷却剂带出堆芯热量后流入蒸汽发生器，也通过对流换热把热量传给二次侧的给水。

反应堆压力容器的冷却剂进、出口接管都布置在堆芯顶部以上，其目的是为了保证在失水事故（LOCA）时，压力容器内仍能保留一部分冷却剂来冷却堆芯。冷却剂从进口接管流入压力容器，沿吊篮与压力容器内壁之间的环形通道流向堆芯下腔室，然后自下而上流过堆芯，带走堆芯释出的热量。加热后的冷却剂经堆芯上腔室从出口接管流出至蒸汽发生器，在那里热量传给二次侧给水。从蒸汽发生器出来的冷却剂通过主泵升压后流回堆芯入口。

在正常运行期间，压水堆的堆芯不允许出现大范围的饱和沸腾，只允许局部（如热通道）出现过冷沸腾，堆芯冷却剂出口平均温度比饱和温度低15℃左右，以便为反应堆瞬态工况提供安全裕量。

为了提高整个电厂的循环热效率，需要提高二回路蒸汽的温度和压力，从而必须提高一回路冷却剂的温度，要做到这一点必须提高冷却剂的压力。秦山第二核电厂的一回路冷却剂压力为15.5MPa，如果压力继续升高则系统造价就会大大提高。保持一回路压力稳定对压水堆的安全运行是非常重要的，压力正常波动范围要限制在±0.2MPa以内。这种要求靠稳压器来满足。

一回路平均温度（热段温度与冷段温度的和除以2）随功率变化曲线的设计，既要考虑到一回路的承受能力（DNBR安全裕量，堆芯出口最小过冷度，蒸汽发生器传热管的腐蚀等），又要尽可能地提高二回路蒸汽参数（压力随负荷的变化）及蒸汽品质。秦山第二核电厂反应堆冷却剂平均温度热态零功率为290.8℃，满功率为310.0℃（设计上热段为327.2℃，冷段为292.8℃，名义上热段为326.6℃，冷段为293.4℃）。

一回路的冷却剂通过安装在冷管段上的主泵进行强制循环。冷却剂流量的大小和压降分布是十分重要的，既要保证堆芯有足够的流速，又要避免因流量过大而造成燃料组件产生机械变形及水力负荷过大。因此一回路流量设计分为热工设计流量（从热工传热角度考虑的最小流量）、最佳估算流量（最接近实际的流量，用于核设计）和机械设计流量（用于燃料组件机械设计及堆内构件机械设计的最大流量）。秦山第二核电厂的这三个流量分别为每个环路23 320、24 290m^3/h和25 260m^3/h。

一回路流量保持稳定对反应堆的安全非常重要。消除流动不稳定性因素是十分重要的。汽液两相流中由于压降与流量之间的非单调关系（一个压降对应几种流量）可以引发压力降型两相流动不稳定性（这种不稳定性在机组启动过程中压力较低的蒸汽发生器二次侧很常见，使其水位控制异常困难）。如果含汽率较高则可引起密度波型流量脉动。压水堆由于堆芯出口不允许出现整体饱和沸腾，因此在正常运行时压力降型脉动和密度波型脉动都不会产生。但压水堆堆芯某些部件在一定条件下可以产生流致振动，如定位格架及燃料元件。

二、燃料棒的传热与冷却

堆内热源来自燃料棒内芯块中^{235}U 核裂变释放出来的巨大的热量。芯块的热量传递过程是有内热源的圆柱体导热过程。芯块与包壳内壁之间有一环型气隙，它们之间的热量传递是气隙的导热（冷态）或接触导热（热态及一定燃耗后）。燃料包壳通过导热将热量从内表面传到外表面。一回路冷却剂在包壳外表面通过强制对流被加热并带出堆芯，这样燃料棒的热量就传给了冷却剂。图 2-15 所示为燃料元件释热和温度分布示意曲线。

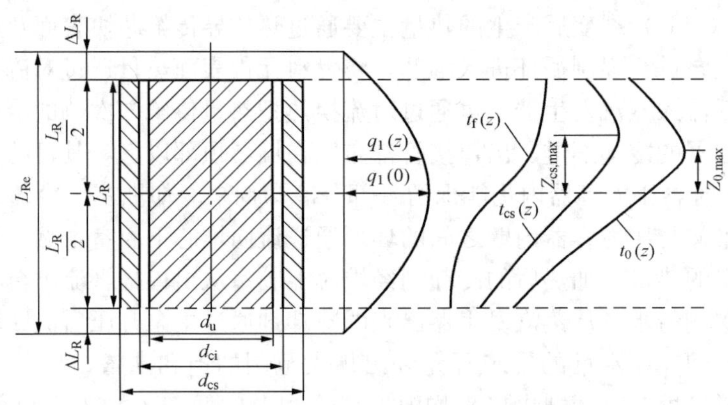

图 2-15 燃料元件释热和温度分布示意

1. 沿燃料元件轴向的冷却剂温度分布

沿燃料元件轴向的冷却剂温度分布为

$$t_f(z) = t_{f,in} + \frac{Q(z)}{Wc_p}$$

式中 $Q(z)$——z点以前从包壳传给冷却剂的总热量。

W——冷却剂的质量流量，kg/s；

c_p——冷却剂的比定压热容，kJ（kg·K）。

$$Q(z) = \int_{-\frac{L_R}{2}}^{Z} q_1(z)\mathrm{d}z$$

$q_1(z)$ 为截断余弦分布，即

$$q_f(z) = q_1(0)\cos\frac{\pi z}{L_{Re}}$$

因此积分后可得

$$t_f(z)=t_{f,in}+\frac{\Delta t_f}{2}+\frac{q_1(0)L_{Re}}{Wc_p\pi}\sin\frac{\pi z}{L_{Re}},\ -\frac{L_R}{2}<z<\frac{L_R}{2} \tag{2-43}$$

由不同的高度代入式（2-43）就得到不同位置 z 处冷却剂的温度。在余弦轴向功率分布的条件下，冷却剂通道的温度分布在进出口上升较慢，中间段上升较快，出口处温度达到最大。

2. 包壳外表面温度沿轴向的分布

根据对流换热基本方程有

$$t_{cs}(z)-t_f(z)=\frac{q_1(z)}{\pi d_{cs}h(z)}$$

式中　$h(z)$——对流换热表面传热系数。

若 $q_1(z)$ 按余弦分布，则

$$t_{cs}(z)=t_f(z)+\frac{q_1(z)}{\pi d_{cs}h(z)}\cos\frac{\pi z}{L_{Re}}$$

将式（2-43）代入

$$t_{cs}(z)=t_{f,in}+\frac{\Delta t_f}{2}+\frac{q_1(0)L_{Re}}{WC_p\pi}\sin\frac{\pi z}{L_{Re}}+\frac{q_1(0)}{\pi d_{cs}h(z)}\cos\frac{\pi z}{L_{Re}} \tag{2-44}$$

由式（2-44）可知，包壳表面温度沿轴向高度有一最大值。包壳外表面最高温度不允许超过包壳材料的熔点，此外还受到材料的强度和腐蚀等因素的限制，正常运行时一般不得超过 350℃，否则将会加速包壳的腐蚀。

3. 包壳内表面的温度

若忽略包壳吸收 γ、β 射线等后产生的热量，可认为包壳传热是无内热源的导热过程，即

$$t_{ci}(z)-t_{cs}(z)=\frac{q_1(z)}{2\pi k_c}\ln\frac{d_{cs}}{d_{ci}}$$

$$t_{ci}(z)=t_{cs}(z)+\frac{q_1(0)}{2\pi k_c}\ln\frac{d_{cs}}{d_{ci}}\cos\frac{\pi z}{L_{Re}} \tag{2-45}$$

式中　d_{cs}、d_{ci}——包壳外、内径；

k_c——包壳热导率，W/（m·℃）；

t_{ci}——包壳内表面温度。

包壳内外表面的温差一般为几至几十摄氏度。

4. 燃料芯块表面温度

冷态时，包壳内表面与燃料芯块之间有一环状气体层。在热态及燃耗到一定程度以后，芯块产生肿胀及变形而与包壳接触。因此针对不同的状态有不同的计算方法。

（1）气隙导热模型。与式（2-45）类似，芯块的表面温度沿轴向分布为

$$t_u(z)=t_{ci}(z)+\frac{q_1(z)}{2\pi k_g}\ln\frac{d_{ci}}{d_u}=t(z)+\frac{q(0)}{2\pi k_g}\ln\frac{d_{ci}}{d_u}\cos\frac{\pi z}{L_{Re}} \tag{2-46}$$

式中　k_g——气体热导率。

（2）接触导热模型。若 h_g 为接触导热的等效表面传热系数［约 5700W/（m²·℃）］，则

$$t_u(z)=t_{ci}(z)+\frac{q_1(0)}{\pi d_{ci}h_g}\cos\frac{\pi z}{L_{Re}} \tag{2-47}$$

气隙温差依据不同工况可达几十至几百摄氏度。

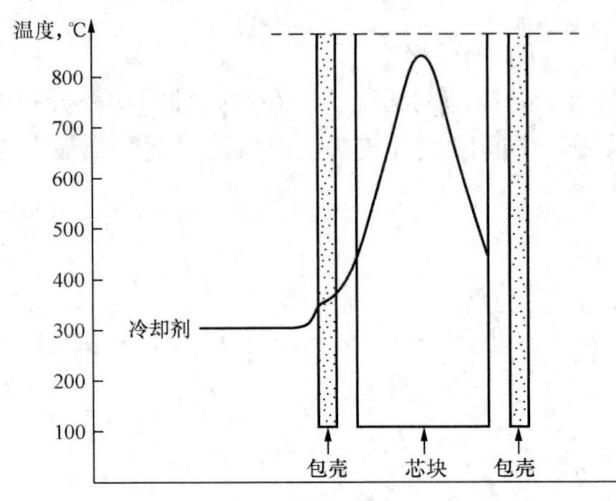

图 2-16 燃料棒内部温度分布示意

5. 芯块中心温度

芯块的热量传递是有内热源的柱体导热过程。芯块中心温度为

$$t_0(z)=t_u(z)+\frac{q_1(0)}{4\pi k_u}\cos\frac{\pi z}{L_{Re}}$$

式中 k_u——芯块热导率。

正常运行时芯块最高中心温度一般在1000℃以下。

燃料棒内部温度分布示意如图 2-16 所示。

三、堆芯功率分布及其影响因素

堆芯的热源来自核裂变过程中释放出来的巨大能量，其大致数值及分配见表 2-10。每次裂变释放出来的总能量平均为 200MeV。

表 2-10 裂变能的近似分配

类型		来源	能量（MeV）	比例		射程	释热地点
裂变	瞬发	裂变碎片的动能 裂变中子的动能 γ射线的能量	168 5 7	84% 2.5% 3.5%	90%	极短 中 长	在燃料元件内 大部分在慢化剂内 堆内各处
	缓发	裂变产物衰变的β射线 裂变产物衰变的γ射线	7 6	3.5% 3%	6.5%	短 长	大部分在燃料元件内 小部分在慢化剂内 堆内各处
过剩中子引发的（n，γ）反应	瞬发和缓发	过剩中子引起的非裂变反应加上（n，γ）反应产物的β衰变和γ衰变能	≈7	3.5%		有长 有短	
总计			200	100%			

裂变能的绝大部分是在燃料元件内转换为热能的，所以有关导出燃料元件内热量的热工水力问题就成为反应堆设计的关键问题之一。90%以上的总裂变能是在燃料元件内转化成热能的，约 5%的总裂变能在慢化剂中转换成热能，余下不足 5%的总裂变能则在反射层、热屏蔽等部件中转化成热能。在大型压水堆的设计中，一般取燃料元件的释热量占堆总释热量的 97.4%。

堆内的热源及其分布不仅和空间有关，而且和时间有关。一个刚启动的新堆，因为堆内的裂变产物尚未达到一定的数量，衰变过程尚未达到平衡，所以裂变产物的能量（比例）低于上表中的数值。在经过短时间的稳定运行之后，裂变能量才达到上面所讨论的平衡值。此外，由于缓发中子释放而产生的裂变产物的衰变，反应堆在稳定运行较长时间后停堆，功率不是立刻就降到零，而是降到一个相当低的数值（6%左右），而后便从这个水平连续衰减。这种情况下的堆内热源分布和运行时的热源分布是不同的。例如，停堆后 1h，燃料元件内的释热率只等于运行时的 1%，而反射层和屏蔽层的释热率却等于该处运行时的 10%。这是因为停堆后的释热率主要是由吸收裂变产物衰变时放出的 γ 射线而产生的，在正常运行时这部分热量只占堆芯释放热量的一小部分，但却占除堆芯以外释热量的相当大的份额。

若假定燃料在堆芯内的分布是均匀的，则圆柱形堆芯的中子通量分布可以由物理计算得到，其径向为零阶贝塞尔函数分布，轴向为余弦函数分布，如图2-17所示。若把原点取在堆芯中心，则其数学表达式为

$$\phi(r,z) = \phi_0 J_0\left(2.405\frac{r}{R_e}\right)\cos\frac{\pi z}{L_{Re}}$$

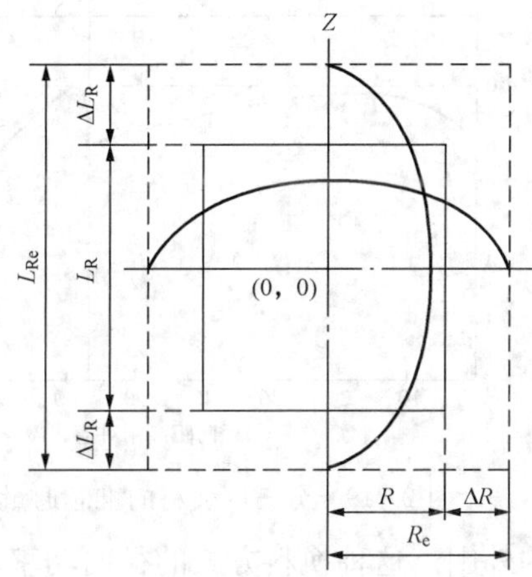

图 2-17　径向与轴向中子通量分布示意

1. 棒状燃料元件的堆芯功率分布

上面讨论的圆柱形堆芯的热中子通量分布是对均匀堆芯而言的，但对棒状燃料元件数量很多的非均匀圆柱形堆芯（即对于大多数动力堆），其基本分布趋势仍然适用。但应当注意到，由于燃料元件有自屏效应，燃料元件内的中子通量分布与它周围慢化剂内的中子通量分布有较大的差异。因为热中子是在燃料元件外围的慢化剂中产生的，而燃料元件的外层要吸收中子，所以燃料元件中心的热中子通量要比外表面的低，如图 2-18 所示。

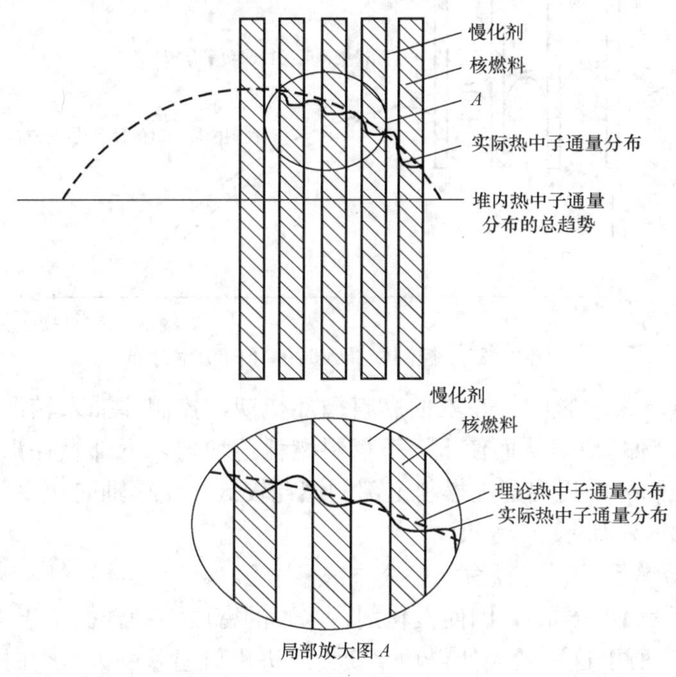

图 2-18　有慢化剂的棒状元件堆芯中子通量分布示意

实际热中子通量径向分布为零阶第一类修正的贝塞尔函数，即

$$\phi = AJ_0(K_0 r)$$

$$K_0^2 = \Sigma_a / D$$

式中　Σ_a——宏观吸收截面；

D——扩散系数。

2. 燃料非均匀装载对功率分布的影响

前面讨论堆芯理论功率分布是对燃料均匀装载的非均匀堆而言的。对大型核电站来说，一般采用非均匀浓缩度的分区装载方案，即沿堆芯的径向分三区配置不同富集度燃料，具有最高浓缩度的燃料元件装在外区，具有最低浓缩度的燃料元件装在中心区，而中间区燃料元件的浓缩度介于两者之间。这样做的目的是展平径向功率分布，避免中心区出现较高的功率峰值。换料时卸出中心组件，使用过的组件向内移动，新燃料组件放在外围。这是压水堆比较传统的装料方式和控制方式。采用三区分批装料时的径向功率分布见图 2-19。

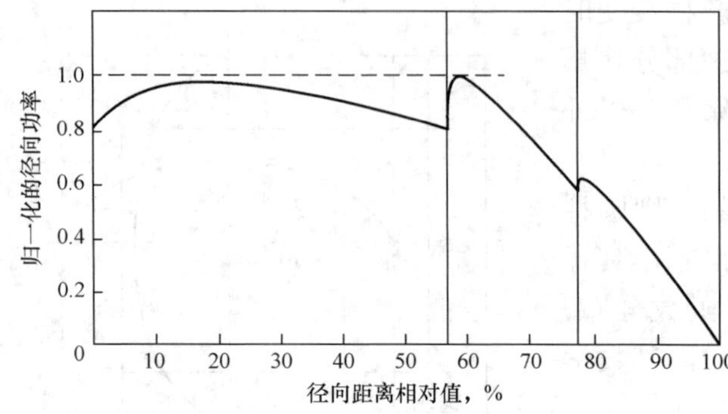

图 2-19 分三区装料的堆芯通量分布示意

应该指出的是，动力堆燃料主装载根据具体设计可以有不同的方案。例如分四批燃料装载的 1/4 换料，换料新燃料可以放在外围也可以部分放在堆内。近年来为了提高燃料的利用率，提高电厂的可用率和综合经济性，减少中子的泄漏和减少压力壳的中子注量，国际上已逐步采用低中子泄漏的装料方式，即新燃料组件放在堆内靠近中心的位置，而用过的燃料放在堆的外围。这种换料方式的径向功率峰因子比较高，这就要求反应堆有较大的安全裕量和较先进的热工和安全分析方法。

3. 控制棒对功率分布的影响

为了反应堆的安全和运行操作的灵活性，所有的反应堆都必须合理布置一定数量的控制棒。一般是将它们布置在具有高中子通量的区域。这既有利于提高控制的效率，也有利于径向中子通量的展平。寿期初，由于反应性控制的需要，控制棒插入较深，总的来讲使得中心功率水平得到展平。因为在控制棒的边界与堆的外边界处一样，中子通量基本上等于零，所以中央部分的中子通量及功率水平降低了，但局部功率因子［$F_{xy}(z)$，$F_{\Delta H}^{N}$］可能提高，这是因为控制棒在堆内是离散分布的，因此离控制棒近的地方功率水平较低，而离控制棒远的地方功率水平就相对较高。图 2-20所示为有控制棒插入时的径向功率分布示意。

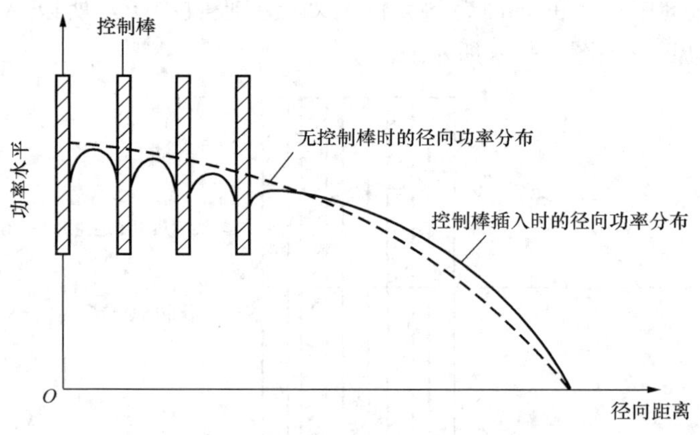

图 2-20 控制棒插入时的径向功率分布

控制棒的插入对轴向功率分布有较大的影响。在堆的燃料循环初期，控制棒插入较深，使得轴向功率分布偏向堆的下部（ΔP 偏负），从而使上、下燃料燃耗不均匀，下部燃耗深，上部燃耗较浅。而在循环末，由于控制棒的提出加上燃料上部的燃耗较低，使得轴向功率分布偏向堆的顶部（ΔP 偏正），如图 2-21 所示。

4. 堆芯进、出口慢化剂温差（功率水平）对轴向功率分布的影响

反应堆进、出口处慢化剂的温度是不一样的，因而慢化剂（水）的密度不一样。由于慢化剂密度系数为正（温度系数为负），所以这一效应使得功率变大（进出口温差变大），在控制棒棒位不变的条件下硼稀释，反应堆下部功率增大（ΔP 变负）。在高功率下热管某高发热区出口可能有局部过冷沸腾产生空泡，导致反应性下降，从而加剧了 ΔP 变负。而硼化降功率时 ΔP 则向正向发展。这与单用控制棒来控制功率水平的效果正好相反，控制棒插入降功率时 ΔP 则向负向发展，控制棒提出升功率时 ΔP 向正向发展。因此降功率时应硼化与插控制棒结合，而升功率时提控制棒与稀释相结合，便能达到控制 ΔP 的目的。

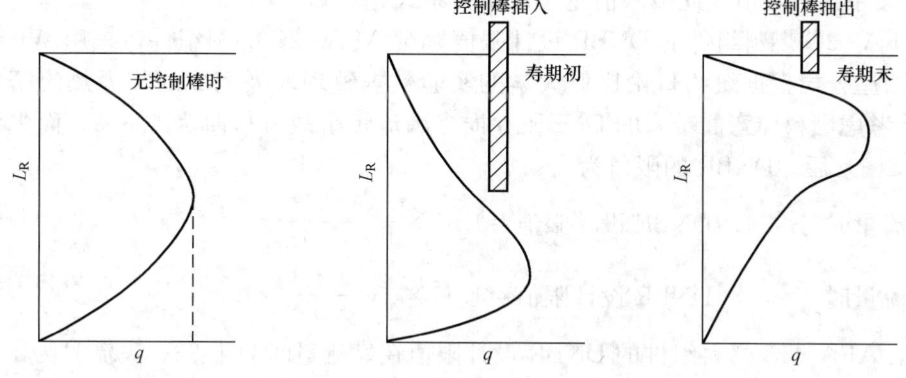

图 2-21　控制棒对轴向功率分布的影响

四、热工设计准则

在设计反应堆冷却剂系统时，为了保证反应堆运行安全可靠，预先规定了热工设计必须遵守的准则。在反应堆整个运行寿期内，不论是处于正常运行工况及运行瞬态，还是处于预期的事故，反应堆有关参数都必须满足这些设计准则。反应堆热工设计准则不仅是热工设计的依据，而且也是保护系统设计的依据之一。此外它还是制订运行规程的出发点。热工设计准则的内容不仅随堆型的不同而不同，而且随着堆设计与运行经验的积累与发展，以及材料性能和加工工艺的提高而变化。例如，早期设计的压水动力堆是不允许冷却剂发生过冷沸腾的，而近期设计的压水动力堆不但允许发生过冷沸腾，而且还允许堆芯最热通道出口处发生饱和沸腾（但堆芯出口混合的水温应低于饱和温度），这样做有利于提高燃料布置灵活性和提高电站的热效率。压水动力堆的稳态热工设计准则有以下几点。

1. 燃料元件外表面不允许达到临界热负荷（CHF）

通常用 DNBR（烧毁比）来定量地表示这个限制条件，即

$$\mathrm{DNBR}=\frac{\text{临界热负荷}}{\text{实际热负荷}}$$

临界热负荷与冷却剂的压力、温度、含汽率、燃料几何设计（结构种类）等多种因素有关。一般临界热负荷数据由试验获得，并用特定热工分析程序来预测。如果用来预测临界热流量的公式没有误差，则最小 DNBR 为 1 时，表示燃料表面达到临界热负荷。但 CHF 试验数据有一定的分散性和非重复性，分析程序也有一定的误差，两者不可能一样，而存在一定的统计规律，如图 2-22 所示。

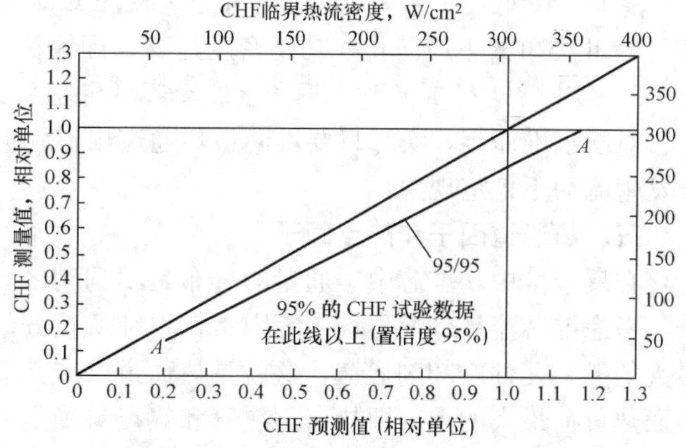

图 2-22　临界热负荷的试验值与计算值

由于计算的临界热流量偏小是保守的，所以定义一条线（*AA* 线），CHF 测量值与计算值点落在此线以上表示发生了 DNB，置信度为 95%，数据样本为正态分布。根据单边正态分布概率有关计算方法，可以求出最

小 DNBR 关系式极限值，此极限值越小说明关系式越准确。

1）AFA-2G 燃料组件的 DNBR 设计限值。对 AFA-2G 燃料组件，采用 WRB-1 关系式（美国西屋公司根据纽约哥伦比亚大学的实验数据整理发展完成的临界热流密度经验公式）。直接考虑燃料棒弯曲带来的 DNBR 亏损（满流量事故分析时为 4.8%，而失流事故分析时为 5.8%）后，DNBR 的限值为

当满流量时　　DNBR 设计限值$=1.17\times\frac{1}{1-0.048}=1.23$

当失流量时　　DNBR 设计限值$=1.17\times\frac{1}{1-0.058}=1.24$

因此，AFA-2G 燃料组件的 DNBR 设计限值在满流量时为 1.23，失流时为 1.24。

2）AFA-3G 燃料组件的 DNBR 设计限值。分析时采用确定论方法。对 AFA-3G 燃料组件，采用 FC-CHF 关系式。（由 FRAMATOME 公司针对 AFA-2G 燃料组件开发出来的临界热流密度 CHF 关系式）在 FC-CHF 关系式的原始限值上考虑 3%的裕量后的 DNBR 限值为 1.15，在这基础上再考虑燃料棒弯曲带来的 DNBR 亏损（满流量事故分析时为 4.2%，失流事故分析时为 5.1%）后，DNBR 设计限值为

当满流量时　　DNBR 设计限值$=1.15\times\frac{1}{1-0.042}=1.20$

当失流量时　　DNBR 设计限值$=1.15\times\frac{1}{1-0.051}=1.21$

因此，AFA-3G 燃料组件的 DNBR 设计限值在满流量时为 1.20，失流时为 1.21。

秦山第二核电厂稳态热工设计及大多数Ⅱ类事故工况下均使用 FC-CHF 公式。个别事故工况（主蒸汽管道断裂事故和主系统卸压事故）使用 W-3 公式（根据轴向热流密度均匀分布的单通道试验所得的临界热流密度数据整理而成的临界热流密度经验公式）。超温 ΔT 保护就是用来防止 DNBR 超限的。

2. 燃料元件芯块最高温度应低于熔化温度

目前压水堆大多数采用 UO_2 作为燃料。未辐照的 UO_2 的熔点约为 2800℃，但经过辐照后熔点有所降低，一般每10 000MW·d 燃耗 UO_2 熔点下降约 32℃左右。所以燃料循环末 UO_2 在Ⅱ类事故下应防止线功率密度过高，即保护芯块免于熔化。

3. 在正常运行工况下，不发生流动不稳定现象

对压水堆而言，实际只要堆芯最热通道出口附近冷却剂中的含汽率小于某一数值，就不会发生流动不稳定现象。

五、热通道因子和热点因子

在反应堆中，堆芯中子通量的分布是不均匀的，相应的堆芯热功率分布也是不均匀的。若不考虑堆芯流量分配不均匀等因素，单纯从核方面来看，堆芯内就存在一个积分功率输出最大的燃料元件冷却剂通道，这就是热通道（或热管）。同时堆芯中还存在某一根燃料元件表面热负荷最大的点，即热点。热管和热点对确定堆芯中的功率输出起着很大的作用。在早期的反应堆设计中，由于不考虑堆芯入口流量的不均匀、燃料元件几何尺寸的差别及浓缩度的偏差等因素，因而积分功率输出最大的燃料元件通道必定是热管。常常还保守地将堆芯内中子通量的局部峰人为地集中到热管内，同时还保守地认为径向因子沿热管全长是常数，以及热管轴向归一化功率仅为轴向位置的函数，而与径向位置无关。按这种思想，只要保证了

热管的安全，无需再计算堆芯内其余燃料元件和冷却剂通道的热工参数，就能保证堆芯其余燃料元件的安全。这就是单通道模型的反应堆热工设计。

径向核热管因子为

$$F_{\mathrm{R}}^{\mathrm{N}}(\text{或 } F_{\mathrm{xy}}^{\mathrm{N}}) = \frac{\text{堆芯最大热量通量}}{\text{堆芯平均热通量}} = F_{\Delta\mathrm{H}}^{\mathrm{N}}$$

轴向核热管因子为

$$F_{Z}^{\mathrm{N}} = \frac{\text{堆芯最大热量通量}}{\text{堆芯平均热通量}}$$

对单通道反应堆热工设计，热点因子为

$$F_{Q}^{\mathrm{N}} = F_{R}^{\mathrm{N}} F_{Z}^{\mathrm{N}} = \frac{\text{堆芯最大热量通量(热管上的热点)}}{\text{堆芯平均热通量}}$$

若考虑工程热点因子（考虑芯块密度、富集度误差和可燃毒物误差等）、核不确定因子、棒弯曲惩罚因子、氙振荡不确定因子及芯块密实化、功率尖峰因子等，总的不确定性因子 $F_1 \approx 1.15$。

单通道热工设计方法过于保守。随着反应堆设计、建造和运行经验的积累，计算模型的发展，实验手段的更新和测量仪器的改进，对热管和热点的处理已不像单通道那样保守了，而是由实际计算得到比较精确的热管、热点的位置和参数。目前在反应堆的实际计算中已广泛采用子通道分析方法和模型。这种模型要对堆芯大量的燃料元件冷却剂通道进行水力、热工计算（此时需由核计算提供三维功率分布，而不只是确定热管），通过计算可以得到真正的热管及热点所在的位置及其参数。热点并不一定在热管内。

子通道热工分析模型的焓升因子与热点因子计算如下：

核焓升因子为

$$F_{\Delta H}^{\mathrm{N}} = \sum_{i} P_i (F_{xy})_i$$

式中　P_i ——与径向位置有关的轴向功率分布；

$(F_{xy})_i$—— 与轴向位置有关的径向功率分布。

热工设计焓升因子为

$$F_{\Delta H}^{\mathrm{TN}} = 1.08 F_{\Delta H}^{\mathrm{N}} F_{\mathrm{Xe}} = 1.08 \times 1.393 \times 1.03 = 1.55$$

式中　1.08—— F_{xy} 计算误差和测量误差；

F_{Xe}—— 氙振荡因子，1.03。

此外，在计算焓升时，还要考虑工程焓升不确定因素（考虑富集度、芯块直径、密度等误差），在临界热负荷计算时乘以用于焓计算的热负荷。在 DNBR 计算时还要用工程热负荷热点因子（考虑芯块密度、富集度和可燃毒物的误差以及包壳直径和椭圆度的变化）来修正实际热负荷。

六、泡核沸腾、偏离泡核沸腾及烧毁比

目前，在压水动力堆热工设计中，不但允许堆芯冷却剂发生过冷沸腾，而且允许在部分冷却剂通道中发生饱和沸腾。在运行瞬态及某些事故工况下，燃料元件局部表面热负荷大幅度提高，泡核沸腾传热加剧并带走热量。

在泡核沸腾阶段，随着热负荷的提高，沸腾气泡的密度和气泡脱离表面的频率相应提高，从而保证了热量迅速从元件表面带走热负荷继续增大，气泡来不及脱离即连成一片形成蒸汽膜，将元件表面与冷却剂隔开，就产生偏离泡核沸腾，即膜态沸腾。由于汽膜的导热能力很低，使得元件表面温度快速大幅度上升，导致元件包壳烧毁。从泡核沸腾转向膜态沸腾时的表面热负荷叫临界热负荷（或临界热通量）。临界热负荷与局部冷却剂的压力、温度、流速、含汽率等参数有关，（局部）临界热负荷与（局部）实际热负荷之比称为烧毁比或偏离泡核沸腾比 DNBR。

七、自然循环

自然循环是在闭合回路内依靠热段（向上流）和冷段（向下流）中的流体密度差所产生的驱动压头来实现的循环。对于反应堆系统来说，在丧失强迫循环的条件下，利用这种驱动压头推动冷却剂在一回路中循环，带出堆内产生的热量（裂变热或衰变热），对于保护堆芯有重大的意义。

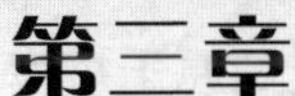

第三章

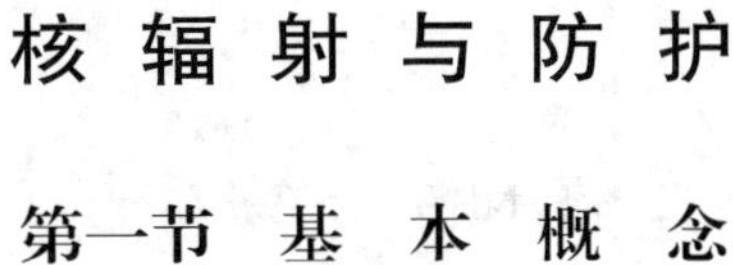

核 辐 射 与 防 护

第一节 基 本 概 念

一、射线与物质的相互作用

常见辐射射线包括α射线、β射线、γ射线和中子，它们的特性见表3-1。

射线进入物质内部后将出现能量的传递过程，即辐射粒子以一定的作用方式把一部分或全部携带的能量作用于它所通过的物质。能量传递过程与辐射种类和物质的性质密切相关。

表3-1 辐射特性比较

辐射类型	特征	质量（数）	电荷（e）	空气中射程	组织中穿透力
α	粒子	4	+2	3cm	0.04mm
β	粒子	1/1836	±1	3m	5mm
γ	电磁波	0	0	很远	深部
中子	粒子	1	0	很远	深部

1. 带电粒子与物质的相互作用

在核电厂辐射防护中，带电粒子主要指α粒子和β粒子。

α射线与物质的相互作用很强，在物质中能量损失很快，穿透力很弱，一层纸就可以将其屏蔽。因此，粒子一般不产生外照射，但α放射性核素的内污染能造成严重的辐射危害。除非发生燃料包壳破裂事故，压水堆核电厂一般不存在α辐射危害。

带电粒子与物质的相互作用过程是复杂的，主要过程有电离和激发、轫致辐射和弹性散射。

（1）电离和激发。当具有一定动能的带电粒子与原子的轨道电子发生库仑作用时，把本身的部分能量传递给轨道电子。如果轨道电子获得的动能足以克服原子核的束缚，逃出原子壳层而成为自由电子，此过程就称为电离。电离后的原子带正电荷，它与逃出的自由电子合称为电子离子对。

在电离产生的自由电子中，某些电子具有足够的动能，能进一步引起物质电离，这些电子称为次级电子或δ电子。由δ电子产生的电离称为间接电离或次级电离。由入射带电粒子与物质直接作用产生的电离称为直接电离或初级电离。

如果带电粒子与轨道电子发生库仑作用时，轨道电子获得的能量不足以摆脱原子核的束缚，而只是从低能级跃迁到高能级，使原子处于激发态，此过程就称为激发。处于激发态的原子是不稳定的，它将通过跃迁而回到基态，多余的能量以 X 射线的形式放出。此种 X 射线的能量是不连续的，它等于电子跃迁的能量差，这种射线称之为标识 X 射线或特征 X 射线。

（2）轫致辐射。当高速运动的带电粒子从原子核附近掠过时，它会受到原子核库仑场的作用而产生加速度。由经典电动力学知道，在库仑场中受到减速或加速的带电粒子，其部分或全部动能将转变为连续谱的电磁辐射，这就是轫致辐射。这种形式的能量损失称之为辐射损失。

对一定能量的带电粒子

$$辐射损失 \propto Zz^2/m^2$$

式中 Z——物质的原子序数；

z——带电粒子的电荷数；

m——带电粒子的质量。

可见，物质的原子序数越大，带电粒子的电荷数越多，辐射损失就越大。带电粒子的质量数越大，辐射损失就越小。重带电粒子发生轫致辐射的几率很小，可忽略不计，一般主要考虑电子。

对一定的物质，轫致辐射发生率随电子能量的增高而显著地增大。当电子能量低于 1MeV 时，最大发射率方向倾向于与电子束入射方向垂直，但随着电子能量的增高，最大发射率方向将越来越偏向入射电子束方向。

（3）弹性散射。当带电粒子与原子核库仑场相互作用时，其运动方向发生改变，而作用前后体系的动能与动量守恒，此过程称为弹性散射。重带电粒子，由于质量大，只有当它非常接近原子核穿行时，才会发生明显的散射。一般来说，重带电粒子发生弹性散射的几率小，散射现象也不明显。因此，像 α 粒子这样的重带电粒子，在物质中的径迹是比较直的。

电子（β 射线）由于质量小，不仅受原子核散射，而且还受轨道电子的散射。即使电子从原子核较远的地方掠过，也容易发生弹性散射。由于弹性散射，使电子在物质中的运动方向发生多次改变。

2. γ 射线与物质的相互作用

γ 射线是一种比紫外线波长短得多的电磁波。它与物质相互作用时，能产生次级带电粒子（主要是电子），次级带电粒子再通过电离、激发等过程把能量传递给物质。

γ 射线与物质相互作用，并不像带电粒子那样通过多次小能量的损失逐渐消耗其能量，而是在一次相互作用过程中就可能损失大部分或全部能量。当 γ 射线能量在 0.01～30MeV 能量范围内时，在所有相互作用中，最主要的是三种：光电效应、康普顿效应和电子对效应。

（1）光电效应。光子通过物质时，与原子壳层中的一个轨道电子相互作用，把全部能量传递给这个电子，获得能量的电子摆脱原子核的束缚而成为自由电子，此效应称为光电效应。脱离原子而自由运动的电子常称为光电子，它的动能等于光子能量减去它在原子中的结合能。放出了光子的原子是不稳定的，内层电子的空穴很快被外层电子跳进来补充，原子随即发射出特征 X 射线。

当光子的能量较低时，光电效应是主要的。

因为 γ 射线的能量比电子在原子中的结合能大得多，所以一般可近似认为光电子的动能

就等于 γ 射线的能量。应该注意的是光电效应只能在 γ 射线与原子的轨道电子间才能发生，所以光电效应更容易发生在高原子序数的物质中。例如，在铅（$Z=82$）中发生光电效应的几率比在铜（$Z=29$）中大许多。

（2）康普顿效应。当光子与原子内一个轨道电子相互作用时，光子交给轨道电子部分能量后与入射方向成某个角度散射，而获得能量的轨道电子则与光子入射方向成另一角度反冲，这种效应称为康普顿效应。

在绝大多数轻物质中，当 γ 射线能量在 200keV～5MeV 范围内，康普顿效应是主要的，且康普顿效应发生几率随 γ 射线能量的增加而减小，但减小速度不如光电效应迅速。

就核电厂辐射防护所关心的 γ 射线来说，主要的相互作用是康普顿效应。

（3）电子对效应。一个具有足够能量的 γ 光子在原子核库仑场作用下转化为一对正、负电子，这就是电子对效应。

电子对效应只发生在原子核的附近，所需的最小能量为 $2m_0c^2$。此处 m_0 是负电子或正电子的静止质量，c 为光速。由于一个电子的静止质量等于 0.51MeV，所以要产生一个电子对，γ 射线的能量必须高于 1.02MeV。

在发生电子对效应时，超过 1.02MeV 的光子能量主要转换为负电子和正电子的动能，只有很少一部分传给原子核以满足动量守恒。在物质中正电子和负电子都通过对原子的电离和激发而损失其能量。最后，正电子与物质中的一个电子发生湮没作用，转变成 2 个 0.51MeV 的光子，这两个光子在物质中又通过光电效应和康普顿效应与物质发生作用。

3. 中子与物质的相互作用

中子与物质的相互作用见第二章。

二、辐射防护中常用的量

1. 基本物理量和相关概念

（1）活度。

1）放射性活度。放射性核素在单位时间内发生核衰变的数目（即衰变率），称为放射性活度，量纲是衰变/s，通常用 A 表示。

$$A = -\mathrm{d}N/\mathrm{d}t = \lambda N$$

放射性活度的单位，国际单位制用贝可（Bq）。过去习惯上用居里（Ci）表示。

1Bq=1 衰变/s

$$1\text{Ci}=3.7\times10^{10}\text{Bq}$$

1Bq 的活度很小，因此 Bq 一般用于环境放射性测量，核电站中放射性核素的活度很大，常用下列单位：

1kBq=1E3Bq

1MBq=1E6Bq

1GBq=1E9Bq

1TBq=1E12Bq

实际测量中还用到比活度，比活度常用 A_m 来表示：

$$A_m = A/M$$

式中 A——放射性活度，Bq/g；

M——放射性物质质量。

2）表面活度。单位面积上放射性物质的量。单位通常用 Bq/cm^2，用于表面污染，是衡量表面污染程度的量。

3）体积活度。单位体积中放射性物质的量，常用于液态和空气污染，单位通常用 Bq/cm^3、Bq/m^3。

（2）照射量。照射量 X 计算式为

$$X = \mathrm{d}Q/\mathrm{d}m$$

其中，$\mathrm{d}Q$ 为光子在质量为 $\mathrm{d}m$ 的空气中释放出的所有次级电子完全被阻止在空气中，其在空气中产生同一种符号的离子的总电荷量的绝对值。

照射量的国际单位，按定义为 C/kg，没有专门名称。照射量的专用单位是伦琴，符号是 R，它与国际单位的关系为

$$1\mathrm{R}=2.58\times10^{-4}\mathrm{C/kg}$$

由电子发射的韧致辐射被吸收后产生的电离不包括在 $\mathrm{d}Q$ 之中。

照射量率 $\dot{X}$ 计算式为

$$\dot{X} = \mathrm{d}X/\mathrm{d}t$$

式中　$\mathrm{d}X$——时间间隔 $\mathrm{d}t$ 内照射量的增量。

照射量率的国际单位：C/(kg·s)，专用单位：R/s。

必须强调，照射量和照射量率的概念仅用于空气中的 γ 射线，R 不是一个剂量单位。

（3）吸收剂量。吸收剂量 D 的定义是单位质量受照物质中所吸收的辐射能量：

$$D = \Delta E/\Delta m$$

式中　ΔE——电离辐射授予 Δm 体积元的物质的平均能量；

　　D——吸收剂量，J/kg，称为戈瑞（Gy）。

$$1\mathrm{Gy}=1\mathrm{J/kg}$$

吸收剂量的老单位是拉德，符号为 rad。它与戈瑞间的换算关系为

$$1\mathrm{Gy} = 100\mathrm{rad}$$

吸收剂量适合于任何电离辐射和受到照射的任何物质，并且是个与一无限小体积相联系的辐射量，即受照物质中每一点都有特定的吸收剂量数值。

为了便于理解，举一个简单的例子，如果让一个 25g 的小鼠和一个 70kg 的人同样喝下一茶匙的调和油，所产生的效果会截然不同。由此可见，对整个生命系统而言重要的不是总剂量，而是每千克的剂量值。

吸收剂量率 $\dot{D}$ 为单位时间内的吸收剂量称为吸收剂量率：

$$\dot{D}(t) = \mathrm{d}D/\mathrm{d}t$$

式中　$\dot{D}(t)$——t 时刻吸收剂量率，Gy/h；

　　$\mathrm{d}D$——时间间隔 $\mathrm{d}t$ 内吸收剂量的增量。

2. 常用的辐射防护量

（1）当量剂量。相同的吸收剂量未必产生同等程度的生物效应，因为生物效应受辐射类型、剂量与剂量率大小、照射条件及个体差异等多种因素的影响。为了用同一尺度表示不同类型的辐射照射对人体造成的生物效应的严重程度或发生几率的大小，辐射防护上采用了当

量剂量这个辐射量。

当量剂量 H 计算式为

$$H = D_{TR} \times W_R$$

式中 D_{TR} ——辐射 R 在器官或组织 T 内产生的平均吸收剂量；

W_R ——辐射 R 的辐射权重因数。

辐射权重因数用于考虑不同类型辐射的相对危害效应（包括对健康的危害效应）。例如，快中子辐射一般被认为 20 倍于 X 射线或 γ 辐射的危害。也可以认为快中子具有“较高的品质”，因为只需吸收很少的剂量就可达到同等的生物效应。这一品质用辐射权重因数表示，见表 3-2。剂量当量的单位是 J/kg，称为希沃特（Sv）。

表 3-2 不同种类辐射的权重因数

射线种类与能量范围	辐射权重因数	射线种类与能量范围	辐射权重因数
光子，所有能量	1	100keV～2MeV	20
电子及介子，所有能量	1	2～20MeV	10
中子，能量<10keV	5	>20MeV	5
10～100keV	10	α 粒子，裂变碎片、重核	20

（2）有效剂量。人体不同器官或组织对辐射的敏感程度不一样，当受到相同的当量剂量照射时，对全身产生的辐射危害效应也不一样。为了将不同器官或组织产生的剂量等效到全身接受的剂量，对主要器官和组织引入了权重因子，提出了有效剂量的概念。当所考虑的效应是随机效应时，在全身受到非均匀照射的情况下，各危险器官或组织受到的剂量当量与相应的权重因数的乘积的总和，即有效剂量当量 H_e 为

$$H_e = \sum W_T \cdot H_T$$

式中 W_T ——组织权重因数，表示器官或组织 T 对总危害的相对贡献；

H_T ——组织 T 所受的剂量当量。

目前我国采用的随机效应危险度的权重因数 W_T 的值见表 3-3。

表 3-3 组 织 权 重 因 数

器官或组织	组织权重因数 W_T	器官或组织	组织权重因数 W_T
性腺	0.20	结肠	0.12
胃	0.12	乳腺	0.05
红骨髓	0.12	肝	0.05
肺	0.12	其余器官或组织	0.22

很显然，有效剂量的单位和剂量当量的单位相同，也是希沃特（Sv）。

三、电离辐射的生物效应

自放射性被发现以来，大量的实践证实，电离辐射不仅对大多数人体组织造成损伤，而且植物和动物的生殖组织受照后也会对其后代产生效应。在一般情况下，核电厂厂内工作人员受到的辐射剂量是很小的，不足以对身体健康产生不良影响，这已被世界各国核电站运行

的实践所证明，只有在事故情况下才可能受到一定程度的辐射损伤。就辐射防护来说，最关心两种类型的辐射生物效应，一是确定性效应，二是随机性效应。

1. 确定性效应

确定性效应为辐射诱发的一类生物效应，其特点是有阈值而且严重程度与剂量有关。这里所说的“确定性”是指这类效应是“由已经发生的事件所确定的结果”。确定性效应的形成机制中有一点是极其关键的，这就是对于某组织或器官的一种确定的非随机性损伤来说，受损或死亡细胞必须达到一定份额才能达到可检测的水平。这就构成了一个阈，达到此阈后才能产生效应。由此可以推知，对于辐射诱发的确定性效应来说，必然都会存在一种剂量值，低于该值时，因其受损或死亡细胞数量达不到这一阈值而不会显现效应，这种剂量就是阈剂量。阈剂量的值则随所考虑的损伤水平而有所不同。在辐射防护实践中，认识到确定性效应存在有阈剂量具有极为重要的意义。因为这使得辐射防护工作人员有可能通过种种措施把受照人员所接受的剂量控制在某一阈剂量值以下，从而达到防止受照人员的特定组织或器官发生确定性效应的目的。确定性效应几个主要的阈值见表 3-4。

表 3-4　部分组织确定性效应阈值的估计值

器官或组织	确定性效应	单次照射的剂量阈值	多次照射的剂量阈值
生殖腺	永久性不育	3.5Sv	
眼晶体	晶体混浊	0.5～2.0Sv	＞5Sv
红骨髓	造血机能低下	0.5Sv	
皮肤	湿性脱屑	20Sv	

确定性效应的另一特点是效应的严重程度与剂量有关。细胞数量减少是确定性效应的基础，而细胞减少的程度因剂量不同而有所差别，这种差别就是效应的严重程度，各种组织和器官对电离辐射作用的反应各不相同。一般认为，卵巢、睾丸和眼睛晶体属于对辐射最为敏感的组织。

2. 随机性效应

电离辐射还可诱发另一类生物效应，此类生物效应的特征是以随机方式发生在受照群体或其后代中，而且发生效应的概率与该群体所接受的剂量有关，但其严重程度则与剂量无关，此类生物效应就是随机性效应。与确定性效应不同的是，在没有其他变异因子的情况下，随机性效应所产生变化的严重程度应不会随着剂量增大而增大。随机性效应分为两类，第一类发生在体细胞内并可能在受照者体内诱发癌症；第二类发生在生殖组织细胞内并可能引起受照者后裔的遗传疾患。

减少剂量可以降低随机性效应的发生率，但不能完全避免，因为所有人都会受到天然辐射和社会所应用的人造源产生的小剂量辐射。

四、人类生活环境中的放射性

放射性是一种自然现象，任何人在任何时候都在受到射线的照射，只不过以前对放射性危害知之甚少，表 3-5 所示为日常生活中的辐射。

表 3-5　常见人类活动所接受的照射

项　目	所受到的剂量	项　目	所受到的剂量
我国居民的平均天然辐射年有效剂量	2300μSv	看电视（每天 2h）	10μSv
胸部 X 光照相一次	100μSv	乘飞机从上海往返北京 1 次	10μSv
吸烟（每天 20 只）	50μSv		

最近几十年来，放射性已广泛运用到消防、医疗、农业、工业、军事等领域，在给人们带来益处的同时，也给我们带来烦恼，诸如放射性对人体的危害、放射性对周围环境的影响等。为了更好地了解天然辐射，根据放射性的来源，我们将放射性分为天然放射性和人工放射性。

1. 天然放射性

天然放射性是指自然界本身就存在的、多种射线类型的总称，它包括由外层空间到达地球的宇宙射线、地壳中的放射性物质、体内的放射性物质。

（1）宇宙射线，是指来自宇宙空间的高能粒子流，它由一些质子、α 粒子、其他重粒子（$Z\geqslant3$）、中子、电子、光子、介子等组成。这些粒子在进入地球周围的大气层之后，与大气中的一些原子核相互作用产生次级宇宙射线，次级宇宙射线由介子、电子组成。人类在不同海拔高度、不同地理纬度接受的宇宙射线的强度是不同的。也就是说，海拔高度越高，宇宙射线剂量率越大。在海平面高度上观察到的宇宙射线主要是次级宇宙射线。宇宙射线给人们造成的辐射剂量大约为 300μSv/a。

（2）地壳中的放射性物质，是指存在于土壤、岩石、大气层、地面水、地下水等环境中的放射性核素。它主要由铀系、钍系核素以及 T（氚）、^{14}C、^{40}k、^{87}Rb 等组成。随着人类社会的发展，人们在生产实践中利用了许多天然材料或者工业生产过程中的一些副产品来作建筑材料、农用肥料。例如近年来人们大量利用矿渣、煤灰制砖和混凝土砌块，利用天然的磷矿粉作肥料。由于这些材料往往要比天然材料（木头、石头、砂子、土壤等）含有较多的放射性核素，就使得居民由于住房或者食用农作物而造成附加照射。在所有天然放射性核素造成的剂量中，居室内 ^{222}Rn 及其子体吸入所致内照射占的份额最大。不同地区天然放射性核素对居民造成的剂量有些差异。世界上个别地区，由于地表放射性物质的含量很高，所造成的剂量大大超过一般平均值，这类地区通常称为高本底地区。最有名的高本底地区位于印度的喀拉拉邦和巴西的大西洋沿岸。在喀拉拉邦沿海岸宽约 55km 的地带，由地表辐射引起的空气吸收剂量率平均达 1.3μGy/h；而在巴西大西洋沿岸，空气中的吸收剂量率最高可达 28μGy/h。在我国广东省阳江县的部分地区，由于地表土壤中铀、钍、镭的含量较高，地表空气中的吸收剂量率平均也高达 0.34μGy/h。

（3）体内的放射性物质。人体所必需的元素——K（钾）的同位素 ^{40}K 就是一种 β 粒子和 γ 发射体，人体时时受到它的照射。一个 70kg 重的人包含大约 140g K，其中大部分都在肌肉中。约 0.01%的 K 是 K-40，该同位素每年形成约 200μSv 的照射剂量。另外，还有来自 C-14 的 10μSv 的贡献。

天然放射性核素对人类造成的剂量平均达 1700μSv/a 左右。

2. 人工放射性

人工放射性是指人们由于核试验、医疗、核动力生产所产生的放射性。

（1）医疗照射。当今，人类受到的人工辐射源的照射中，医疗照射位居首位。医疗照射来源于X射线诊断检查、体内引入放射性核素的核医学诊断以及放射治疗过程。医疗照射造成的剂量小者每次在μSv量级，大者每次可达mSv以上。根据美国的统计，作一次胸部X射线照相，人体局部剂量为450μSv；作一次胸部透视，人体局部剂量为5mSv。通常，对牙齿和腹部进行X射线照相所用的剂量比上述情况要大。显然，利用放射源治疗癌症时，人体局部受到的剂量更大。医疗照射对人类造成的剂量平均为400μSv/a左右。

（2）电视和夜光表。具有低能韧致辐射物质的电视机显像管、涂掺有放射性物质发光粉的表盘都会给人们造成一定的剂量。显然，人们所受的剂量同电视、夜光表的使用情况有关。据美国的统计，此项大约为26μSv/a。

（3）核爆炸。核爆炸的裂变碎片沉降到地球上各个地区，造成全球性本底辐射的额外增加。沉降物的多少取决于核爆炸的类型、大小、爆炸的高度、次数、气象条件等许多因素。沉降物中^{90}Sr、^{131}I、^{137}Cs等对人体的危害较大。20世纪60～70年代由核爆炸沉降物造成的剂量大约为40μSv/a左右。近年来由于大气层核武器试验逐渐减少，沉降物造成的剂量已减为20μSv/a左右。

（4）核动力生产。用核反应堆生产电能是以核燃料循环为先决条件的。核燃料循环包括：铀矿石的开采和水冶，^{235}U浓缩，元件制造，功率生产，乏燃料后处理，放射性废物处置等。虽然，核动力生产中产生的几乎所有放射性核素都存留在乏燃料中，但是上述循环的每一环节都会产生少量放射性物质释入环境。由于它们中大多数放射性核素的半衰期较短，在环境中的迁移速率较低，因此多半只在局部或本地区产生影响。当然也有一些半衰期很长或在环境中弥散较快的放射性核素可分布到全球，从而在世界范围内使人类和环境受到照射和污染。现在，核动力生产对人类造成的剂量平均为1μSv/a左右。

在以上几种电离辐射中，天然放射性核素对人类的影响最大，分布也相对均匀，而医疗照射、电视和夜光表、核爆炸、核动力生产等人工辐射源只对局部区域、局部人群造成较大剂量辐射，对整个人类的影响相对来说是很小的。

第二节 辐射防护基础

一、辐射防护目的、原则和标准

1. 辐射防护的目的

辐射防护的目的在于防止有害的非随机性效应，并限制随机性效应的发生率，使之达到认为可被接受的水平。

2. 辐射防护三原则

为了达到辐射防护目的，辐射防护必须遵循辐射实践正当化、辐射防护最优化和限制个人剂量当量三项基本原则。

（1）辐射实践的正当化。在施行伴有辐射照射的任何实践之前要经过充分论证，权衡利弊。只有当该项实践所带来的利益大于为其所付出的代价时，才能认为该项实践是正当的。在判断辐射实践正当化时，一般需要综合考虑政治、经济、社会等许多方面的因素，辐射防护仅是其中的一个方面。

（2）辐射防护最优化。对于小剂量的危害，人们规定：剂量无论如何小，均会引起有害的辐射效应，且剂量与效应发生的几率成正比关系。因此，必须尽量降低工作人员接受的剂量水平，以减轻对人体健康造成的损害。

但剂量的降低，需要增加辐射防护的投入，即又会加大辐射防护代价。而且，当防护投入的代价达到一定值后，防护的再投入对降低剂量的作用变得不明显。也就是说，在考虑辐射防护时，并不是不惜一切代价使剂量当量越低越好，而是在考虑到经济的、社会的或政治的各种因素的条件下，使剂量水平低到可合理达到的程度。只要辐射防护代价和健康损害代价之和最小，即可认为辐射防护已经实现了最优化。辐射防护最优化原则也称为ALARA原则。

辐射防护的最优化实质上就是在辐射危害和防护代价之间寻求一种平衡，使电厂付出的总代价最低。

(3) 个人剂量限值。由于利益和代价在群体中分布的不一致性，虽然辐射实践满足了正当化要求，辐射防护也做到了最优化，但不一定能对每个人提供足够的防护。因此，对于给定的某项辐射实践，不论代价与利益的分析结果如何，必须用剂量当量限值对个人所受照射加以限制。

剂量限值是不允许接受的剂量范围的下限，而不是允许接受的剂量范围的上限。这里所说的剂量是指内、外照射产生剂量的总和。作为限值，它不适用于医疗照射和天然本底照射。

剂量限制体系的三项基本原则是一个有机的统一体，必须综合考虑与应用。

3. 辐射防护标准

辐射防护标准一般分为基本限值、次级限值、导出限值、管理限值和参考水平五个级别。在我们实际工作中运用的较多是基本限值、管理限值和参考水平。

(1) 基本限值。基本限值是辐射防护的基本标准。GB 18871—2002《电离辐射防护与辐射源安全基本标准》对职业照射工作人员的个人剂量限值规定为：

由审管部门决定的连续5年的年平均有效剂量，20mSv；

任何一年中的有效剂量，50mSv；

眼晶体的年当量剂量，150mSv；

四肢（手和足）或皮肤的年当量剂量，500mSv。

(2) 导出限值。辐射防护监测中，有许多测量结果很少能用剂量当量来直接表示。但是，可以根据基本限值，通过一定的模式导出一个供辐射防护监测结果比较用的限值，这种限值称为导出限值。各种放射性核素的导出空气浓度可以查询相关标准。

工作场所表面污染的导出限值见表3-6。在应用这些控制水平时应注意：

1) 表中所列数值系指表面上固定污染和松散污染的总和。

2) 手、皮肤、内衣、工作袜污染时，应及时清洗，尽可能清洗到本底水平。其他表面污染水平超过表中所列数值时，应采取去污措施。

3) 设备、墙壁、地面经采取适当的去污措施后，仍超过表中所列数值时，可视为固定污染，经审管部门或审管部门授权的部门检查同意，可适当放宽控制水平，但不得超过表3-6中所列数值的5倍。

4) β粒子最大能量小于0.3MeV的β放射性物质的表面污染控制水平，可为表3-6中所列数值的5倍。

5) ^{227}Ac、^{210}Pb、^{228}Ra等β放射性物质，按α放射性物质的表面污染控制水平执行。

6) 氚和氚化水的表面污染控制水平，可为表3-6中所列数值的10倍。

7) 表面污染水平可按一定面积上的平均值计算：皮肤和工作服取100cm^2，地面

取 $1000cm^2$。

规定导出限值，目的在于确定一个数值，只要监测结果不超过这一数值，几乎可以肯定辐射防护的基本限值已经得到了遵守。但是，超过导出限值却不一定意味着违反了基本限值，它只是提示需要对情况进行仔细的调查。

表 3-6 工作场所表面污染的导出限值

表面类型		α放射性物质		β放射性物质
		极毒性	其他	
工作台、设备、墙壁、地面	控制区	4	40	40
	监督区	0.4	4	4
工作服、手套、工作鞋	控制区 监督区	0.4	0.4	4
手、皮肤、内衣、工作袜		0.04	0.04	0.4

（3）管理限值。管理限值是由主管当局或单位管理部门制定的限值。管理限值只用于特定场合，例如放射性流出物排放的管理限值。制定管理限值可以应用最优化程序。

秦山第二核电厂个人剂量管理限值为：①年有效剂量，15mSv；②眼晶体的年当量剂量，150mSv；四肢（手和足）或皮肤的年当量剂量，500mSv。

（4）参考水平。参考水平是决定采取某种行动的水平。对于辐射防护中测定的任何一种量，都可以建立参考水平，不管这些量是否确定了限值。参考水平不是一个限值，它的用途是当一个量的数值超过或预计超过制定的参考水平时，提示应采取某种行动。这些行动可以是单纯的数据记录，或调查原因与后果，甚至采取必要的干预行动等。最常用的参考水平有记录水平、调查水平和干预水平。

二、外照射及其防护

1. 概念

外照射是指放射源在人体之外对人体引起的照射，包括体表放射性污染引起的照射。外照射因射线的穿透能力不同可引起皮肤或内部器官组织的损伤。

引起外照射的射线有 α、β、γ 和 n。在核电厂中，γ 射线是主要的外照射，它主要来自核反应的裂变产物和被中子强烈活化的部件。由于管道中活化沉积物的出现（特别是钴—60），尤其在停堆检修期间，是 γ 射线剂量的主要来源。

在正常情况下，放射性物质放出的 β 粒子完全被管道所屏蔽，不会引起 β 的外照射，当打开回路进行检修或回路泄漏等原因，造成工作场所的放射性污染时，β 放射性物质可能造成人体污染，高能量的 β 粒子也可能对人体产生外照射。

α 射线是一种穿透力极弱的辐射，即使辐射体与人体产生接触，也只能对皮肤表层角质细胞造成辐射。所以，不考虑 α 射线引起的外照射。

反应堆内的中子主要是裂变中子，所以中子产生的外照射只限于机组运行时并局限于反应堆厂房内（RX）。

外照射的特点：当你离开辐射区域时，就不会对你产生辐射危害。

外照射对人体的危害用人体接受的当量剂量（H）来量度。单位时间内接受的当量剂量叫当量剂量率（H_r），单位是 Sv/h。这个单位太大，一般情况下用 μSv/h。

外照射剂量 H 等于剂量率 H_r 和受照时间 t 的乘积，即

$$H = H_r \times t$$

2. 防护

外照射防护的方法包括两个方面，一是降低场所剂量率水平；二是缩短人员受照时间。降低剂量率的措施主要有冲洗系统或对工作现场具有放射性的设备进行去污，增加人与放射源的距离，采用临时屏蔽等。这里主要介绍外照射防护的三个重要概念：距离防护、屏蔽防护和时间防护。

(1) 距离防护。距离防护即是通过增加人与辐射源之间的距离来降低人员受照剂量的一种方法。在工作现场灵活的运用可有效地降低个人接受的剂量水平。对于点源，剂量率与距离有近似的反平方关系。如果距某放射源1m远的剂量率为1mSv/h，2m远处的剂量率则为0.25mSv/h，这也正是采用远距离操作的原因。

(2) 屏蔽防护。屏蔽防护即是通过在人与辐射源之间加设屏蔽材料来降低人员受照剂量的一种方法。辐射射线在通过屏蔽材料时，会与屏蔽材料中的原子发生相互作用，从而降低辐射射线的强度。在核电厂，屏蔽主要考虑γ辐射和中子辐射。

在选择屏蔽材料时，应根据辐射防护最优化原则，综合考虑所选材料的防护性能、结构性能、稳定性能和经济成本等因素。

屏蔽γ辐射的常用材料有以下几种：①铅，有很好的抗腐蚀特性，在射线照射下不易损坏。铅对γ射线有很高的减弱能力，是γ射线屏蔽的理想材料，但铅成本高，结构强度极差，并且不耐高温，根据实际需要，铅往往做成铅皮、铅砖和铅锭等形式，用铅做较大容器和设备时需用钢材作结构骨架，否则会因自重而坍塌；②铁，成本低，且易获得，屏蔽性能比铅差，一般要达到相同的屏蔽效果，铁的重量大约比铅重30%，铁（钢）的机械强度很高，易加工，多用作防护门、盖板等；③混凝土，价格便宜，且有良好的结构性能，在工程中多用作固定的防护屏障，有时，为了减少屏蔽厚度、缩小体积，常使用高密度的混凝土（称为重混凝土），其办法是用铅、铁砂代替普通砂子，用重晶石矿石（含Ba）、铁矿石以至铸铁、废钢代替碎石，这样，混凝土的密度可高达6g/cm^3，不过，这类混凝土成本往往比较高，不是特别需要时，一般不随意采用重混凝土；④水，屏蔽γ射线的性能比上述的铅、铁和混凝土都差，但它具有特殊的优点，即透明度好和可随意将物品放入其中，因此常以水井、水池形式储存或分装固体γ辐射源。需要指出的是，如水中含有可溶性盐类时，在强辐射作用下，水会出现辐射分解现象，会生成有害气体，因此，为屏蔽目的，宜用去离子水。

以上四种材料的屏蔽效能见表3-7。其中，半减弱厚度是将入射γ射线减弱一半所需的屏蔽厚度；十倍减弱厚度是将入射γ射线减弱到原来十分之一所需的屏蔽厚度。

表3-7　常用γ屏蔽材料的半减弱厚度和十倍减弱厚度

减弱厚度	铅	铁	混凝土	水
半减弱厚度（mm）	13	18	60	150
十倍减弱厚度（mm）	50	60	200	500

中子屏蔽的基本原则是先使中子慢化，再吸收。首先利用某些重元素通过非弹性散射使快中子慢化，然后用轻元素将其进一步慢化和热化，最后再用吸收截面较大的元素把慢中子和热中子吸收掉。加有适量硼（^{10}B）或锂（^{6}Li）的含氢较多的材料如石蜡、水、混凝土，

再配合使用一些铁、铅等重元素，是常用的中子屏蔽材料。

由于屏蔽材料中的某些核素吸收中子后放出高能量的 γ 射线，如铁（^{56}Fe）吸收中子后，放出能量为 7.6MeV 和 9.3MeV 的 γ 射线，水中的氢吸收中子后也会放出 2.2MeV 的 γ 射线，所以在对中子进行屏蔽时，还应考虑对次级 γ 射线的屏蔽。

（3）时间防护。时间防护即是通过缩短人在辐射场中逗留的时间来降低人员受照剂量的一种方法。决定工作时间的因素包括工作组织、物资准备、工作熟练程度等。良好的工作组织和工作准备可以大大缩短工作时间。

3. 外照射监测

对外照射的监测一般分为场所剂量率的监测和个人剂量监测。场所剂量率的监测分为接触剂量率和环境剂量率的监测，在探查工作场所是否存在放射性热点时，采用接触剂量率监测。由工作场所的环境剂量率和预计工作时间就可以估算出集体剂量。一般对未知辐射水平的工作场所，接触剂量率和环境剂量率都要监测。剂量率的单位一般用 mSv/h 和 μSv/h。

个人剂量的监测可采用电子剂量计和热释光剂量计。

三、内照射及防护

1. 概念

内照射是进入体内的放射性核素作为辐射源对人体形成的照射。

内照射对人体的伤害比较大。主要表现在：①照射是连续的，直到所摄入的放射性核素通过排泄或自身衰变的方式消失；②某些放射性核素会选择性地沉积于所亲和的组织器官内；③外照射很弱的 α 粒子和低能 β 粒子对人体器官伤害尤其严重；④许多放射性核素还有化学毒性危害。

2. 形成内污染的途径

（1）吸入。主要是放射性气体和气溶胶，如碘、氪等。

（2）食入。被放射性污染的食物。

（3）伤口。当皮肤有伤时，放射性物质就可能通过伤口直接进入人体。

3. 内照射监测手段

例如秦山第二核电厂利用全身计数器（WBC）进行内污染监测，并在条件具备时，进行定期或不定期的生物样品分析。生物样品分析主要是利用液闪进行尿样测量。

4. 防护

（1）呼吸道防护。空气污染是造成放射性物质经呼吸道进入体内的途径，其防护措施主要有：①空气净化；②工作场所通风换气；③防止高温高压管道的泄漏；④穿戴好个人呼吸保护器具如口罩、防毒面具、气衣、气面罩等。

（2）口腔防护，即防止放射性物质通过口腔进入体内。主要是禁止在控制区内吃、喝或吸烟等；养成良好的工作习惯，工作时不用手抚摸面部，工作结束后洗手。

（3）皮肤和伤口防护。工作时应穿戴好个人防护用品，尽量减少暴露皮肤的面积；操作小心，避免受伤；不准带裸露伤口从事放射性工作。

四、表面污染及其防护

1. 概述

放射性物质靠物理化学的作用吸附在物质表面上，叫表面污染。量度表面污染强弱的为单位面积上放射性核素的活度（单位为 Bq/cm^2）。

表面污染有两种：一种是固定式表面污染，即不易擦除转移的污染，另一种是非固定式表面污染（松散污染），即容易擦除转移的污染。

固定式污染在β和γ辐射体的情况下，可能存在外照射危害。非固定式污染有可能形成空气或体表污染，造成内污染；对于可移动的污染设备，可能造成放射性污染的扩散。

2. 来源

表面污染来自空气中放射性微尘的沉降、维修带有放射性的管道、设备，以及系统运行过程中的泄漏等。

3. 防护

表面污染的防护方法分为集体防护和个人防护。

集体防护措施：①设备、墙壁、地面表面尽量光滑，易于去污；②一旦污染，及时去污；③为防止放射性液体泄漏到地面上，在检修现场地面铺塑料胶膜、现场去污等；④对污染区域实施隔离，设置放射性污染标识、门槛和鞋套等措施。

4. 执行限值

控制区内长期专用设备、连体服的β核素表面污染限值规定为40Bq/cm^2。

人体表面、防护内衣离开控制区到非控制区的工具和控制区内绿区地面的β核素表面污染限值规定为4Bq/cm^2。

五、空气污染

（1）概述。放射性物质以微小的颗粒状悬浮在空气中形成气溶胶或者空气中混有放射性气体，叫空气污染。空气污染的危害主要是其通过呼吸道或口腔进入人体后对人体造成内照射。

（2）来源。空气污染主要来源于下列几种情况：①打磨、焊接、切割和打开带放射性的系统和设备；②松散表面污染的再悬浮；③用压缩空气或高压水枪吹洗受到污染的设备和地面；④具有放射性的液体的泄漏和飞溅，均可能造成空气污染。

（3）防护。空气污染的防护与内照射的防护基本相同。对个人防护而言，个人呼吸道保护装置可从根本上避免吸入放射性气溶胶，是最彻底的空气污染防护措施。

在检修工作现场，在污染源的开口处设置隔离区。隔离区分为工作区和出入控制缓冲区。

工作区利用抽吸装置维持一定的负压，将空气中的放射性物质抽出并被过滤器截留，同时避免放射性物质向外扩散。在工作区内应穿戴个人呼吸保护装置。

出入缓冲区用于工作准备，如穿戴防护用品、存放工具和特种防护用品。另外，它是有空气污染的区域与无空气污染区域之间的缓冲区。

（4）限值。一般电厂空气污染控制限值为导出空气浓度（DAC）。

第三节 核电厂的辐射防护

一、核电厂的辐射源

原子核反应堆是核电厂产生核能的装置，因此，它既是一个发热源又是一个放射性水平较高的辐射源。反应堆发出的辐射分为初级辐射和次级辐射。可裂变核素（^{235}U，^{239}Pu）在裂变时及裂变后的产物放出的辐射为初级辐射；初级辐射与物质相互作用所引起的辐射称为次级辐射。

中子和γ射线是穿透本领最强的两种射线，这里只讨论与核电厂屏蔽防护有关的中子和γ射线源。

1. 堆本体

（1）正常运行。主要的中子源是裂变中子，主要的γ辐射源是核裂变时瞬发γ射线和裂变产物放出的缓发γ射线。

1）中子源。^{235}U 一次裂变平均大约放出 2.5 个裂变中子，携带的能量大约为 5MeV。瞬发裂变中子的能量范围从 eV 级一直到 18MeV。

其他中子源包括缓发中子、活化产物中子和光致中子。缓发中子是裂变产物衰变时放出的中子，每次裂变放出的缓发中子只有0.015 8个，且能量较低。以水作冷却剂时的活化产物中子主要是^{17}O（n，p）^{17}N 反应产生的，^{17}N 衰变时放出一个能量为 1MeV 的中子。

2）γ辐射源。^{235}U 每次裂变平均放出 8.1 个光子，这些光子带走的总能量为 7.25MeV，光子的能量在 10keV 到 10MeV 之间。

裂变产物是一种半衰期短到 1s 以下、长到几百万年的各种γ发射体的混合体。^{235}U 每次裂变大约有 6.65MeV 的γ能量在裂变 1s 后由裂变产物放出，其中 3/4 以上的能量在 10^3s 内放出。

其他γ辐射源包括热中子俘获γ射线、快中子非弹性γ射线、核反应产物的γ射线、活化产物的γ射线、湮没辐射和韧致辐射等。这些γ辐射源无论数量还是携带的总能量都不大。但俘获γ射线和非弹性散射γ射线可在屏蔽体内产生，且俘获γ射线的能量为 6～8MeV，屏蔽计算时必须予以考虑。

（2）反应堆停堆辐射源。停堆后主要辐射源是裂变产物和活化产物放出的γ辐射，基本上没有中子辐射。

反应堆内一切材料（钢、水、铅、铝等）在中子辐照下都会由于活化而带有放射性。其中有些部件，如燃料组件、控制棒、冷却剂及慢化剂等，会带出堆外，有些部件则留在堆内。其中最常见的反应有^{16}O（n，p）^{16}N，^{18}O（n，γ）^{19}O，^{23}Na（n，γ）^{24}Na，^{27}Al（n，a）^{24}Na，^{56}Fe（n，p）^{56}Mn，^{58}Fe（n，γ）^{59}Fe，^{58}Ni（n，p）^{58}Co，^{59}Co（n，γ）^{60}Co 等。

（3）事故时辐射源。反应堆发生事故时，会有部分裂变产物释放到堆外。

1）惰性气体。主要是 Kr 和 Xe。它们的化学性质不活泼。当燃料元件熔化时，会全部释放出来。但在放射性裂变气体中除少数几个核素，如^{133}Xe、^{135}Xe、^{85}Kr，其余核素的半衰期都很短。即使安全壳破损，只要在破损前能将它们阻留几个小时，放射性影响就可大大降低。它们释放到环境中将对周围居民产生外照射。

2）卤素。卤素元素是气体或挥发性很强的裂变产物，极易从燃料元件中逸出。但由于它们的化学性质很活泼，很容易被阻留在冷却剂或安全壳内。这组元素中，以^{131}I 的放射性影响最大，释放到环境中会造成蔬菜、牧草及牛奶的污染。

3）碲。具有挥发性，主要核素是^{132}Te，易沉积在地面上，衰变后变成^{132}I。

4）碱金属。主要是 Rb、Cs，具有挥发性。Cs 的危害更大些，主要是^{134}Cs、^{137}Cs。它们沉积在地面和植物上。

5）碱土金属。主要是 Sr、Ba，它们不易挥发。

6）惰性金属。主要是 Ru、Rh、Pd、Mo、Tc。它们不易挥发，但其氧化物有一定的挥发性。

7）稀土元素及锕系元素。这两族元素都不易挥发。

事故时裂变产物的释放量与堆内裂变产物和锕系元素的累积量有关。

2. 冷却剂系统

主回路的冷却剂和辅助回路都含有放射性物质。

(1) 主冷却回路。冷却剂内含有的放射性物质可分为两部分：①冷却剂本身的活化产物、冷却剂内原有杂质的活化产物、冷却回路管道和堆芯内设备表面腐蚀的活化产物；②燃料包壳破损时由元件逸出的裂变产物、燃料包壳表面和其他结构材料表面杂质中铀的裂变产物。

对于水冷堆，主要活化产物有^{16}N、^{17}N、^{19}O、^{18}F等。在压水堆中，由于水中含有较高浓度的硼，^{3}H也是一个重要核素。此外在压水堆中还有^{51}Cr、^{54}Mn、^{58}Co、^{60}Co、^{59}Fe、^{24}Ma等腐蚀产物的活化产物。活化腐蚀产物的种类和活度与一回路水的化学控制、一回路设备材料、电站运行的时间和工况有关。压水堆中还含有^{14}C。

冷却剂中裂变产物的含量与包壳的材料、反应堆的运行方式有关。对于轻水堆，在屏蔽设计中，一般假定有1%的燃料包壳破损，但由于燃料制造工艺的不断改进，实际的燃料包壳破损率只有万分之一到万分之二。如果燃料包壳发生破损，裂变产物就会进入一回路冷却剂并随循环进入其他系统和设备，使之具有放射性。

(2) 辅助回路。辅助回路液体的放射性浓度与净化设备（除盐塔、过滤器）的净化能力及在各个储存容器的滞留时间有关。

(3) 乏燃料的储存与运输。核电厂的放射性物质主要存在于燃料元件内。就放射水平而言，除了堆芯外，其次就是燃料存放池及燃料运输容器。

(4) 废物处理系统。核电厂放射性废物的来源及其处理流程如图3-1所示，产生放射性废物的活度见表3-8。

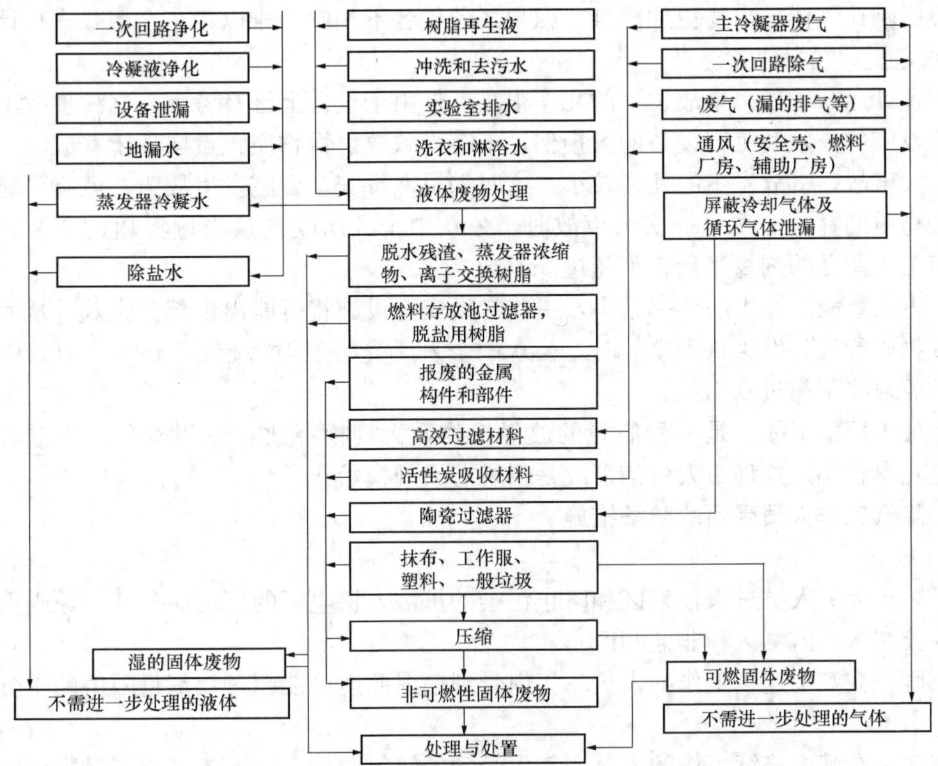

图3-1 核电厂放射性废物的来源及其处理流程

表 3-8 压水堆核电厂的放射性废物

系统	废物内容	比活度，GBq/m^3（Ci/m^3）
主回路净化	湿离子交换树脂	$3.7\times10^3\sim1.85\times10^4$（$10^2\sim5\times10^2$）
	过滤柱	$1.85\times10^3\sim1.85\times10^4$（$5\times10^1\sim5\times10^2$）
液体废物处理废气和通风	蒸发器浓缩液，残流，树脂	$3.7\times10^{-1}\sim3.7\times10^1$（$10^{-2}\sim1$）
	高效过滤器	$3.7\times10^{-1}\sim3.7\times10^1$（$10^{-2}\sim1$）
	活性炭过滤器	$3.7\times10^{-1}\sim3.7\times10^1$（$10^{-2}\sim1$）
一般运行	废纸，抹布，工作服	$7.4\times10^{-2}\sim7.4\times10^{-1}$（$2\times10^{-3}\sim2\times10^{-2}$）
	报废的金属零件和部件	$3.7\times10^0\sim3.7\times10^2$（$10^{-1}\sim10^1$）
	控制棒（运行一年后）、启动用中子源、燃料元件组件和隔板	1.11×10^5（3×10^3）

二、核电厂辐射危害

核电厂的辐射危害包括对工作人员的照射，对公众的照射和对环境的影响。

1. 工作人员的职业照射

职业照射与核电厂内的辐射水平、工种和所做的操作有关。

2. 对环境的影响

从核电厂排到大气中的放射性物质有裂变气体（Kr 和 Xe）、活化气体（^{14}C 和 ^{41}Ar）、碘、微尘和氚。排到水域中的放射性物质有裂变产物、活化产物和氚。

在正常运行时，排出的气体放射性物质很少，公众所受的照射无法测出。评价液体排出物对环境影响比气体排出物更加困难，因现场条件各不相同，难以用一个模式进行计算。

3. 核电厂的辐射事故

（1）预计运行事件。事故发生的几率很高，但由于设计上已有考虑，这种事故不会造成专设安全设施的失效和工程设备的大损伤，不会导致放射性物质大量向环境释放。

（2）大事故。事故发生的几率较小，这时如果专设安全设施发生故障，就有可能导致大量放射性物质的释放。发生一次大事故时，公众中个人所受剂量当量将超过 0.25mSv，但其中任何个人所受的剂量当量将不超过 5mSv。

（3）重大事故。发生的几率很小，一些专设安全设施将可能出现部分失效，从而导致大量放射性物质释放。发生重大事故时，公众中个人所受的照射将超过 5mSv，但其中任何个人所受的照射将不超过 0.1Sv。

（4）最大可信事故。是一种假设的放射性物质大规模释放、对环境产生严重后果的事故，发生几率较小。这种最大可信事故是指堆芯大规模熔化。

三、降低工作人员受照的防护措施

1. 分区管理

为了防止无关人员进入辐射区和防止污染的扩散，核电厂的厂房应分区，原则上可以把房间分为控制区、监测区和非监测区。

控制区：在其中连续工作的人员一年内受到辐射照射可能超过年剂量限值的十分之三的区域。

监测区：在其中连续工作的人员一年内受到的辐射照射一般不超过年剂量限值的十分之

三，而可能超过十分之一的区域。

非监测区：在其中连续工作的人员一年内受到的辐射照射一般不超过年剂量限值的十分之一的区域。

2. 屏蔽

(1) 反应堆的屏蔽设计是比较复杂的，它有如下特点。

1) 辐射源的情况比较复杂。如活度大；能量范围宽；有中子和γ射线以及中子的次级γ射线，特别是中子在屏蔽材料被吸收后会产生次级γ射线；反应堆在运行时和停止时辐射源的类型、活度和能谱特性差别很大。

2) 屏蔽要求不同，在工艺上要求防止设备的辐照损伤，防止材料的活化以及防止屏蔽材料的发热等；在辐射安全上则需要根据工作人员接近设备的频率和时间，确定不同辐射水平，分区进行屏蔽设计。

3) 屏蔽设计复杂，要根据不同对象和要求采取不同形式的屏蔽，如整体屏蔽、部分屏蔽、阴影屏蔽等；要考虑管道贯穿，特别是通风管道穿过屏蔽墙所造成的局部薄弱地点；要考虑缝隙漏束造成的局部高辐射地点；要考虑出入口的屏蔽形式，如迷宫或防护门；要考虑屏蔽层中的次级γ射线及屏蔽层发热问题等。

4) 屏蔽材料选择因屏蔽的设备而异，要根据不同的辐射源选择不同的屏蔽材料。对于堆本体，常选用钢、水作屏蔽材料；对于冷却剂及辅助系统，则常用混凝土作屏蔽材料。

(2) 压水堆核电厂的屏蔽有如下方式。

1) 堆本体屏蔽。堆本体屏蔽也称一次屏蔽。一般采用两级屏蔽，因为在反应堆周围布置着主冷却回路的管道和设备（2～4个泵和蒸发器、稳压器和阀门等）。当堆运行时它们本身也带有较强的放射性，也是不可接近的。堆本体的屏蔽主要是防止这些设备和二次载热剂的活化，并保证在停堆后屏蔽层外的辐射水平低于这些设备本身的辐射水平。

堆本体的屏蔽是由压力容器内的多层钢、水屏蔽层和周围厚约两米的环形混凝土构成的。几层钢水屏蔽分别由堆芯隔板、堆芯筒体、热屏蔽、压力容器及其中间的水层构成的。

这些屏蔽除了具有防护的目的外，还有工程运行上的考虑，如热屏，可用来保护堆压力容器的机械性能，不致因过量的中子照射而变坏；降低混凝土中的发热以及防止一次屏蔽外设备的活化等。

2) 主冷却回路的屏蔽。主冷却回路屏蔽也称二次屏蔽。二次屏蔽包括主冷却回路周围的环形吊车承重墙及其上部的水泥操作地板。还有人把安全壳的混凝土结构也算作二次屏蔽。

主冷却回路的主要辐射源是^{16}N，二次屏蔽的目的就是把它的辐射减弱到安全水平，使工作人员在反应堆满功率运行时能够进入安全壳，进行必要的检查、维护工作。在反应堆满功率运行时，二次屏蔽也可以保障人们在安全壳外连续的进行日常工作。由于安全壳具有一定厚度（1m），所以当堆芯熔化时，大量放射性物质进入并被包容在安全壳内，可以使周围居民免受过量的照射。

3) 燃料运输屏蔽。燃料输送屏蔽是为了在卸料、燃料运输和燃料储存过程中保护工作人员免受过量的照射。主要屏蔽包括卸料腔和储存水池的水、卸料腔墙、运输通道的墙、储存水池的墙以及把乏燃料送往后处理厂的金属运输容器。卸料时水面上的照射量不大于2.5mR/h。卸出的乏燃料通过连通安全壳和乏燃料存放池的运输通道送入乏燃料存放池，在那里存放一定时间后，在水下装入运输容器送往后处理厂。

4）辅助厂房屏蔽。辅助厂房内布置有化容控制、堆安全和废物处理等系统的各种设备，其辐射水平差别很大。屏蔽设计的目的是保证工作人员可以在其附近从事必要的维修工作。这些设备应分别进行屏蔽，以保证在邻近的系统和设备连续运行时可以进入该设备房间，完成必要的维修工作。

5）可移式屏蔽。可移式屏蔽主要用于检修。测量结果表明，在安全壳内散射射线占15%～44%，平均约为38%，因此用简单的可移式屏蔽可以明显降低受照剂量。

3. 通风

通风的目的是防止污染空气的扩散，把工作场所空气中放射性物质的浓度保持在可合理达到的尽可能低的水平。除此之外，通风系统还有其他功能，如调整工作场所的温度适合于工作人员工作，降低设备的温度使之能正常工作。

（1）通风设计的一般原则有如下几条。

1）足够的换气次数。以保证工作人员能够进入工作场所和设备处于正常运行的环境条件。例如，在停堆换料、检修时，安全壳内应保持一次以上的换气。对于小房间换气次数还要多。

2）控制空气流向。对于不同的空气污染区，应使空气从低污染区流向高污染区。对于含有空气污染源（如放射性液体泄漏）的房间，应保持一定的负压。必要时使用止回阀，防止空气倒流。

3）控制工作场所气流模式。合理的布置送、排风口。考虑可能发生的热和机械的干扰，必要时加上局部排风，以保证不论污染发生在何处，都有足够的风量把污染物带走，不存在死角。

4）闭式循环。对于大的密封房间，即只有维护检修时才有工作人员进入的房间，可以设置闭式循环通风系统。根据需要系统可以设置冷却、除尘、除碘或除氢设备，以降低空气的温度、放射性气体或爆炸性气体的浓度。

5）净化。对排往环境的空气根据需要进行衰变、过滤、除碘，达到规定水平后再排出。

6）监测与控制。对排出的空气应进行检测，必要时启动净化系统或改用低流量送排气系统以减少排往环境的放射性物质，如仍不能满足要求，则应关闭开放式排风系统。

（2）压水堆核电厂的主要通风系统有以下几类。

1）堆本体通风。包括控制棒驱动机构通风和堆坑通风两部分。堆本体通风的目的在于带走反应堆压力容器保温层外表面热量，保证控制棒驱动机构和堆坑内电离室正常工作，使反应堆压力容器支撑环和堆坑混凝土屏蔽处于适当的温度下。在反应堆冷却剂管破裂的情况下，利用该系统垂直向下的通风管道将泄漏的反应堆冷却剂引入堆坑。

2）安全壳通风。包括安全壳净化、安全壳降温、安全壳空气控制和安全壳清洗等几个系统。

3）辅助厂房的通风。目的是把设备放出的热量带走，使工作区处于一定温度下，并保持工作区空气污染水平低于一定限值。这是一个非循环的通风系统，进风经过过滤、冷却（或加热）后送到低污染区，然后从高污染区抽取空气，经过滤（必要时除碘）后送烟囱排放。

4）燃料厂房的通风。一般是把清洁空气送到水池盖板上部工作人员操作的地方，然后从盖板缝隙进入水池上部，从那里抽走，经过过滤（必要时除碘）后从烟囱排放。

5）临时通风。可以在通风管上设置风门或接头以便接上软管进行通风，也可用一个可移动的辅助通风系统，包括风机、高效过滤和活性炭过滤，从这种系统排出的风可以直接排到房间，而且不会破坏通风系统的平衡。

其他通风系统，不再赘述。

4. 降低辐射源活度的措施

核电厂工作人员的职业辐射大部分来自检修工作，其中主要的辐射源是一次冷却系统中的^{58}Co和^{60}Co。为了降低一次冷却系统中放射性腐蚀产物的含量，可以采取如下措施：

（1）选择一次冷却系统的材料，尽量减少放射性腐蚀产物，特别是^{60}Co的生成；

（2）选择合理的运行条件（控制冷却剂的 pH）以减少放射性腐蚀产物在设备和管道上的沉积；

（3）对冷却剂进行过滤，将放射性腐蚀产物从一次冷却剂系统中分离出去；

（4）对系统进行去污，把沉积下来的放射性腐蚀产物从系统中清除出去。

5. 计划、组织与训练

为了降低工作人员在辐射区停留时间，对于检修工作必须制订周密的计划，对于检修人员必须进行严格的组织和训练。

对于放射性检修工作，必须事先制订好作业程序，规定各种作业所需时间，估计可能出现的异常情况及应急措施，确定降低职业照射的必要措施，如去污、设置临时屏蔽或临时排风、使用专用工具等。

在强放射性区工作时，要限制工作人员的工作时间，必要时轮换作业。要事先对他们进行培训，如在模型上进行模拟操作等，使他们熟练地掌握所从事的操作，尽量缩短操作时间。

降低工作人员职业照射的防护措施，除以上所述几项之外，还要对系统进行精心设计和对设备进行仔细布置，在设备制造中要提高设备的可靠性，这样可降低对设备维护和更换的频率，从而减少检修时间。

四、降低居民受照射的防护措施

有很多措施可以降低居民的照射，有的措施是在设计时应该采取的，有的是在事故后应该采取的。这些措施涉及废物处理、安全措施和应急防护行动。

1. 厂址选择

核电厂的厂址必须满足安全和辐射防护方面的要求，保证在正常运行及事故情况下周围居民的个人有效剂量及集体有效剂量低于规定的限值。

在评价一个厂址是否适合建造核电厂时，必须考虑下述几个对核安全和核辐射防护有影响的因素。

（1）影响核电厂的外部事件。需要制订设计基础的主要外部自然事件可能有：①洪水；②地质构造缺陷；③地震；④龙卷风和台风；⑤影响长期排热的事件；⑥其他自然事件。

需要制定设计基准的主要外部人为事件可能有以下几个方面：①飞机坠落，包括碰撞、爆炸与着火；②化学爆炸；③火灾；④其他人为事件，在厂址地区储存、加工、运输或处理有毒、有腐蚀或有放射性物质的设施。

（2）影响放射性物质迁移的厂址特性和环境特性。在核电厂的设计和选址中，必须考虑放射性（特别是在事故条件下）的流出物对环境、生态和公众的影响，核电厂应能保证在发生最大可信事故条件和不利的扩散条件下也不会给公众带来不可接受的照射。

影响放射性物质迁移的环境特性主要是大气、地表水和地下水的弥散。

1）大气弥散。必须进行区域的气候特征、厂区的气象资料和厂区地形地貌的调查。这些资料应在现场进行观察，应有一年的观察资料，以评价气体流出物对公众的影响。

2）地表水弥散。为了评价厂址地表水弥散特性，必须调查水体的位置、大小、形状及其随时间的变迁；河流、湖泊流和海流的流速；水体中的泥沙含量；挡水构筑物的特征；确定放射性物质在水体内的迁移机理，提出可能存在的关键核素的照射途径，从而评价液体流出物通过地表水对公众的影响。

3）地下水弥散。为了评价厂址地区的地下水弥散特性，必须进行调查：非饱和带及含水带的地层，水位等高线及其随水位、气象的变化情况，地下水运动的方向及速度，地下水源的利用情况，地下水接触到人途径。

另外，还应研究厂址地区与弥散有关的土层和岩石的物理化学特性，建立描述放射性核素通过含水层迁移机理的模型，确定可能使公众受到液体流出物照射的途径，评价在事故状态下公众可能接受的照射。

（3）人口分布及社会资源利用情况。为了降低事故时公众所受集体剂量当量，减少财产损失，并在必要时组织公众撤离污染区，核电厂厂址应该选择在人口密度较低和远离大型厂矿及人口中心的地区。在核电厂周围应设置非居住区，而在非居住区周围应该设置限制区。

应收集厂址现有的和规划中的人口分布资料，以便对放射性物质进入人体的途径作出评价。

对厂址的土壤和水资源利用进行调查。

2. 防止放射性物质释放的多重屏障设计

为了防止放射性物质向环境释放，一般在设计中都考虑了多重的屏障。

（1）芯体。燃料本身可以把核裂变生成的大部分裂变产物保持在燃料芯体内部。在正常运行时，只有部分裂变气体和少量挥发性物质能从燃料芯体内部释放出来。表面几微米内的铀裂变时，会有裂变碎片反冲出来。

（2）包壳。为了防止裂变产物外逸，防止燃料和冷却剂发生化学反应，燃料芯体通常置于管状的包壳内。包壳能承受一定压力，可以把正常运行时从芯体放出的裂变气体和挥发性物质全部阻留在芯体和管子的缝隙内。采用锆合金作包壳，氚的渗透量只占燃料内含量的0.013%～1%。

（3）一回路。整个冷却系统，包括压力容器、泵、蒸汽发生器、稳压器及其连接管道等构成了一个能够承受一定压力的密闭系统。这样，即使包壳破损，释放出的裂变产物也被阻留在冷却剂回路内。

（4）安全壳。见第四章。

第四节 辐 射 监 测

一、监测仪表分类

辐射监测系统应能连续或周期性地监测安全壳内的空气、核电厂各种流出物及厂房内各放射性工作场所辐射水平及其变化。监测仪表分类如下：

（1）按其监测对象，可以分为巡测与场所监测、环境监测和个人监测三种。按辐射的种类，可分为 α 射线、β 射线、X 射线、γ 射线和中子等防护仪表。

（2）按监测的介质可分为气体、液体和气溶胶等监测装置。

（3）按探测器的类型，可分为以电离室、正比计数器、盖革－弥勒计数管、闪烁计数器和固体探测器为探测元件的监测仪表。

（4）按监测仪表的使用方法，可分为固定式和可携式两种。

（5）按供电方式，可分为交流供电和电池（直流）供电两种。

二、监测仪表发展趋势

（1）统一和标准化。术语、基本概念、性能要求、检验与刻度方法等的统一和标准化。

（2）通用化。电子学设备可连接多个或多种探测器。在量程和能量响应范围等方面配套，满足从本底到事故剂量（10^{-7}～10Sv/h）的测量要求。

（3）小型化。探头型号保持不变，不断更新电子学仪器，广泛采用集成电路和数字显示，使电子学设备体积减小、功耗降低。

（4）智能化。探测器附加电子学线路和存储器，存入探测器类型和工作参数及测量数据，使电子学设备可自动识别探测器类型并自动满足其工作参数要求，失电时不丢失测量数据。

（5）网络化。按照不同子系统的安全级别组成星形网和环形网，对各种有关数据进行处理、存取，形成各种报表，并与电厂的信息公路相连，向电厂主计算机提供必要的数据。

（6）无线传输。安装于现场的探头通过发射机向远离现场、带有接收机的电子学设备发送测量数据，可省掉大量电缆投资。

三、辐射防护监测

辐射防护监测是指为估算公众及工作人员所受辐射剂量而进行的测量，它是辐射防护的重要组成部分。辐射监测是衡量公众和工作人员生活环境条件的重要手段。

监测不等于测量，监测包括纲要的制订、测量和结果的解释。监测必须从辐射防护的基本原则出发，并满足评价的要求。

辐射防护监测的特点：监测介质的放射性水平范围很宽，要求监测仪器具有不同的灵敏度，测量中需要低水平放射性测量和微量分析技术；监测的对象复杂，有空气、水、生物、土壤、食品、物体表面等，且干扰因素多，因此需要多种有关样品采集、处理、测量和分析的技术；分析测量样品多，且要求速度快，因此还需要配备自动监测和数据处理系统。

辐射防护监测依照监测目的的不同，又可分为常规监测、操作监测和特殊监测三种类型。

辐射防护监测按其监测内容分为放射性区域监测、个人剂量监测和控制区出入管理。

严格地说，流出物监测和环境监测也属于辐射防护监测。流出物监测是环境监测和放射性区域监测的交接部，在某些情况下，也与辐射工艺监测有关。流出物监测能够及时发现异常状况，从而有可能迅速控制异常排放和事故排放，同时流出物监测结果还是环境评价的依据（源项）。因此，流出物监测是防护监测的重要组成部分。

1. 放射性区域监测

区域监测一般包括工作场所β、γ和中子外照射水平监测，空气污染监测和工作场所表面污染监测。

（1）工作场所的外照射水平监测。工作场所外照射辐射场的监测所用的仪器大多是固定式或可携式的辐射监测仪。这类仪器所用的探测器，一般有电离室、G-M计数器、闪烁计数器和硅半导体探测器等。要求固定式监测仪能在辐射水平超过预定值时自动发出信号报警。

（2）工作场所的表面污染监测。工作场所表面污染监测的主要目的是：防止污染扩散；检查污染控制是否失效或是否违反操作规程；把表面污染限制在一定的区域和一定水平内，以防止污染的扩散和工作人员受到过量照射。从而为制订个人监测方案、空气污染监测方案以及操作规程提供资料。

需要监测表面污染的主要辐射类型为α、β放射性，其监测方法可分为直接测量和间接测量两种。

直接测量是将探头贴近被测表面，通过测量α、β放射性活度来确定表面的污染水平。

间接测量可采用擦拭法，它主要用于不便直接测量的表面（如门把手、管道等）或被监测的表面附近有很强的辐射本底而无法进行直接测量的场合。

（3）空气污染监测。在操作大量放射性物质的场合、工作场所存在严重污染的场合或放射性液体有可能泄漏的场合，应该对空气污染进行监测，借以了解空气污染情况以及某些情形下用以估计工作人员可能吸入的放射性物质的数量，同时判断反应堆某个系统或部件的泄漏事故。

最普通的空气污染监测的方式是采用空气取样器。取样器一般放置在能代表工作人员呼吸带的位置上。为了探测意外的空气污染，可能有必要设置连续监测装置，连续地进行取样和测量，并且一旦浓度超过预定值时，可以发出报警信号。

空气污染监测包括空气中放射性气溶胶测量和放射性气体测量两个方面。

1）放射性气溶胶测量。放射性气溶胶是含有放射性核素的固体或液体微小颗粒在空气或其他气体中形成的分散系。由于放射性气溶胶在空气中的导出浓度很低，因此，通常采用浓集法收集气溶胶。由于空气中天然存在的氡及其子体的浓度比人工放射性核素的导出空气浓度高出许多，刚采集的空气样品上含有大量的氡及其子体极易掩盖待测的人工核素的放射性。为了测量人工放射性核素的污染，必须把天然放射性核素和人工放射性核素区分开来。为此，目前采用的办法有：①衰变法；②能量甄别法；③假符合法；④α/β比值法。其中衰变法最容易实现，应用也较广泛。

衰变法利用天然的氡及子体半衰期短的特点，采样后一般放置4天，就可以粗略地认为氡和短寿命子体以完全衰变。这样，4天后测得的浓度就是长寿命的人工放射性气溶胶浓度。

2）放射性气体测量。反应堆厂房内及其周围的空气，由于中子活化会产生^{41}Ar、^{16}N、^{19}O等放射性气体，反应堆一旦发生事故还会释放出^{131}I、^{85}Kr、^{131}Xe等裂变产物气体；在重水堆周围还可能存在^{3}H。此外，空气中还有气态放射性I（碘）、^{14}C及其他放射性气体。对于上述情况必须监测空气中放射性气体的浓度。放射性气体的测量方法，应根据放射性气体的物理化学性质决定。β放射性气体，常用流气式电离室、薄窗正比计数器或G-M计数器以及由薄塑料闪烁体组成的闪烁计数器进行测量。α放射性气体则可用硫化锌闪烁室、电离室等进行测量。

2. 个人剂量监测

个人剂量监测是对个人实际所受剂量大小所作的监测，它包括个人外照射监测、皮肤污染监测、体内污染监测。

（1）个人外照射监测。个人外照射监测的主要目的在于评价、记录以及控制工作人员接受的剂量当量值；或当事故发生时，测出并估算受照人员所受的剂量。个人监测主要是对那些受照射有可能高于剂量当量限值30%的人员进行的。

个人剂量监测的基本手段是使用个人剂量计。

对于β、X和γ辐射场，一般选用电离室型个人剂量计、胶片剂量计和热释光剂量计等。对于中子辐射场，一般选用核乳胶、“反照”热释光中子个人剂量计等。

（2）皮肤污染监测。皮肤的表面污染的测定一般可用表面污染监测仪；若估计的剂量当量值已超过相应限值的10%，则应将它记入个人的剂量档案。

皮肤污染监测所使用的方法和仪表与工作场所表面污染监测所使用的仪表类似。

（3）体内污染监测。体内污染监测方法有三种：一种是通过体外测量来估算体内或组织内的放射性核素的积存量；另一种是生物检验，即测量工作人员的尿、粪、呼出气体、鼻涕、唾液、汗液、血液、毛发等样品的放射性，据此估算出放射性物质在体内或组织内的积存量；再一种是直接测量全身、肺或甲状腺中的放射性含量，它是估算发射γ射线核素在体内污染的一种最合适的方法。测量仪器一般采用全身或局部计数器。

3. 控制区出入管理

在监督区和控制区之间的入口处设置卫生通道，配备剂量管理设施，使只有经有关部门批准执行某项任务的人员才能进入控制区。

更换工作服和领取个人剂量计，然后在剂量管理设施中输入任务号和身份识别号，在个人剂量计中输入有关数据。工作完毕后，要经过两处全身污染检查。第一次检查为工作服表面检查，检查设施可提示污染部位和给出污染水平，据此，工作人员可将污染程度不同的工作服放入不同标志的容器内。第二次检查为工作人员身体表面污染检查，这个检查设施的最小可探测限比第一次检查用设施的要低。

四、辐射工艺监测

辐射工艺监测是对各种工艺过程中的液流和气流的辐射水平及其变化及包容放射性流体设备的密封性进行监测，判断相关的工艺过程和设备运行是否正常。除了给出连续指示与报警之外，工艺监测系统还提供各种自动功能，如关闭或启动某些设备。

辐射工艺监测系统可采用两种方法监测工艺过程，即在线监测和离线监测。

1. 一回路压力边界完整性监测

压水堆一回路的压力很高，约15MPa。一旦一回路压力边界密封性失效或出现破口，带有放射性的一回路流体将释放到周围工艺间或其他系统和设备中，从而造成极大的污染，严重时反应堆必须停止运行。从这个意义上说，一回路压力边界又称为放射性释放边界，监测该边界的完整性十分重要。

具有代表性的监测系统是蒸汽一次侧和二次侧之间的泄漏监测系统。

2. 破损元件监测

对于压水堆核电厂，有关标准规定，堆芯有1%的燃料元件破损，仍可运行，而大于这个比例，就要考虑停堆。因此，破损元件监测是一个重要的监测子系统。通常采取两种方法监测堆内元件破损情况，一种是裂变气体法，一种是缓发中子法。

3. 控制室进风空气监测

控制室有专门的进风系统和取风口，如果反应堆厂房周围的空气被污染，那么送入控制室的空气也是污染的，这会危及工作人员的健康。所以有必要对取风口空气的放射性水平进行连续监测。通常可采用探测器测量空气中的放射性水平，也可使用PIG监测仪。

如果控制室专用进风系统设有带过滤器的支路，报警信号出现的同时，将进风管路切换到过滤器支路上。如果没有过滤器的支路，则将进风口关闭，同时，为了保证控制室为正压，将由汽轮机厂房引来补充空气。

4. 其他辐射工艺监测

其他辐射工艺监测包括密封性和放射性水平的系统监测，设备冷却水监测，厂用水污水监测，辅助建筑物通风系统监测。

五、流出物监测

IAEA于1978年专门出版了《由核设施释放到环境中的气载和液体放射性物质的监测》（安全丛书NO. 46）。流出物监测已成为一个独立的监测方面。

流出物是放射性流出物的简称，指排入环境的放射性气溶胶、放射性气体或液体放射性物质。

1. 流出物监测的目的

（1）检验核电厂的流出物的排放是否符合国家标准、管理限值和运行限值。

（2）判断核电厂运行和流出物处理和控制系统的工作状态是否正常。

（3）迅速探测和确定任何非计划排放的性质和严重程度，必要时能触发警告和应急系统。

（4）为环境评价提供源项，为评价对公众的危害提供信息，并据此确定应采取的防护措施或特殊环境调查。

2. 流出物监测方案

（1）在最终排放点进行常规监测。

（2）流出物监测必须独立于上述监测，能够提供上述监测目的的所有信息。

（3）根据流出物中放射性核素的成分和可能的大小，确定取样和测量类型及测量范围。

（4）选择的监测点使得出的监测结果能反映真实排放情况。

（5）除惰性气体外，仅测量总（α和β、γ）放射性不能满足要求，除非核素组成保持不变及排放的放射性量极小。

（6）对^{3}H、^{14}C等低能β放射性核素及^{55}Fe等低能γ放射性核素的监测问题，要做专门考虑。

（7）确定合适的取样和测量频率。

六、环境监测

环境监测是保护环境的重要一环，它既是评价核电厂运行对环境影响的依据，又可及时发现事故及隐患。环境监测包括本底调查、运行中常规监测和事故调查。环境监测的项目为空气、水和土壤污染监测，动植物中放射性核素监测，环境地面 α、β 和 γ 的污染检查及环境 γ 辐射监测。

（一）环境监测的目的和方案

1. 环境监测的目的

（1）检验环境介质是否符合环境标准和其他运行限值。

（2）评价控制放射性物质向环境中释放的设施的效能。

（3）估算环境中辐射和放射性物质对公众真实的照射和可能产生的照射，验证环境评价模式。

（4）估价运行引起的环境变化的长期趋势。

事故工况下，主要目的有以下几点：

（1）及时收集有关对公众可能产生的危害和区域，供决策机关确定必要对策或应急措施的类型和规模。

（2）估算吸入和外照射危害，确定食物污染程度，以规划应急对策。

（3）实际估算采取对策后公众所受剂量。

（4）向公众提供有关事故情况。

2. 环境监测方案

环境监测可分为运行前调查、常规监测和事故监测。

（1）环境放射性本底调查。环境放射性本底调查主要是为了了解核电厂运行前周围有害物质（包括天然本底、核爆炸沉降物和附近其他企业排出的有害物质）的本底水平及其变化规律，为评价核电厂运行后对周围环境的影响提供依据。

运行前环境本底调查的内容，除了调查与本企业设计有关的资料外，对企业周围的自然环境（如地形、地貌、水源、水文、水质、气象、生物等）及其利用情况（如灌溉、养殖、放牧、耕种等）以及社会情况（如居民分布、饮食习惯和废物排放情况）等要做详细调查。有时为了获得有关废气、废水在环境中消散、转移的资料，还需要做关于大气扩散和水体扩散实验。

环境本底调查的对象主要是环境空气、水、陆地和水生生物、土壤、水体性质、沉降物和食品等。调查的有害物质包括各种放射性核素、辐射场与本企业有关的非放射性物质。在环境本底调查中，所用的测量方法和仪器设备应具有足够的最低可探测限，以保证能够较精确地测量出环境中有害物质的本底水平。

环境本底调查的时间至少持续一年，所采的样品应予以保留以备后用。本底资料是评价常规监测结果的重要依据。

（2）常规监测。常规监测的目的：①主要了解核电厂运行中对周围环境的污染程度、污染规律和污染趋向；②估算公众中个人所受有效剂量和集体有效剂量，评价由于污染可能带来的危害和深远影响；③检验废物治理效能，并为改进废物治理措施提供科学依据。

常规监测方案的设计包括：监测范围、监测点的布置和数量、采样以及频度、样品种类、分析方法、分析测量的核素，以及质量保证等项目。

（二）环境监测方法

（1）就地监测。就地监测按测量射线的种类可分为γ、β、α以及中子的监测，以γ为主。γ射线监测又分为γ剂量监测和γ放射性浓度监测。γ剂量监测主要使用γ照射量率仪，它以盖革——弥勒计数器、闪烁计数器、电离室和硅半导体探测器为探头。

（2）实验室监测。实验室监测方法包括样品的收集和制备及物理测量。样品的收集和制备包括：水的取样、沉积物取样、食物和陆地生物取样、水生物取样和沉降取样。

测量中要注意测量相同的误差来源和最小可探测放射性量。

（三）环境监测质量保证

质量保证应该贯穿环境监测的全过程，包括样品采集、运输、储存、处理、分离、纯化、测量、数据处理与结果分析等。这里简单介绍与实验室测量有关的质量控制措施。

（1）新安装或经维修过的测量装置，使用前必须进行性能调试、检定和校准。

（2）对常规使用的测量装置的主要性能应进行常规检验。

（3）检定、校准所采用的标准源、标准仪器，应根据国家检定的准确等级正确使用。

（4）测量装置的性能检验结果，应该在质量控制记录上记载下来，并画在质量控制图上。当发现检验值落在与3倍标准偏差相应的控制限以外，或连续2次落在与2倍标准偏差相应的控制限以外时，应查对原因，重新进行校准。

（5）为了发现本实验室分析测量中产生的系统不确定度，必须参加国家或本系统主管部门组织的实验室间的分析测量比对。

（6）测量条件和质量控制情况（如采用的标准源、测量仪器性能刻度、标准、检验、维修情况，参考源的制备情况等）都应详细、准确记录，并妥善保存。

（7）从事测量的工作人员，对测量装置、测量方法应有相应的知识和技术水平，并应定期进行培训和考核。

（四）环境质量评价

一个核电厂排放到环境中去的放射性物质，对人们的照射途径是多种多样的。在这些途径中，必然有一个或两个途径对人体的照射比其他途径更重要，这样的照射途径叫做关键照射途径；核企业排放到环境中的核素，也必然只有一种或两种核素通过关键照射途径对人体发生危害，比其他核素更重要，这些核素就叫做关键核素；关键核素通过关键照射途径对公众产生的剂量当量也是不相同的，其中必有一组公众，由于他们的职业、生活习惯，居住位置、年龄等原因使他们所接受照射高于其他的公众组，这组公众就叫做关键人群组。因此，为了获得可靠资料，便于进行评价，在制订鉴别方案时必须考虑关键照射途径、关键核素和关键人群组。

评价放射性核素排入环境后对环境质量的影响，其主要内容一方面是估算“关键人群组”中个人平均受到的有效剂量和剂量当量负担。另外，还需估算整个受照人群的集体有效剂量和剂量当量负担，并与相应的剂量限值比较，这就需要估算放射性核素进入环境后使人体受照的各种途径，用一些由合理假设构成的模式近似表征出来。整个平均模式要能表征出待排的放射性核素的理化性质和状态，载带介质的输送与弥散能力，照射途径和食物链的特征以及人体对放射性物质的摄入和代谢特征。

第四章

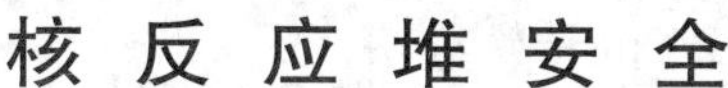

核反应堆安全

第一节　核安全的基本概念

一、核安全的定义

安全意味着对潜藏的危害提供一种保护或防范措施，使被保护者感到可信、可靠。核安全就是核设施在其设计、制造、运行及停役期间为保护公众及环境免受可能的放射性危害所采取的所有措施的总和。这些措施包括：①确保核设施的正常运行；②预防事故的发生；③限制可能的事故后果。

核电厂正常运行期间，必须严格控制对环境的放射性废液及废气排放。这一控制包括对废物的取样分析，精确地知道放射性产物的排放浓度，使其排放低于根据国家环保部规定的年排放量控制值而制定的排放标准。如果分析结果表明放射性产物的排放浓度高于规定的标准，必须对其进行再处理，直到满足要求为止。国家环保部对核电厂放射性废物的年排放量有严格的要求。这一措施便保证了核电厂正常运行期间对公众和环境的保护。实际上，正常运行期间放射性排放量是非常小的。

核安全定义中所说的措施包括了设备、人员及组织管理三方面的内容。

(1) 核安全取决于设备的可靠性。核电厂设备的设计，加上所使用的规程及自动化的实施，使这些设备发生故障而导致事故的可能性降到最低。

如果某类设备万一发生缺陷，那么，核电厂的其他设备能确保限制事故发生的概率和降低事故的后果。

(2) 核安全取决于人的行为。设计及运行核电厂设备的人员，其专业技能将通过以下两方面的训练获得，即：①相应的专业及责任心的训练；②核安全文化的训练，这使他们明白每一项活动的重要性。

核电厂的执行人员必须具有严谨的工作作风和时刻保持警觉的工作态度，管理机构必须能够适应核安全方面的要求。

(3) 核安全取决于工作组织与管理的有效性。如果核电厂工作人员的生产活动不能在适当的工作环境中进行（这种环境取决于管理机构），核安全的保证也无从谈起。同时，这个管理机构必须包含一个质量系统，它能保证以下几方面的内容：①严格的责任分工；②严密合理的工作质量控制；③情况需要时，人力物力的供应（如应急计划等）。

这些措施的应用在核电厂的设计、建造、运行及退役期间都是同样重要的。

为了保证较高的核安全水平，应采取多种多样的且相互独立的措施。当某类措施失效时，其他的措施能有效地防止事故的发生或限制事故引起的后果。这些措施的总和就是后面分析的纵深防御原理。

二、纵深防御

1. 定义

纵深防御原则就是考虑到技术的、人为的以及组织管理上的失效，而为此设立的多层次防御线。一般说来，对于任一失效均有三道防线加以预防。但也有例外的情况，如对压力容器的破损，目前在结构上还不可能考虑设置多重的防线，因此，就必须采取其他的防御措施以加强对这一事故的防御。

压力容器的纵深防御采用以下的特殊办法。

第一道防御必须考虑：①部件、材料的选择；②设计、计算的裕度；③对制造质量的严格控制。

第二道防御必须加强对以下项目的控制：①使用过程中的在役检查，包括无损探伤；②材料受辐照程度。

纵深防御原则是一种贯穿于核电厂整个寿期（包括退役在内）各个阶段内各项生产活动的安全设计思想。

纵深防御的每道防线必须可靠并尽可能地相互独立。每一道防线都必须作为最后一道防线来考虑。其三道防线可以简述为①预防：防止缺陷的产生；②监督：通过控制、测试和监测等手段提前或及时发现设备缺陷；③行动和措施：限制缺陷出现的后果并避免其重复出现。

2. 三道屏障

根据纵深防御的设计原则，核电厂在放射性产物与人所处的环境之间，设置了多道屏障，力求最大限度地包容放射性物质，尽可能减少放射性物质向周围环境的释放。屏障的数量和性能取决于风险的大小。当反应堆运行时，有以下三道屏障：①燃料元件包壳；②一回路压力边界；③安全壳。

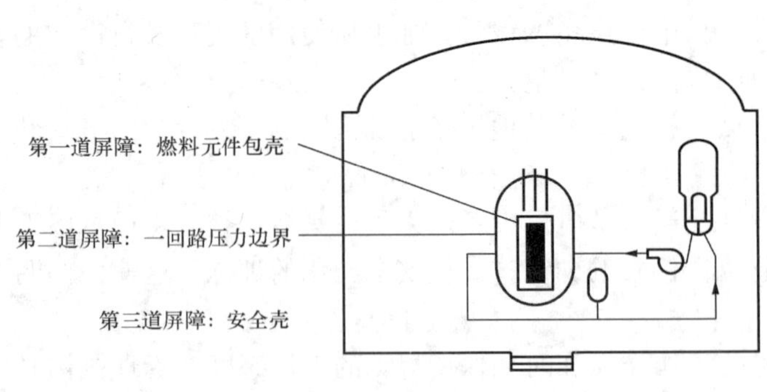

图 4-1　核电站的三道屏障

如图 4-1 所示，在核电厂的设计与运行过程中，应最大限度地保障这三道屏障的完整性，但绝对的密封是不可能的。下面我们将分别介绍这三道屏障。

(1) 燃料元件包壳。例如秦山二期 650MW 的压水堆堆芯有 31 944 根燃料元件（整个反应堆堆芯包含 12 个燃料组件，每个燃料组件有 264 根燃料棒），这些燃料元件的包壳就构成了核电厂的第一道屏障。

裂变产物有固态的也有气态的，它们中的绝大部分都被包容在二氧化铀燃料芯块内，只有气态的裂变产物能部分地扩散出芯块，进入芯块和包壳之间的间隙内。燃料元件包壳的工作条件相当苛刻，它既要受到强烈中子辐照、高温高速冷却剂的腐蚀、侵蚀，又要受到热的、机械的应力作用。

第一道屏障缺陷就是包壳的破损，上面的工作条件都可能造成这一破损。包壳一旦破损，裂变产物就将穿过包壳进入一回路冷却剂中。

经过精心设计和精心选择材料及加工工艺，统计资料表明，正常运行时，包壳的破损率低于0.06%。

(2) 一回路压力边界。第二道屏障：一回路压力边界将放射性产物包容在一回路冷却剂内。保障压力边界完整性的手段之一是减少可能存在的泄漏。当余热排出系统（RRA）连接到一回路上后，一回路压力边界便扩大了。

(3) 安全壳。安全壳即包容一回路的主厂房。它将反应堆、冷却剂系统的主要设备和主管道包容在内。它能阻止放射性产物向环境的释放，构成了反应堆与环境之间的最后一道屏障。这三道屏障就像“俄罗斯娃娃”玩具一样一个套着一个，即元件包壳装在一回路边界里，整个一回路边界又被安全壳所包容。

安全壳包括：①反应堆主厂房本身，它是由带钢内衬的钢筋混凝土壁组成的。②安全壳贯穿件，包括设备、材料出入舱、人员进出舱、电缆、管道贯穿件，所有这些贯穿件的设计均是尽可能密封和完整的。对于管道贯穿件，在安全壳的内外侧均安装有隔离阀或止回阀，以保证安全壳的密封和完整性。③同时第三道屏障还可以延伸至如图4-2所示，它包括蒸汽发生器（SG）与反应堆厂房之间的管道，蒸汽发生器外壳，蒸汽发生器管板，蒸汽发生器U形管，给水管道，蒸汽发生器的排污与取样管道。

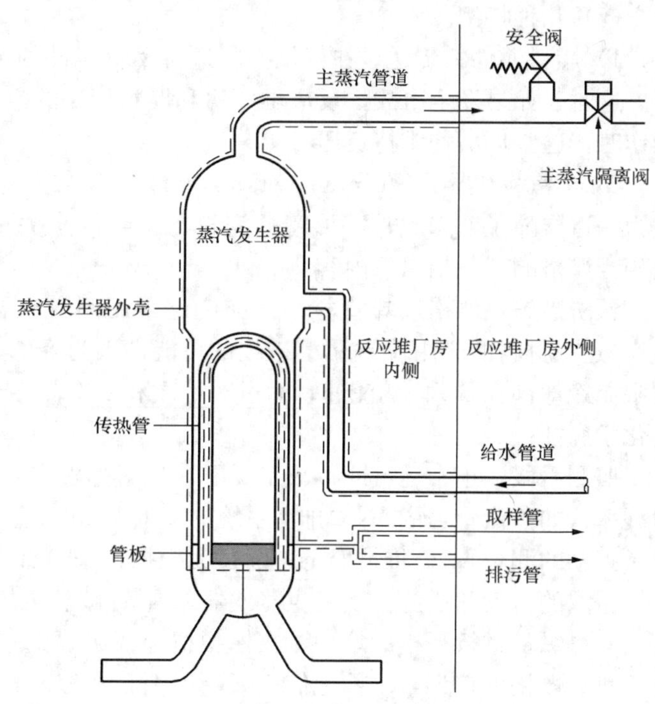

图4-2 安全壳的延伸

实际上，必须同时存在以下三个条件，放射性产物才有可能大量地向环境释放：①燃料元件有破损，或者燃料发生了熔化；②事故导致放射性产物向反应堆厂房内的释放，如一回路管道破裂；③安全壳的密封性丧失。

破裂事故可能使第二、第三两个条件同时存在，如果再有燃料元件包壳破损，就会有明显的放射性释放。

3. 三道屏障的泄漏率监测

在核电厂运行技术规格书（Technical specification）中，为了监督三道屏障的完整性，定义了一些参数限制值，同时也规定了当这些参数达到或超过限制值时应采取的措施。

第一道屏障：正常运行时，通过监视一回路冷却剂的放射性活度来监视第一道屏障的完整性。因为一回路的放射性水平与元件包壳的完整性密切相关。

第二道屏障：正常运行时，通过估算一回路冷却剂的泄漏流量来监测一回路边界（即第二道屏障）的完整性，技术规格书规定，一回路的泄漏流量不得超过如下数值：总泄漏率小于2300L/h，总泄漏率包括定量泄漏率和非定量泄漏率，所谓定量泄漏，是指泄漏点已明确知道，且泄漏能加以回收的泄漏。非定量泄漏是指泄漏点不能确切知道的泄漏。非定量泄漏率小于 230L/h。

第三道屏障：正常运行期间，将利用安全壳泄漏率监测系统对安全壳的泄漏量进行监测。

安全壳所承受的压力是根据假想的大破口失水事故和主蒸汽管道断裂事故所达到的峰值压力来设计的。

每 10 年将对安全壳进行一次空气打压密封性试验，同时检查安全壳空气泄漏率。通过用压缩空气使安全壳充压到 0.45MPa（绝对压力）来进行密封性能试验。

此外，每次停堆检修，均要对安全壳贯穿件进行密封性试验。

（5）几种特例。

1）燃料元件的传送。在停堆换料进行燃料元件的传送时二回路边界这道屏障并不起作用。这时，如果发生事故，反应堆厂房和燃料厂房的空气将通过碘过滤器过滤处理。且换料操作时，这些厂房均维持负压。

2）蒸汽发生器（Steam Generator，SG）。第二与第三道屏障在 SG 的 U 形管处便融合成为一道屏障了，因此，U 形管的完整与密封性至关重要。为维护其完整所采取的措施也是相当严格的，包括以下内容：

预防措施：严格选择管材，目前广泛采用因科镍合金 690，代替了原先的因科镍合金 600，这一材料的应用使 U 形管破损的可能性大为降低；为了防止 U 形管振动，采用防振架并限制冷却剂在 SG 内的流速；通过对一次和二次侧冷却剂的化学品质控制，减少对 U 形管的化学腐蚀。

监测手段：正常运行或事故工况下，通过监测二次侧冷却剂的放射性来测量 U 形管的泄漏率（如蒸汽管道的 ^{16}N，排污系统的 γ 监测等）；正常运行时，监测冷却剂中的异物（对异常振动的测量）；停堆情况下，通过无损探伤来检查 U 形管的完好状态。

采取的行动和措施：当发生蒸发器 U 形管破裂事故（SGTR）时，执行事先已备好的规程；对操纵员进行严格的培训，在模拟机上操纵员通过使用蒸发器 U 形管断裂事故的处理规程进行严格的培训，培养他们判断、识别和处理这类事故的技能。

三、核安全的三大功能

反应堆在运行过程中产生的裂变物质包容在燃料芯块及芯块与包壳之间的缝隙中。为了防止这些放射性产物的外泄，就必须保证燃料包壳的完整性，避免包壳的破损和燃料芯块的熔化。只有当反应堆正常运行时导出堆芯的裂变能，或反应堆停闭时导出堆芯的剩余功率，才能达到这一目的。

如果下面的两个条件得以满足，就说明反应堆运行时产生的裂变能得以疏导：

（1）通过对链式裂变反应的控制，使反应堆的功率保持稳定，这就是反应性控制；

（2）与这一裂变能匹配的冷却控制系统。

实际上，由于燃料包壳不是绝对密封的，包壳内的裂变产物仍然有少量的穿过包壳，扩散到一回路冷却剂中。此外，事故研究中，还要考虑屏障的缺陷。对放射性裂变产物的屏障控制就是保证核电厂正常运行和事故工况下防止裂变产物向环境的释放。

核安全三大功能的保证是保护公众和环境的根本：①它们是保证三大屏障完整性的根本；②如果三大屏障出现缺陷，它们能限制缺陷所带来的后果。

核安全三大功能如图 4-3 所示。

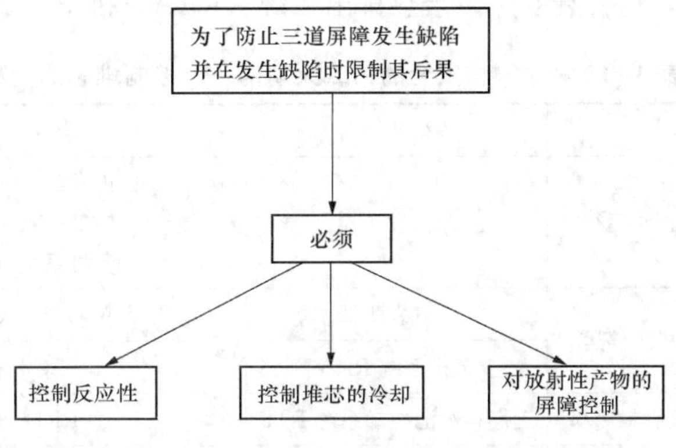

图 4-3　核安全的三大功能

1. 第一大功能：控制反应性

(1) 正常运行。核电厂的运行，就是任何时刻控制堆芯产生的裂变能以满足电网的要求，也就是说通过向堆芯添加或减少中子吸收剂，控制堆内链式裂变反应的产生。这就是控制反应性。

压水堆核电厂控制反应性的方法有两种：①通过控制棒控制；②通过增减冷却剂内的可燃毒物、硼酸浓度控制。

堆内的硼酸浓度由硼表进行在线监测，如图 4-4 所示。

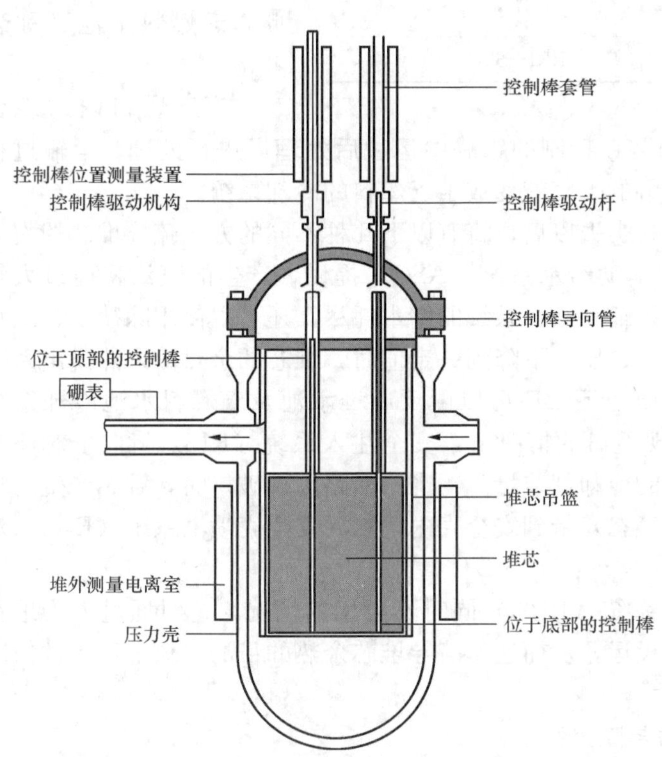

图 4-4　核安全的第一大功能——反应性控制

(2) 事故工况。任何链式裂变反应的不正常增加，都将会被堆外中子测量系统（RPN）所探测，并给运行人员发出警报，必要时则产生自动停堆信号，使控制棒落入堆芯以中止链式裂变反应。

在蒸汽管道破裂或其他蒸汽需求不正常增加的事故情况下，由于一回路过冷，导致反应性的不可控增加，这时安全注入系统将会动作，将高浓度的硼酸液注入堆芯以中止链式裂变反应。

2. 第二大功能：控制堆芯的冷却（见表 4-1）

(1) 正常冷却。核电厂正常运行时，由主泵保证一回路冷却剂在堆内的强迫循环，蒸汽发生器将堆芯产生的热量传递给二次侧冷却剂。

二次侧冷却剂吸收蒸汽发生器所传递的热量并蒸发，蒸汽推动汽轮发电机组做功后，在冷凝器中凝结，这一凝结水再作为供水重新注入蒸汽发生器参加下一汽水循环过程。

当有些运行工况如冷凝器不可用时，蒸发器的给水将由辅助给水系统（ASG）提供，并将吸收一回路的热量所产生的蒸汽通过大气旁排系统 GCT 排入大气。

(2) 机组停运。当反应堆停闭时，尽管链式裂变反应已经中止，但堆内的裂变产物仍有衰变热产生，这就是我们所说的剩余功率。这一剩余功率是通过以下方法疏导的：首先，与正常运行一样，这一衰变热通过蒸汽发生器疏导。其次，当一回路的温度压力降到一定值时，这一衰变热由余热排出系统（RRA）排出。

表 4-1 核安全的第二大功能——控制堆芯的冷却

	系统或设备	热阱
正常运行	蒸汽发生器	正常给水（ARE） 辅助给水（ASG） 旁排系统（GCT）
机组停运	蒸汽发生器	ASG + GCT－A
	余排系统 RRA	SEC+RRI
乏燃料冷却	乏燃料水池冷却系统 PTR	RRI+SEC
事故工况	蒸汽发生器	ASG 储水、除盐水、生水、GCT－A
	余热排出系统 RRA	RRI+SEC
	安注系统 RIS	PTR
	安喷系统 EAS	RRI+SEC

（3）乏燃料的冷却。从堆芯卸出的乏燃料组件，将至少在燃料厂房内的乏燃料水池中储存几个月，这些乏燃料同样存在衰变热。其冷却是由乏燃料水池冷却系统（PTR）实现的。

乏燃料在水池中的储存，使乏燃料内的裂变产物得以衰变。因此，乏燃料水池又称衰变池。

当乏燃料内的裂变产物衰变至一定程度之后，就将它们装在特制的铅罐中运往后处理厂进行处理。运输过程中，铅罐将起到屏障作用，与铅罐接触的大气就变成了乏燃料的冷却系统。

（4）事故工况。当正常的冷却方式丧失以后，将有以下几种不同的方法疏导堆芯的裂变能，它们是：①蒸汽发生器的给水由辅助给水系统（ASG）提供，产生的蒸汽将通过大气旁排系统排入大气。特殊情况下，如果辅助给水系统的储水耗尽，还可以使用除盐水、生水作为蒸发器的供水。②当一回路的温度、压力下降到一定值时，堆芯的余热由余热排出系统（RRA）保证冷却。一回路处于大气压力下，还可以由反应堆水池及乏燃料水池冷却系统（PTR）来疏导余热。③蒸汽管道出现破口的情况下，安全注入系统（RIS）将向堆芯注入含硼水，以补偿由于堆芯过冷所丧失的冷却剂装量。④当一回路出现破口时，堆芯产生的功率将通过破口流出的冷却剂（液态或气态）带到安全壳内，然后安全壳喷淋系统（EAS）对这一流失的冷却剂进行循环冷却。

如果出现蒸汽发生器和余热排出系统（RRA）同时不可用的情况，这时通过人为地在一回路上造成破口，使安全注入系统投运，从而达到疏导堆芯余热的目的。核电厂各种情况下的冷却控制可归纳为如表 4-1 所示。

3. 第三大功能：对放射性产物的屏障控制

对放射性产物的屏障控制如图 4-5 所示，对核安全这一功能必须时刻加以注意，这一功能的完整，对保证公众与环境免受放射性辐照的危害至关重要。不仅三道屏障直接参与了这一功能的实现，其他的一些辅助系统也使这一功能得以完善。

事实上，正常运行时，少量的裂变产物（元件包壳存在轻微裂纹的情况下）以及活化产物将会进入位于核辅助厂房的一些辅助系统内，比如化学与容积控制系统（RCV）及乏燃料水池，这些放射性产物主要以液态或气态的形式存在。因此，核电厂在其核辅助厂房内设计了收集、处理、储存和控制这些放射性废物的系统。这些经过处理、储存后的废液和废气达到排放标准后，通过监测和控制才向环境排放。

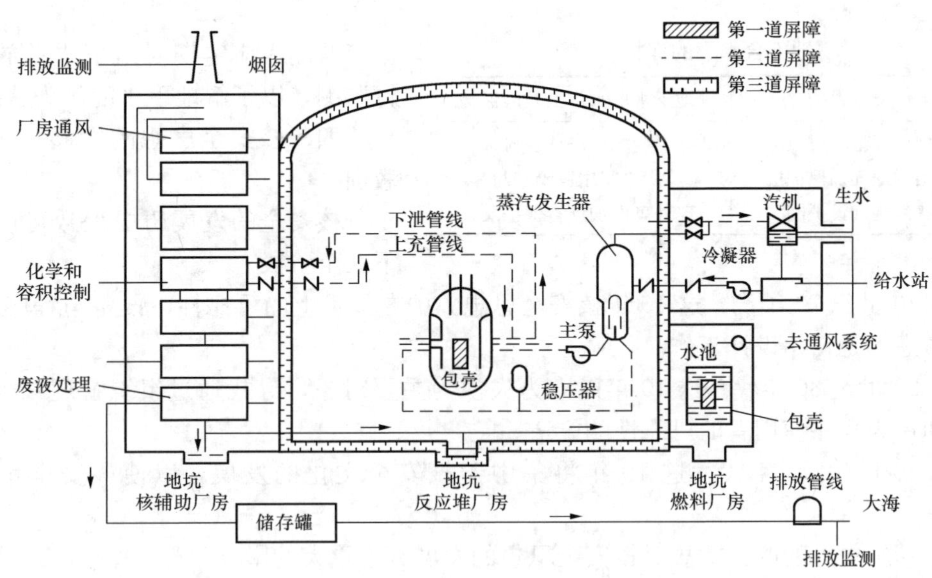

图 4-5 核安全的第三大功能——对放射性产物的屏障控制

这些收集、处理和储存放射性废物的系统也提供了放射性产物屏障控制的功能。

这些系统有的由设备冷却水系统（RRI）冷却，有的由辅助蒸汽系统（SVA）加热。RRI 和 SVA 这两个系统也参与了对放射性产物的屏障控制。

（1）正常运行。机组正常运行时，核安全的放射性产物屏障控制的功能通过下列方法加以保证，即：①保持现场或厂房的相对负压，防止放射性气体或尘埃向其他区域的扩散。对存在放射性碘的区域也同样保持与周围其他区域的负压。②通过放射性废气、废液收集系统收集带放射性的气体并传送到废气处理系统（TEG）进行处理、储存和监控。待放射性衰变到可接受水平后，送到装备有过滤器和碘吸附装置的烟囱进行监控排放。低放射性废气经过过滤后可直接通过烟囱排放。③放射性废液由废气与废液收集系统收集后，送到硼回收系统（TEP）或废液处理系统（TEU）进行过滤、除盐、除气、蒸发和储存监测后，传送到废液排放系统（TER）储存罐储存。通过取样分析达到环保部门要求的排放标准后，再向环境进行监控排放。

另外，还对这些废物处理与储存系统的密封性进行在线的放射性监测。这一监测是通过对现场及辅助系统（设备冷却水系统 RRI，辅助蒸汽系统 SVA）的放射性在线测量来实现的。

（2）事故工况。事故情况下，下列系统或装置将参与放射性产物屏障控制的功能，它们是：①反应堆紧急停堆系统（对第一道屏障而言）。②稳压器安全阀（对第二道屏障而言）。③对于第三道屏障，则有如下系统或装置：安全壳自动隔离；安全壳喷淋系统（用来减少放射性碘及降低安全壳压力）；氢气复合系统（ETY）（消除失水事故情况产生的氢气，防止可能出现的氢爆）；沙堆过滤器（防止安全壳超压）；安全壳内废气及废液的泄漏分别由碘过滤通风及废液系统（RPE）收集后重新打回安全壳。

放射性产物屏障控制的特例：地下含水层的保护。

任何情况下，应避免对地下水的放射性污染。为加强这一保护采取了以下两类保护措施

（见表 4-2）。

表 4-2 地下含水层的保护

地下水层的保护	地下水层水位上升的保护
反应堆厂房地基衬板 对最低层的地面加保护层 储存罐外围加设护围	反应堆厂房地基衬板 厂房之间用橡胶密封环 外砌面加沥青保护层

监测：应定期对地下水的放射性进行监测，以了解地下水的污染状况。

四、核安全思想的发展——经验与教训

核安全的发展历史大致可以分为以下三个阶段。

（1）20 世纪 70 年代。这 10 年核安全思想集中在技术上的可靠性，设备与程序的质量，即优先考虑的是初始设计工作。

（2）20 世纪 80 年代。这 10 年以人为失误为主要对象，寻找通过组织管理减少人为失误，增加作为程序使用者的可靠性的方法。

（3）20 世纪 90 年代。这 10 年将集中于核安全文化的发展，以使核安全水平得到改善。

核电厂历史上的两大事故对核安全思想的发展有着重大的影响，即 1979 年 3 月 28 日发生在美国的三里岛事故；1986 年 4 月 26 日发生在乌克兰的切尔诺贝利事故。

1.20 世纪 70 年代——设备与程序

20 世纪 70 年代投运的核电厂，重点考虑的是设计的、设备的以及程序的质量。

设计过程中，采取了许多设备和措施以防止事故的发生及限制事故发生的后果。认为所有的意外均在设计考虑中，运行人员只要将机组维持在原设计的水平上，就可以保证安全。

程序的采用是为了减少人为错误的可能性，但程序将人的作用限制到最小程度，人们通常只是被要求使用这些程序而已。

2.20 世纪 80 年代——人因

（1）三里岛事故。与大亚湾核电站及秦山核电站相类似，三里岛核电站采用的也是轻水型压水堆堆型，不过这种早期的设计存在许多薄弱环节。

事故是以丧失第二道屏障开始的。一个稳压器的安全阀开启后不能回座。然后，由于采取的行动不得当，堆芯的冷却没有及时得到保证，造成了堆芯的部分熔化，也就是说，失去了第一道屏障。

幸运的是第三道屏障充分地发挥了其功能。仅仅由于反应堆地坑的水自动传输到核辅助厂房，导致了向环境轻微的放射性泄漏。

（2）三里岛事故的教训：有效的管理可以减少人为失误。三里事岛事故的根本原因是人因问题。人们发现三里岛核电厂的设计本身就存在缺陷，比如，主控室的人机接口不完善，相关的仪表指示不能真实地反映所监测的物理现象等。此外，人员培训的不足，相应的事故处理规程不适应，工作方法不当以及缺乏足够的经验都是导致这次事故产生的重要因素。

进入 20 世纪 80 年代，考虑到运行过程中人为失误的可能，从组织管理上采取了相应的措施以减少人为失误的机会。下面就是为此增加的防御线的内容：①在运行值以外增设安全工程师岗位，以便在异常工况下提供人为的冗余。周期性地使用其监督程序对堆芯的状况进行监督，决定采取相应的措施，限制或延缓堆芯的损伤，其监督独立于运行值的活动。②在

各种重要的生产活动中设置“停工待检点”（或称“状态控制点”）以加强监督。③组织相应的“再鉴定”试验，最后一道管理防线用来验证相应活动的正确性，探测潜在的失误。④在模拟机上对操纵人员进行定期的再培训，使他们不仅熟悉正常运行工况，同时也能应付各种不同的事故工况。⑤改善主控室的人机接口。⑥将必要的信息集中在安全监督盘系统（KPS），操纵员、安全工程师、应急支持中心（在法国为国家应急中心）各拥有一个终端。⑦在主控室增加必要的参数监测和欠热度（ΔT_{sat}）测量仪。⑧更换稳压器安全阀，使其在水一汽并存的工作条件下仍能回座（SEBIM 阀）。

3. 20 世纪 90 年代——核安全文化

（1）切尔诺贝利事故。与秦山二期压水堆（PWR）不同，切尔诺贝利核电站采取的是石墨水冷堆型（RBMK）。

由于一连串的失误，使反应堆过热。堆内冷却剂的沸腾带来的空泡正效应使反应堆的功率迅速增长，堆芯能量的剧烈释放造成了反应堆及其厂房的爆炸以及放射性的严重泄漏。

从这一事故可以看出，切尔诺贝利核电站反应堆违反了反应堆控制中的安全原则和多道放射性屏障的原理：①这种类型的堆芯，如果冷却剂一旦沸腾，在某种工况下，空泡的产生将使反应性增加，而反应性的增加使得堆功率增加，堆能量的释放失控，反应堆不稳定；②反应堆厂房的设计没有考虑事故工况下能保证对放射性产物进行屏障的功能。

目前广泛应用的压水型反应堆由于其反应性的自稳性及有效的放射性屏障，其安全有效性明显优于前者。

切尔诺贝利事故是设计错误的结果，其事故的处理过程也暴露了前苏联核电厂运行人员的培训及其管理并没有吸取三里岛事故的教训。运行操作人员及管理的失误加上设计上的错误才导致了如此惨痛的悲剧。

（2）切尔诺贝利事故的教训——核安全文化。三里岛事故的发生表明，尽管有规程的支持，但仍有可能出现人为失误。三里岛事故以后，世界各地的核电厂营运者采取了许多的管理措施以限制人为失误带来的后果。但均没有提出这样一个问题，即从适当的工作方法上入手，从根本上限制人为失误的出现。表 4-3 所示为三里岛事故与切尔诺贝利事故的归纳与比较。

表 4-3　　三里岛事故与切尔诺贝利事故的归纳与比较（一）

	三里岛事故	切尔诺贝利事故
核安全功能缺陷	失去堆芯冷却功能	失去堆芯冷却的功能 失去反应性控制的功能 失去对放射性产物的屏障功能
三道屏障缺陷	失去第一道屏障； 有限的失去第二道屏障； 第三道屏障完好；	立即同时失去第一和第二道屏障； 设计没有考虑第三道屏障能对放射性产物的有效包容
后果	轻微的放射性泄漏，未对附近居民造成放射性后果	堆芯大部分放射性产物的释放，大面积的沾污，附近的几个欧洲国家，均可测到其污染；人员伤亡

完整的核安全图像就是这样逐步得以建立的。管理层所采取的措施及人员对核安全的参与，完善和加强了设备及其管理方面的安全措施，这一新的对核安全的理解，就形成了“核安全文化”的概念。

切尔诺贝利核电站事故是引发“核安全文化”这一概念的起因，为此，国际原子能机构

（IAEA）的国际安全咨询组（INSAG）出版了一份报告即INSAG-4，详尽地阐述了“核安全文化”这一概念。

（3）INSAG-4介绍。INSAG-4报告对核安全文化做出了如下的定义，即核安全文化是存在于单位和个人中的种种特性和态度的总和，它建立一种超出一切之上的观念，即核电厂安全问题由于它的重要性要保证得到应有的重视。

如图4-6所示，核安全文化是所有从事与核安全相关工作的人员参与的结果，它包括电厂员工、电厂管理人员及政府决策层。

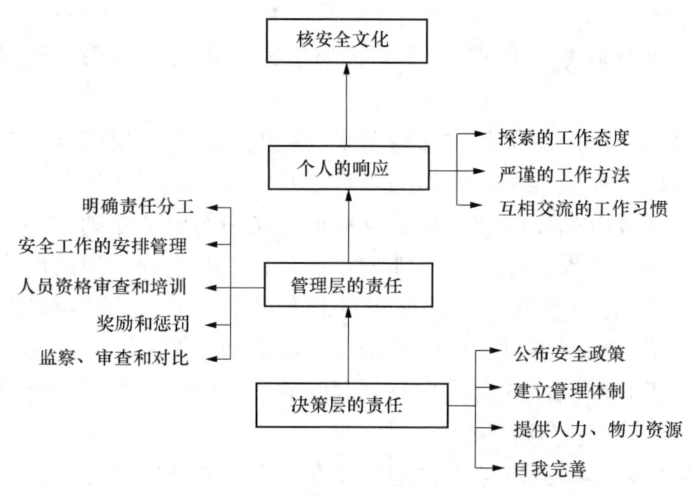

图4-6 核安全文化的内容

与核安全相比，核安全文化是一种意识形态：人们对其价值的认同，人们考虑它的优先次序，人们为它所作的贡献。这种意识形态培养着人们的工作态度和方法。

换句话说，核安全文化不仅仅是专业性和严密性的问题，而且与行为密切相关。但是，人的行为取决于人与人之间的相互关系，核安全文化不仅是个人和整体的安全态度，而且是与管理作风密切相关的。核安全文化作用于或体现在下列两个领域：①核电厂领导阶层和国家政策方面；②个体的行为。

对管理决策层而言，他们必须通过自己的具体行动为每一个工作人员创造有益于核安全的工作环境，培养他们重视核安全的工作态度与责任心。领导层对核安全的参与必须是公开的，而且有明确的态度。

对个人而言，必须具有质疑和探索工作态度，严谨的工作方法以及必要的相互交流。

只有各个层次的人在自己的岗位上尽职尽责，满足核安全的要求，核安全文化才会得到发展和提高。

INSAG-4对各个层次的人员均定义了他们的责任，这些定义包括以下几条。

（1）对政府决策层而言必须做到：①制定核安全政策，这些政策是全体工作人员的行动指南，是营运单位的工作目标，它应明确单位领导对安全的承诺；②明确核安全职责；③建立独立的梯级安全监督部门；④提供核安全所需的充足称职的人力资源。

（2）对营运单位管理层而言，他们的职责是：①明确和定义各级的责任和分工；②制定并检查工作方法；③对人员进行资格审查和培训；④建立合理的奖惩制度；⑤建立和实施完整的监察、审查和对比的措施，例如对培训计划、人事任命程序、工作方法、文件管理和质保系统等定期审查。

（3）对个人而言，应该具有以下的优良品质：①探索的工作态度；②严谨的工作方法；③互相交流的工作习惯。

INSAG-4清楚的论述了核安全文化对各级人员的要求及其责任：①凡事都要问个为什

么，不要满足已获得的结果，不要刻板地执行规定而要游刃有余；②谨慎、严密、自我约束，严格自我要求，行为踏实有效，对自己的行为负责；③互相交流的工作习惯、信息透明、积极参与、发现错误及重视经验反馈。

以上这些同时适用于管理人员、核电厂一切人员，也包括外部承包商。表 4-4 所示为三里岛事故与切尔诺贝利事故的归纳与比较。

表 4-4　三里岛事故与切尔诺贝利事故的归纳与比较（二）

三里岛事故				
外部环境	设　计	运　行	人　因	管　理
时间：深夜 起因：核电站启动	主控室人机接口不完善； 指示错误； 无辅助事故诊断功能	无相应的事故处理规程； 无准备处理事故； 无应急计划； 缺乏必要的培训	干预错误； 没有监视冷却剂的装置； 对物理现象的理解不足	缺乏安全意识； 没有经验反馈； 没有足够的外部控制； 没有足够的严肃性和运行管理
切尔诺贝利事故				
外部环境	设　计	运　行	人　因	管　理
时间：深夜 起因：电网调度的干预； 较好的利用率有奖励	堆芯不稳定； 控制系统复杂； 反应堆厂房的设计不能在事故情况下保证对放射性产物的屏障	试验过程先入为主； 无确切的事故处理规程； 没有对事故处理的培训	违反规程； 缺乏事故处理的培训； 无核安全文化意识	缺乏对潜在事故的分析和研究； 缺乏外部控制和监察； 无经验反馈； 无足够的严肃性和运行质量

个　人　行　为		
探索的工作态度	严谨的工作方法	相互交流的工作习惯
我了解这项工作任务吗？ 我的责任是什么？ 它们和安全的关系如何？ 我具备完成任务的必要技能吗？ 其他人的责任是什么？ 有什么异常情况？ 我是否需要帮助？ 会出什么错？ 出现失误会造成什么后果？ 应该怎样防止失误？ 万一出现故障，我该怎么办？	弄懂工作程序； 按程序办事； 对意外情况保持警惕； 出现问题停下来思考； 必要时，请求帮助； 追求纪律性、时间性和条理性； 谨慎小心地工作； 切忌贪图省事	从他人处获取信息； 向他人传送信息； 无论是正常状态还是异常情况都要汇报工作结果，并作书面记录； 提出新的安全建议

第二节　设计期间的核安全考虑

一、纵深防御设计思想——两种不同但互补的安全分析方法

1. 确定论方法

核电厂的设计基本上以确定论方法的分析结果为依据。

确定论方法的基本思想，是根据纵深防御的原则，除了反应堆设计得尽可能安全可靠外，还设置了多重的专设安全设施，以便在一旦发生最大假想事故情况下，依靠安全设施，能将事故后果减至最轻程度。在设计确定安全设施的种类、容量和响应速度时，需要一个参考的假想事故作为设计基础，并将这一事故看作最大可信事故，通过合理的分析计算，若能相信所设置的安全设施能防范这一事故，则必定能防范其他各种事故。这类假想事故又称为设计基准事故。确定论方法后来得到了概率风险理论的补充。

2. 概率风险理论

概率风险评价法（PRA）是应用概率风险理论对核电厂安全性进行评价，这是近年来发展的一种新的评价方法。确定论法是根据以往的经验和社会可接受程度，人为地将事故分为可信与不可信两类，而 PRA 法则认为事故并不存在可信与不可信的截然界限，仅仅是事故发生的概率有大小之别。

根据始发事件（如瞬态、破口、蒸汽发生器 U 形管断裂……）的发生频率，PRA 通过对核安全功能的完整与失效估算来研究，限制由于这些始发事件的产生所带来的可能后果。安全功能的完整与失效的概率取决于系统的可靠性（通过运行经验的积累）以及操纵员的反应（通过模拟机试验得到）。此外，PRA 方法也计算每一次始发事件导致堆芯熔化的概率（一级 PRA）或导致放射性产物对环境释放的概率（二级 PRA），概率风险理论作为确定论的补充，它可以寻找出设计过程中的薄弱环节并加以纠正。它的分析表明始发事件虽不是设计基准事故，但有必要加以防范，如全厂断电事故。

同样，考虑到极限事故（如堆芯熔化）的可能性等。

二、可接受风险的定义

风险是指人们从事的某项活动，在一定的时间内给人类带来的危害。这种危害不仅取决于事件发生的频率，而且还与事件发生后所引起后果的大小有关。

就核电厂而言，其风险主要来自事故工况下向环境释放的放射性物质所导致的辐射危害。

人类从事各项活动的同时，不可避免地也将受到来自各种风险的威胁，为了减轻核电厂给人类带来的风险，设置有一系列的安全系统，力图达到绝对安全。事实上，要完全消除某一项工业活动风险是不现实的，设计者只是为了减低事故发生的概率和减轻事故的后果，使风险达到可以接受的水平。

核电厂的设计原则是，采取必要的措施避免事故的发生或限制事故发生后带来的后果，即事故后果对环境的影响愈大，其出现的频率就应该愈小，换言之，对于后果巨大的事故其出现的频率应极小，而频率高的事故所产生的后果应很小，这样的风险是人们可以接受的风险。

三、设计考虑的事件

1. 外部及内部事件

核电厂厂房、系统及设备的设计和配置，是根据确定论法的设计原则，考虑到电厂内部及外部的事件进行的。这些事件包括：①内部事件：系统与设备的故障引起的事故；内部侵害事件，如火灾，由于某些流体系统泄漏导致的内涝等；②外部事件：如地震、洪水、爆炸、冰冻、飞机坠落等。

2. 运行工况分类

确定论法设计原理中，把一系列的设计基准事件依据它们出现的频率进行了分类。为了简化研究与设计，在每类事件中选取一包络事件，也就是我们所说的最大可信事件。这些包络事件所产生的后果在同类事件中是最大的。

因此，确定论法理论认为所采取的措施只要能防范包络事件，则必定能防范同类事件中的其他事件。

这些事件分成四类，表 4－5 所示为核电站事故工况分类一览。

表 4－5　　核电站事故工况分类一览表

<table>
<tr><th>工　况</th><th>出现的频率</th><th>放射性后果</th><th>对设计的影响</th><th>对运行的影响</th></tr>
<tr><td>Ⅰ
正常运行</td><td>$f=1$</td><td>放射性排放在环保局法规的允许范围内</td><td>第一、二道屏障及调节系统的设计，安全限值的确定，材料的选择</td><td>遵守运行技术规范的正常运行</td></tr>
<tr><td>Ⅱ
中等频率事件</td><td>$10^{-2}<f<1$</td><td>放射性排放在环保局法规的允许范围内</td><td rowspan="2">停堆保护系统的设计（从第二类工况起）；
专设安全设施的设计（从第二类工况起）；</td><td>机组停闭直至修复故障</td></tr>
<tr><td>Ⅲ
稀有事故</td><td>$10^{-4}<f<10^{-2}$</td><td>全身 5mSv；
甲状腺 15mSv；
几根元件损坏；
第二及第三道屏障完整</td><td>反应堆停闭较长时间以便修复缺陷，核电站现场周围出入无限制</td></tr>
<tr><td>Ⅳ
假想事故</td><td>$10^{-6}<f<10^{-4}$</td><td>后果严重；
全身 15mSv；
甲状腺 450mSv；
第三道屏障完整</td><td>第三道屏障的设计（从第四类工况起）</td><td>反应堆无限期停闭</td></tr>
</table>

（1）第一类工况：正常运行。包括：核电厂的正常启动，停闭和稳态运行；带有允许偏差的运行工况，如燃料元件包壳泄漏、一回路冷却剂泄漏等，但未超过技术规格书规定的最大允许值；运行瞬变，如允许范围内的负荷变化，孤岛运行，即从满功率甩负荷到厂用电。

（2）第二类工况：中等频率事件，或称预期运行事件。这是指在核电厂运行寿期内预计出现一次或数次偏离正常运行的所有运行过程。这类事件包括：不可控稀释；一组或一根控制棒落入堆芯；负荷全部丧失或汽轮发电机组脱扣；外部电源丧失；蒸汽发生器正常给水丧失；蒸汽发生器二次侧某一安全阀误开启等。

（3）第三类工况：稀有事故。在核电厂寿期间，这类事件极少出现，它的发生频率约为 10^{-2} 至 10^{-4} 次/（堆·a）。它包括：满功率时，一根控制棒不可控抽出；一回路小破口（当量直径为 9.5～25mm）；稳压器某安全阀误开启；化学与容积控制系统容控箱破裂（RCV）；放射性废气系统某个储气罐破裂（TEG）；单根蒸汽发生器 U 形管断裂等；

（4）第四类工况：假想事故。这类事故的频率为 10^{-4}～10^{-6} 次/（堆·a）。这类事故一旦发生，可能会释放出大量的放射性物质，所以在核电厂设计中必须加以考虑。这类事故包括：主蒸汽管道断裂；主给水管道断裂；一根控制棒弹出堆芯；一根蒸汽发生器 U 形管断裂加上同一蒸汽发生器上的某个安全阀卡在开启位置；一回路破口（当量直径大于 25mm）；

燃料装卸事故；废料罐装卸事故。

四、纵深防御在风险防范中的应用

目前核电厂设计中广泛采用的纵深防御措施，是由以下三道相继防线组成的（如图4-7所示）：

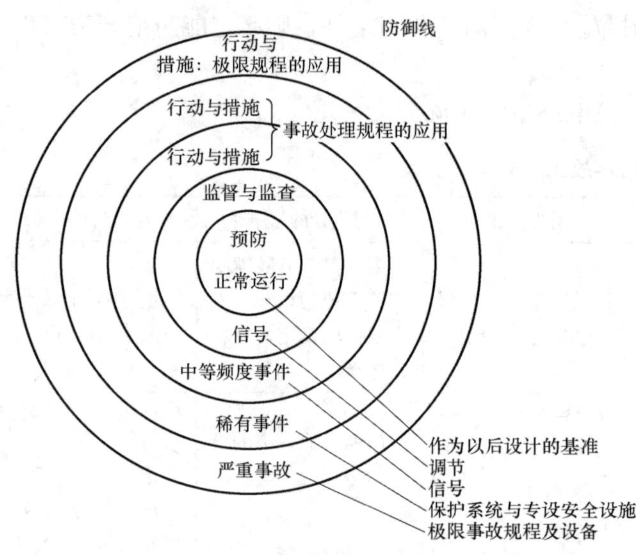

图4-7 纵深防御原理在设计中的应用

（1）第一道防线：预防。这道防线包括以下措施：在放射性产物与环境之间设置三道屏，即元件包壳、一回路压力边界和安全壳；定义了三大核安全功能，即反应性控制、冷却控制和屏蔽控制；通过对机组正常运行工况的研究，设计配备了温度、压力、热功率及核功率等调节系统，对相应参数的变化进行调节和控制，以保证机组的运行；通过对各种运行工况的研究，定义了各个设备的允许运行参数值；根据设备的安全等级，进行设计、计算、制造及再鉴定，以保证设备的可靠性；根据单一故障准则的原理，为某些设备及系统进行冗余设计；为了防止共模故障，采用实体隔离与多样化设计；对来自电厂内部及外部的侵害进行防范；设计和计算时考虑足够的裕量。

（2）第二道防线：监督与监测。这道防线的内容包括：在主控室安装各种仪表，如记录仪、指示器、信号灯等装置，使操纵人员能不断对系统参数进行监督；设置放射性废液及废气监测系统，以便对各道屏障的完整性进行监测；设计考虑了一系列措施对设备性能进行定期的测试，如定期试验等。

（3）第三道防线：行动和措施。这道防线的内容包括：通过对事故工况的研究、设计，配置了保护系统，如紧急停堆保护、安全阀等，当机组的参数变化超过调节系统的调节控制范围时，保护系统投入，以中止这些参数的快速变化；专设安全设施的配置参与了核安全三大功能实现；考虑到堆芯熔化这类极限事故，即前述的预防思想、监督、保护系统、专设安全设施都失效的话，设计了极限事故处理规程和必要的设备，如沙堆过滤器。

五、故障的预防

1. 核安全等级

核安全设备的分级涉及机械、电气及土建设备各个领域，其目的是为了在核电厂的设计、建造及运行过程中应遵守的严格要求程度建立理论依据。设备在核安全中的作用不同，对其要求也不相同。

以设备的安全等级为例加以说明。

具有核安全等级的设备就是为了保护核安全三大功能，即实现反应性控制、冷却控制和对放射性产物的屏障控制等功能的设备。

机械承压设备分成三个核安全等级。核安全一级，是指组成一回路承压边界的设备，其失效将导致一回路冷却剂的严重泄漏，这一泄漏由正常的补水系统不能补偿，从而妨碍反应堆的安全冷却。核安全二级，是指传递一回路冷却剂但不属于核安全一级的设备，或在一回路冷却剂丧失情况下用来包容放射性产物的设备。核安全三级，不属于核安全一级和核安全二级的设备，其失效不直接造成放射性后果或只导致处于正常衰变的废气排放。其他机械设备，不承压但参与某一安全功能的设备，称安全相关设备，法国 1300MW 以上机组把它们归类于 LS 设备。

电气设备：电气设备只有一种核安全等级，称为 1E 级，其他设备均为级外设备。1E 级设备包括完成下列功能所必需的设备：自动停堆；安全壳隔离；堆芯的应急冷却；堆内及反应堆厂房内的热量导出；预防及限制事故状态下放射性释放。

2. 单一故障准则

事故工况下保证安全功能的系统及其辅助设施，如果某一部件发生故障，系统的整体功能必须不受影响。

所考虑的故障包括：对电气系统而言，假定任意时刻需要某系统投运时，该系统的任意一部件失效，并假定该失效的危害性最大。对于流体机械系统而言，又分为能动部件，即需要这类部件的机械运动来完成系统功能的部件（如泵，阀门等）；非能动部件，如管道、容器等。

能动故障可以是某一能动部件的拒动或误动，而非能动故障是指流体的边界发生破口或系统内部流体的流量受到影响。如果某系统的任何设备或部件及其辅助设施在发生下列故障的前提下，仍能保证核安全功能的完整性，那么，该系统就满足单一故障准则的要求：事故后 24h 内，机械系统的短期能动故障；事故后 24h 后，系统的能动或非能动故障；任意电气系统部件的故障。

机械系统。为了使机械系统满足单一故障准则，预先设计配置了两套或多套同样的设备，其中任何一套都能完全满足系统的功能。

电气系统。电气系统的设计也必须在系统发生单一故障的情况下，仍能在机组处于事故工况时，确保核安全的功能完善。为此，核电厂的供电电源是相互独立的电源，且备有应急电源。

3. 共模故障的预防

所谓共模故障是指两个互为冗余的或相同的系统或设备同时失效。

这种失效的原因是多方面的，可能是设计的原因，或是设备制造的原因，也可能是运行期间检修状态设置等的原因，或火灾、洪水等外部原因。

核电厂的设计利用了两大原理来限制共模故障的产生，这就是实体隔离和多样化。

（1）实体隔离。实体隔离的原理就是将冗余的系统或设备分别安装在不同的场所，并完全分隔。

根据不同的故障形式，现场的分隔将采用不同的方法进行预防，如：为防止火灾的传播和水淹造成的共模故障，采用防火、防水材料将现场分隔。地理位置上的分散布置用来防止其他风险造成的共模故障，如柴油发电机组的分散布置。

（2）多样化。多样化的原理就是采用设计原理不同的系统或设备来完成同一功能。因此，这些系统同时失效的可能性便更低了。

六、侵害的防御

核电厂安全相关的设备（QSR）必须考虑对以下侵害的防御。

1. 外部侵害

（1）地震。对每个电站选址，必须进行地理及历史方面的研究以后确定。研究历史上可能的最大地震，这用于系统设备的设计计算。

核安全级的设备和构件；非核安全级的设备和构件，但其破坏可能导致核安全级设备和构件的损坏等必须具有抗震功能。

每个核电厂主控室都装备有地震测量、记录及报警系统。每次地震后，应取出记录数据并将反应堆置于合适的安全状态。

（2）飞机坠落。

假设：飞机坠落于核电厂与三大核安全功能相关的设备及系统上，造成放射性产物释放的概率，必须小于每一安全功能 10^{-7}/（堆·a）。

预防：核电厂的厂址应选在飞行航线以外的区域；禁止在核电厂周围超低空飞行。

核电厂系统和设备防止飞机坠落造成破坏的措施有：加固厂房；设备分散布置，如 A 列和 B 柴油机的布置。

（3）工业环境。核电厂周围的工业设施可能对核电厂造成以下形式的侵害：由于火灾造成的温度升高；由于爆炸引起的空气压力冲击波；由于爆炸引起的地层冲击波；由于爆炸引起的飞射物；火灾引起的有毒及腐蚀性气体的释放。

为此，对空气压力冲击波的防御，核电厂包容与核安全功能有关系统与设备的厂房，必须能承受 300ms 内 5000Pa 的冲击波。

由于核电厂周围地区的经济发展，其工业环境将与核电厂建设初期相比发生变化。因此，应定期地对核电厂周围的工业环境给核电厂所带来的风险进行评估。

这些用于工业环境风险防范的非能动设施，运行期间没有什么特殊监督要求。但其他的设施必须进行定期的试验和维修。

（4）洪水。洪水灾害可能导致受影响的核电厂内与三大核安全功能相关设备的失效。因此核电厂的设计和建造必须考虑其防洪标准。

核电厂与核安全相关设备的防洪措施包括：根据核电厂设计规定和厂址周围的环境（海滨、河滨等），确定最大可能洪水水位，使这些设备的厂房建造在这一水位之上；应阻塞低于这一安全水位的可能进水通道；应建立警报系统，在洪水到达之前，将反应堆置于安全状态。

（5）冰冻。冰冻的出现不应导致核电厂的安全设备失效。

2. 内部侵害

（1）火灾。消防就是采取一系列的措施，预防火灾的发生，限制火灾产生的后果。

预防：使用低可燃材料或非可燃材料；核电厂设备材料的阻燃性能如墙壁材料、防火门、电缆、油漆等必须在实验室进行鉴定试验；遵守核电厂关于消防的特殊规定。

监督与监测：有必要使用可靠的探测装置，以便采取快速的干预行动防止火灾的蔓延和发展；核电厂根据各个防火区存在的不同风险配置了不同形式的火灾探测器，如烟敏探测器、火焰探测器等。当这些探测器探测到异常后就在现场和主控室发出灯光和音响警报信号，使运行人员了解失火现场的位置。

行动和措施：核电厂消防有可靠的供水网络系统（其泵由应急电源供电）及自动的消防装置（喷水，泡沫）；在地方消防队到达火灾发生地点之前，核电厂有自己的消防干预队。

（2）内部水灾。核电厂内某个流体系统的泄漏可能导致某一核安全功能丧失，尤其是当造成水灾时，某一冗余系统的两个系列可能同时被淹。

核电厂为了防止内部水灾采取了下列措施：冗余系统的两个系列安装在不同的位置，并采取实体隔离的设计原则；在有水灾危险的地方安装排涝设施，但水箱的围栏除外；对于只有一个系列的系统，安装限制洪水蔓延的设施如门槛、矮墙等；加高设备的安装基座；在储存水箱的周围设置围栏；堵塞现场的穿墙孔等；在建筑物之间安装膨胀环。

监督与监测：系统的泄漏可以通过地坑水位的迅速上升、水箱水位的不正常下降等方法探测到。

行动与措施：通过水泵抽取地坑积水，对地坑水进行取样分析，防止可能的放射性污染向环境排放。

核电厂运行过程中，应确保其防洪设施可靠，如应经常核查地板下水道是否畅通；在现场工作完毕后，打开的穿墙孔等应重新堵塞。尤其是发现建筑物的不密封情况时，应及时报告以及采取必要的措施。

（3）高能管道的破裂。核电厂高能管道破裂时可能带来下列的危害：流体的流失，尤其是放射性流体，造成喷射、水灾、辐照以及沾污等危险；改变现场的工作环境，如温度、压力、湿度等的改变；破裂管道的动力效果，如甩击，造成附近设备的损坏。

所谓高能管道是指所传输的流体的参数为压力大于 2MPa，温度大于 100℃的流体。

预防：为了限制高能管道破裂给相邻回路造成的影响，核电厂设计采取地理位置上的分开；如果地理位置上不能分开，则进行实体隔离等方面的措施。

（4）内部飞射物。反应堆厂房内可能出现的飞射物是多种多样的，或是由于流体的压力造成，或是由于运输过程重物的跌落，或是旋转机械的飞出造成的。

预防：根据不同的情况，采取不同的防范措施，基本的措施就是配备防弹射装置。压力壳顶盖上的防弹射板，就是为了防止控制棒伺服机构产生的飞射物。

（5）来自汽轮发电机的飞射物。汽轮发电机组的破裂对于反应堆厂房、主控室以及电气厂房是重要的飞射物来源。

预防：首先，控制汽轮发电机组制造质量，可以减少汽轮机转子叶片飞出的危险。其次，汽轮发电机组有超速保护跳闸系统。当汽轮发电机超速旋转时，测速器测到异常后，驱动保护系统使截止门关闭而导致汽轮发电机跳闸。

此外，汽轮发电机组厂房的不同排列布置也减少了飞射物对核岛厂房设备的危害。

第三节 运行期间的核安全

核电厂运行期间对核安全的控制就是要获得并向公众及核安全局确保核电厂本身及其营运方法与核安全要求的真正的一致性，同时维持核电厂的生产能力。这一定义来源于核电厂安全政策。

核安全要求分为两部分，一部分就是核安全法规，另一部分与设计及运行期间经验反馈有关，这一部分包括技术规格书、场内应急计划以及定期试验监督大纲。

核安全要求的发展。核电厂自启动之日起，实际上就进入一个不断改造和完善的过程，这一改造包括对设备及程序的修改。

这一连续的改造过程实质上存在这样的缺陷，即在某一时刻由于改造仍不断进行，其机组的核安全水平难以评价。机组的发展变化太快可能导致运行出现失误。因此，对核安全的控制很明显就是要使核安全的要求定义清楚，并在一定的时间内相对稳定；集中一批改造项目同时评估和实施。

核安全法规引入了“核安全再审查”的方法，其目的就在于澄清核安全的要求与实际状态的一致性。

一、预防：运行技术规格书

1. 运行技术规格书的结构

机组的运行技术规格书将机组的正常运行分成九个标准状态（见表 4-6）。

表 4-6　运行状态分类

机组标准状态	研究范围
换料冷停堆	所有的燃料储存厂房（KX）
	换料冷停堆
维修冷停堆	一回路充分打开的维修冷停堆（大开口）
	一回路部分打开的维修冷停堆（小开口）
	一回路卸压并保持密闭的维修冷停堆（压力为常压）
正常冷停堆	RRA 连接状态下的（$0.1\text{MPa}\leqslant p\leqslant 3.0\text{MPa}$）
单相中间停堆（RRA 连接）	单相中间停堆（$2.4\text{MPa}\leqslant p\leqslant 3.0\text{MPa}$）
双相中间停堆（RRA 连接）	RRA 条件下的中间停堆（$2.4\text{MPa}\leqslant p\leqslant 3.0\text{MPa}$）
正常中间停堆（RRA 退出）	RRA 退出（$3.0\text{MPa}\leqslant p\leqslant 15.5\text{MPa}$）
热停堆	热停堆 $P_N=0$
热备用	核功率 $P_N\leqslant 2\%P_n$
功率运行	核功率 $2\%P_n\leqslant P_N\leqslant P_n$

对每一运行状态，均包括以下方面的内容：反应性；燃料的冷却；放射性产物的包容；辅助与支持功能；出现设备不可用状态时应采取的措施。

特殊情况下，限制条件允许存在由于进行预防性维修或试验而导致的不可用。

2. 运行技术规格书的适用范围

运行技术规格书由技术法则组成，其目的在于保证机组正常运行时的核安全。通过运行规程来实现。

运行技术规格书不适用于事故工况。此时，核安全的保证是由事故处理规程来保证的。

3. 运行技术规格书的作用

机组的设计确定了以下方面的内容。物理限值：以维持屏障的完整性及确保核安全功能的有效性；初始状态的假设：反应堆处在某初始状态下，是进行事故研究的基础。

运行技术规格书的作用描述如下：

(1) 运行技术规格书的第一个作用：定义反应堆的正常运行边界。对于每一运行状态，运行技术规格书均定义了应遵守的运行范围，即物理参数限值，如水的体积、硼浓度、温度、压力及流量等。所有这些物理参数均可以通过主控室的监测仪表、记录仪、指示器等进行监视。

尤其是一回路的温度压力必须维持在规定的范围内，任何超出这一范围的运行都是禁止的。

(2) 运行技术规格书的第二个作用：规定所需的设备和系统。对于每一运行状态，运行技术规格书均定义了应该可用的核安全功能。这些功能是必不可少的。

(3) 运行技术规格书的第三个作用：规定应采取的措施。当机组状态与有关运行技术规格书的条例不相符时，称作事件，例如超出运行状态的限制、某一必需设备的不可用等。

对每一运行状态，运行技术规格书均规定了当发生某一事件时应采取的措施，如后备状态、后撤时间（即安全期限）或修复期限。所采取的措施取决于事件的所属类别。

4. 偏离技术规格书的情况

所有对技术规格书的偏离均属于例外情况，只有征得核安全局许可后方可执行。

运行技术规格书是一部法规式文件，它是核安全局批准生效后执行的。它应该无条件地得到遵守。当出现难以执行的情况时，应报告上级领导以便进行深入的分析；也可以向主管安全有关部门进行咨询。

如果违反了技术规格书，事故分析中的条件和假设可能不成立。在这一状态下出现的事故，其后果在机组的设计中是预计不到的。

二、监督与检查

1. 定期试验

与核安全相关设备的定期试验属于纵深防御第二道防线的范畴，即监督与检查。

(1) 目的与应用范围。在机组运行期间，定期试验的目的在于保证机组与基准设计相比较，没有朝坏方向发展的趋势；遵守安全分析报告中事故研究所采用的关于运行方式的假设；对运行技术规格书中所需的与核安全功能相关的设备及流体的可用性进行监控；对事故处理规程应用时必不可少的设施的可用性进行监控。

定期试验大纲包括所有的与核安全相关的基本系统，但不包括其监督与检查是法规条文规定的设备。某些辅助设备，其可用性是通过连续监测来保证的，而且在安全保护功能启动时，这些设备也不改变状态。

(2) 有效范围。为了保证设计核安全水平的维持，必须假定该水平已经获得。定期试验只有在下列情况下才是有效的：机组的设计至少在同系列的一台机组上通过一系列的试验验证生效过（特别是“系列初试验”）。初次启动时，必须通过使用接收试验或鉴定试验程序对同一系列的每一机组的施工质量进行检查。营运期间检修、修改以及其他因素没有引起设备性能改变，没有导致接收试验或鉴定试验的改变；否则应采用新的再鉴定试验，引入新的试验规程。

(3) 定期试验大纲的制订。与核安全相关的重要系统具有定期试验分析报告，该报告的目的在于确定必要的手段以保证这些设备的可用性以及实现其功能的能力。

所有与核安全相关的系统都有定期试验规则，其目的在于为编制相应的定期试验程序提供必要的依据，它的内容包括：试验条件、试验验收标准（各参数允许值及误差范围）、试验周期。定期试验分析报告及定期试验规则均由设备制造商编订。营运者根据这些文件编写定期试验规程及定期试验规则概要，这一定期试验规则概要就形成了定期试验大纲。

定期试验规则（定期试验要求）需报请核安全局审批。

（4）定期试验的实施。定期试验大纲的按期满意执行，是根据技术规格书中关于设备可用性的定义，宣布设备可用性的条件之一。

定期试验的按期满意执行是指定期试验的试验周期得到了遵守，定期试验的结果满意，即试验中所记录的参数满足试验标准，试验条件与规则的要求相符合；反之，相应的设备应宣布为不可用。

试验周期允许有25%的灵活性，但这一允许变通不得导致下次试验计划的改变。

2. 维修

维修的目的在于为运行人员提供安全与可靠运行的必要手段，以保证机组的安全经济运行。

（1）几个定义。

纠正性维修：设备失效后进行的维修。

预防性维修：为了减少设备失效的概率或设备的磨损程度，根据预先的标准而进行的维修，预防性维修又可以分为以下两种。

特定预防性维修：是指利用某种监测手段对设备的状况进行评价并与某一设定的标准相比较后确定对设备进行的维修（人们称之为潜在失效）。特定预防性维修实质上是一种预见性维修，它取决于设备的某一或某些参数的变化，这些参数的变化对应着设备的某类失效（如对转动机械的振动跟踪）。

例行预防性维修（或称周期预防性维修）：它是指维修时并不考虑设备的状态如何，而是根据设备的运行时间对未失效设备的抗失效裕度进行修复。

（2）预防性维修大纲。为了了解应进行哪类维修，首先应评价设备失效将带来的后果。然后根据各种信息（制造商的意见，其他电厂的经验反馈等）来分析设备的失效模式，来确定应进行的控制手段。

相关的文件有以下两种：维修导则（它收集了各种失效模式的分析结果以及相应措施评价）和预防性维修基础大纲（它给出了对不同类型设备应采取的预防性维修的项目单）。

这些大纲包括例行维修项目及其周期，以及根据监察、控制、检查结果确定的设备状态接受标准（对特定预防性维修而言）。

维修导则和预防性维修基础大纲是根据运行中的经验反馈（如失效类型、监察、控制以及检查结果等）来加以改进和发展的。

维修决策要在昂贵的维修费用带来较好的机组可用性和较少的维修费用带来较差的机组可用性之间寻求最合理的折中。因此，预防性维修是优化的结果。这就是通过考虑设备的可靠性来对维修进行优化的思想。

（3）运行中机械设备的监督导则（在役检查）。这一导则包括了运行过程中对机械设备以及承压装置进行监督的基本措施，这些措施包括检查、试验、水压试验、无损探伤、材料受辐照监督以及设备更换或维修法则。这类维修是以法规为基础的。

预防性维修基础大纲包含了这一导则。

3. 再鉴定试验

（1）定义。再鉴定试验是为了保证在经过某项维修、改进或运行事件后对设备或系统的运行状况进行检查，以保证其所具有的设计性能仍得以维持。

（2）再鉴定试验准备与实施。再鉴定试验一般是分步进行的，先从某一设备的再鉴定入手，然后进行某一系统或具有某个功能的子系统的再鉴定。

再鉴定分为两个步骤：品质鉴定（对某一设备而言，它鉴定设备是否达到预定的质量状态）和功能鉴定（是指对具有某一功能的子系统的鉴定，它是在系统于正常运行条件下或具有某一代表性的工况下对其功能进行鉴定）。

再鉴定试验是维修活动的一部分。它是维修准备活动中一项必不可少的内容，无论是计划性的或者是纠正性的维修。其准备的目的在于确定：再鉴定试验是否必要；再鉴定试验的内容（试验类别、鉴定方法、检查标准及试验条件等）；无合适试验情况下必要的补充措施。

维修文件应包括准备工作中所做的分析、完成报告和再鉴定结果。

只有再鉴定试验的结果满意，并完成对试验偏差的处理，才能宣布设备或系统可用。

三、措施与行动

事故工况下所采取的必要措施与行动包括以下几个方面的内容。

（1）管理措施：包括事故处理规程，使用这些规程的运行值的组织管理，应急组织的实施，超设计基准事故与极限事故处理规程，以及严重事故下场外应急响应等一系列措施。

（2）设备措施：包括应用事故处理规程所必要的设备，启动应急组织以及应用极限事故规程时所必要的设备。

（3）人员措施：包括对运行值作事故规程培训，以及应急组织成员的培训等。

这里着重讲述第一个问题，即管理措施，它包括：根据事件导向法及状态逼近法对事故工况的管理；事故工况下的组织机构（包括运行组织，应急组织）管理。

总而言之，事故工况下核安全的要求就是要采取组织管理、设备、人员等方面的措施来面对和处理可能出现的各种情况。

1. 事故工况管理的事件导向法

确定论方法中，设计所考虑的事件分为四类运行工况，采用机理性程序分析各类工况对机组和环境的潜在后果。

二类、三类及四类运行工况的定义，一方面是用来设计机组的设备，以限制事故带来的后果；另一方面用来定义机组的中期或长期运行，以将反应堆维持在安全状态或过渡到安全状态，使其放射性后果不超过相应工况规定的最大极限。

这些方面的研究是以下列假设为前提的：假设机组的初始状态及瞬态所触发的所有设施（如保护系统、专设安全设施等）的运行情况均为不利；假设自动保护动作均由操纵员应用规程手动重复操作一遍。

事件导向法对于每一始发事件均有一套运行处理方法，这些方法分别在事故处理规程中描述。这些规程是以预先研究事故发展过程为基础而编写的，以便将反应堆维持在安全状态或过渡到安全状态。这些规程仅仅应用于单一事件的情况，而且事先得到了正确的诊断。它不适应于累积事件的情况。

（1）事故处理规程。事故处理规程包括了机组设计时所考虑的所有事故。

事故处理规程举例：蒸汽发生器U形管断裂。

蒸汽发生器U形管的断裂导致了第二道及第三道屏障的失效。

这一事故的处理原则，就是要尽可能快地消除一次侧和二次侧之间的泄漏。事实上，这一事故最危险的情况就是蒸汽发生器被一回路冷却剂充满而导致蒸发器安全阀的动作，使一回路高放射性的冷却剂直接向大气排放。某一安全阀卡在开启位置时将导致更严重的放射性排放。

当第一道屏障保持完整时（专设安全设施可用），实际上排放到外面的放射性总量是有限的。因为运行时对技术规格书的遵守使一回路的放射性水平维持在一定的范围内。

事故处理规程包括以下方面的内容：判断并迅速隔离有泄漏的蒸汽发生器；降低一回路压力使之与二次侧平衡以消除泄漏；过渡到维修冷停堆状态。

正常运行时，当监测到某一蒸发器泄漏率达到一定值时，将停运机组以便检查并维修故障蒸汽发生器。

（2）超设计基准事故。与核安全相关系统的冗余系列同时失效（共模失效）以及一回路冷却剂丧失事故后，用于长期维持反应堆安全的设备的失效均已超出设计考虑的范畴。因此，必须进行补充研究以便对这类风险进行评价。

这一研究导致制定了相应的新的事故处理规程，并安装了相应设备以减轻这类失效的后果。

这一规程的目的就是将机组过渡到一个安全状态，以便使失效的功能得以重新恢复。

这些规程的应用还需一些特殊设备，如：内部及外部电源全部丧失事故，所有电源全部同时失效（两个厂外电源失效，带厂用电运行失效，以及两台柴油发电机组失效）可能会在短时间内带来严重的事故后果。

实际上，这一失效将同时引起一回路主泵轴封水的丧失以及热屏冷却水的丧失。这样主泵轴封就有损坏的危险而使一回路完整性丧失。而在此时，安注系统也已失效，因此，可能短时间内就会导致堆芯裸露。

这种情况就需要采取一些辅助措施，以减少这类事故的出现概率或其后果。这些措施包括：增设一台汽轮发电机组，它由蒸汽发生器产生的蒸汽来拖动，再向水压试验泵供电，以便在必要的时间内维持主泵的轴封，以及这种状态下对某些必不可少的控制电源重新供电（即LLS系统）；增设蒸汽发生器辅助给水系统给水箱的补水方式，以保证蒸汽发生器的供水（通过辅助汽动给水泵向蒸汽发生器充水）；在电厂内增设一台柴油机或燃气轮机，以取代两台失效柴油机中的某一台；增加一个能使两台机组的柴油发电机能互为备用的配电盘（LHT）。

（3）极限事故处理规程。压水式反应堆机组的运行经验反馈表明，某一事故的发展不一定按事先预计的序列进行，因而可能带来对核安全影响极其严重的后果。

因此，为了完善和补充规程的不足，特制定极限事故处理规程以便根据事故的严重程度及其当时存在的可用手段来限制或延缓堆芯的损伤及其放射性后果。

（4）事故处理规程的选择。相应于某一事件的事故处理规程的选择和使用，需要对以报警信号及事故诊断有用的物理参数的分析为基础进行逻辑判断。

因此所有事故规程的应用，均是通过一导向文件引导的。

出现安注投运的事故，规程将把操纵员引导到目前正在进行的热工水力事故所对应的事故处理规程或者判断出安全注入是否属于误启动。

对于安全注入不投运的其他事件，事故诊断规程将把操纵员引导至相应的事故处理规程。

2. 事故工况管理的状态逼近法

美国三里岛事故表明，人为的或设备的累积失效是可能发生的，而且必须加以防范。人们曾经试图增加事故处理规程以覆盖其他瞬态、事故或几种瞬态的组合。这样势必导致事故诊断和规程选择的困难，而且要求操纵员掌握越来越复杂的规程方面的知识。为了避免这些困难，反应堆物理状态逼近的方法便应运而生了。

实际上，事件的组合可能是无限的，但相反，反应堆可能的物理状态却是有限的。因此，可以通过对几个具有代表性的参数的监测来辨识反应堆的状态。同时，也可以根据反应堆当前的物理状态来采取纠正行动，而无需知道这一状态是由什么事件引发的。这一方法在事件导向处理规程中已部分得到应用，如900MW反应堆安全设施的操作，就是根据某些操作标准进行的。

3. 运行计算机辅助手段

应用事故处理规程的辅助工具均安装在各机组的主控室内，即安全监督盘KPS。该系统与电厂集中数据处理系统KIT相连，为运行人员提供事故处理相关的重要参数情况。该系统提供协助应用事故规程的手段的同时，还用来快速诊断核安全相关系统的可用性情况，这些系统包括安全壳隔离、专设安全设施、配电系统等。

应急计划技术支持中心安装有与主控室相同的终端。因此，专家们将对机组的状态进行全面的现实的评价。操纵员将通过屏幕上显示的操作规程实施各项要求的操作。

4. 事故工况下的组织

(1) 运行值的作用。核反应堆的各种事故的处理及其事故规程的应用是运行值的责任。运行值的每一个人在与值内其他人协调一致的情况下，按各自手中的规程进行各项操作。运行值长充当协调员，除负责各项工作的协调外，还对某些系统进行特殊的监督。

(2) 安全工程师的职责。核安全相关的重要参数的监督是由安全工程师执行的。事故工况下，这一监督作用保证了人因和工作方法上的冗余和多样化。由此而减少了人为和技术失效的风险。

安全工程师通过对六大状态功能和系统设备的可用性等内容相关的参数的分析，来对反应堆的状态作全面的监控。安全工程师的监督工作，主要是确认正在进行的修复操作或保护堆芯的重要操作，以及放射性产物屏障的操作等的有效实施。

(3) 应急组织。核电厂一旦发生事故，应急组织的启动是为了协助当班的运行值控制机组的状态，减少事故后果，限制放射性物质向周围环境的释放，通知周围公众及与其他部门通信联络与配合。

第五章

压 水 堆 核 电 站

第一节 压水堆核电站简介

压水堆以普通水作冷却剂和慢化剂，是从军用堆基础上发展起来的最成熟、最成功的堆型。目前大多数商业运行的核电站为压水堆型，我国的核电站（除秦山三期外）都属于压水堆核电站。

图 5-1 所示为压水堆核电站的原理流程。在核电站中，反应堆的作用是进行核裂变，将核能转化为热能。水作为冷却剂在反应堆中吸收核裂变产生的热能，成为高温高压的水，然后沿管道进入蒸汽发生器的 U 形管内，将热量传给 U 形管外侧的汽轮机工质（水），使其变为饱和蒸汽。被冷却后的冷却剂再由主泵打回到反应堆内重新加热，如此循环往复，形成一个封闭的吸热和放热的循环过程，这个循环回路称为一回路，也称核蒸汽供应系统。一回路的压力由稳压器控制。由于一回路的主要设备是核反应堆，通常把一回路及其辅助系统和厂房统称为核岛。

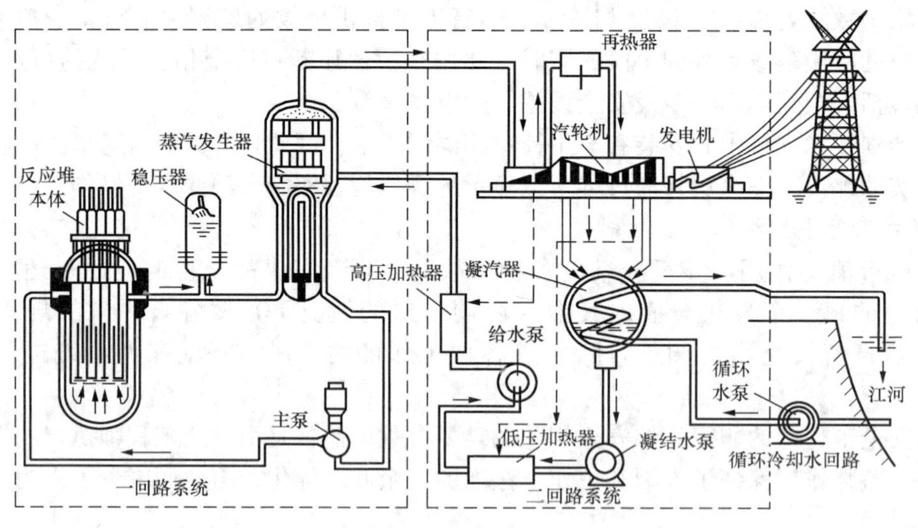

图 5-1 压水堆核电站的工作流程示意

汽轮机工质在蒸汽发生器中被加热成蒸汽后进入汽轮机膨胀做功，将蒸汽焓降放出的热能转变为汽轮机转子旋转的机械能。汽轮机转子与发电机转子两轴刚性相连，因此汽轮机直接带动发电机发电，把机械能转换为电能。做完功后的蒸汽（乏汽）被排入冷凝器，由循环冷却水（如海水）进行冷却，凝结成水，然后由凝结水泵送入加热器预加热，再由给水泵将其输入蒸汽发生器，从而完成了汽轮机工质的封闭循环，此回路称为二回路。二回路系统与常规火电厂蒸汽动力回路大致相同，故把它及其辅助系统及厂房统称为常规岛。

综上所述，核反应堆从功能上相当于火电厂的锅炉系统，但由于它是强放射源，流经反应堆的冷却剂带有一定的放射性，一般不宜直接送入汽轮机，否则会造成汽轮发电机组操作维修上的困难，所以压水堆核电站比普通电厂多了一套动力回路。

第二节　一回路系统及设备

一回路系统是使反应堆冷却剂在规定压力、温度的条件下进行循环的系统，是压水堆核电站中的核心系统。

一回路系统主要包括反应堆（堆本体及压力容器）、主循环泵（又称冷却剂泵）、稳压器、蒸汽发生器和相应的管道、阀门及其他辅助设备。

一回路辅助系统包括化学与容积处理系统、停堆冷却系统、安全注射系统、安全壳喷淋系统和其他辅助系统，主要是保证反应堆和一回路系统的安全运行。

在一回路系统中，反应堆往往可以带几个环路，每个环路上各有一台主泵和一台蒸汽发生器。但不论有几个环路，稳压器都只有一个。通常，所采用的环路数目按反应堆功率大小设置：300MW 级压水堆 1 个环路（秦山一期采用双环路系统），600MW 级压水堆 2 个环路，900～1000MW 级压水堆 3 个环路，1150～1300MW 级压水堆 4 个环路。

图 5-2 所示为一个有两个环路的一回路主系统。反应堆是一回路系统的核心。每一个环路由一台主泵、一台蒸汽发生器和管道等组成，稳压器为各个环路共用。

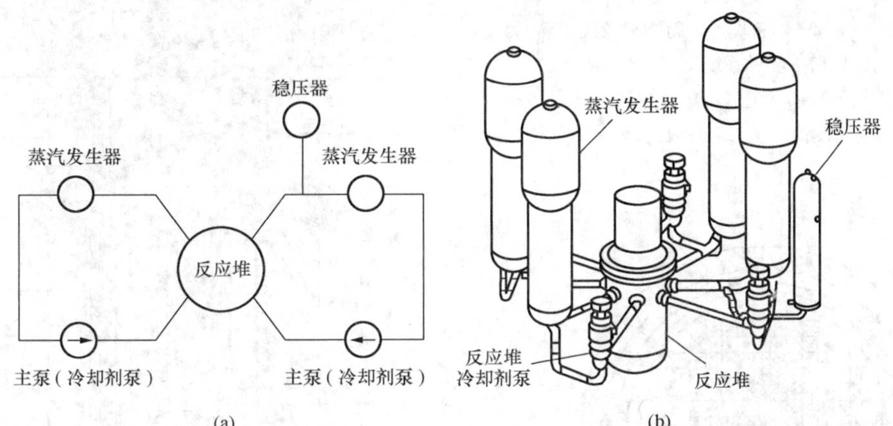

图 5-2　有多个环路的压水堆一回路系统设备布置

(a) 有 2 个环路的一回路主系统；(b) 有 4 个环路的一回路主系统

压水堆核电厂常采用双堆机组方案，如 2×600MW、2×900MW 和 2×1000MW 等，图 5-3 所示为双堆机组的厂房布置。双堆机组的厂房相连布置，某些不影响安全的系统可以共用，如核辅助厂房、电气厂房的控制室和汽轮机厂房等。

一、压水堆本体结构

压水堆本体结构如图 5-4 所示。

1. 堆芯结构

堆芯结构是反应堆的核心。核燃料要在这里实现链式裂变反应，并将核能转化为热能。堆芯又是一个很强的放射源。因此，堆芯结构设计是反应堆本体设计中的核心。

堆芯结构由核燃料组件、控制棒组件、可燃毒物棒组件、中子源棒组件、阻力塞棒组件组成。它由上、下栅格板及堆芯围板包围起来后，依靠堆芯吊篮定位于冷却剂进出口管下部压力壳中间偏下处。冷却剂从进口管进入吊篮与压力壳之间的环形通道，向下流至堆芯下腔室，然后转而向上流经堆芯。冷却剂在约 155atm 下被加热到约 330℃。加热后的冷却剂经堆芯上部从出口接管流出。一个典型的电功率 90 万 kW 的 PWR 堆芯由 157 个横截面为正方形的燃料组件组成等效直径约 3m、高约 3.65m 的活性区。全堆 UO_2 燃料装量约 80t，燃料组件直立在吊篮部件中，约有三分之一的燃料组件中放有控制棒组件，其余的燃料组件中放入不同数目的可燃毒物棒组件、中子源棒组件和阻力塞棒组件。整个堆芯结构浸泡在压力容器内含有硼酸的高温高压轻水中。

为了提高反应堆的功率输出，加深核燃料的卸料燃耗，堆芯采用不同 ^{235}U 富集度核燃料分区装料和定期局部换料（见图 5-5）。

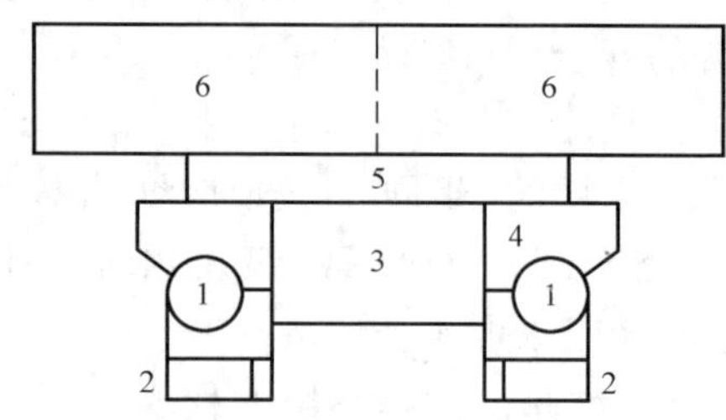

图 5-3 压水堆核电厂厂房布置

1—反应堆厂房；2—燃料厂房（新燃料及废燃料）；3—核辅助厂房（辅助系统）；4—外围厂房（泵、阀等）；5—电气厂房（控制室及电气设备）；6—汽轮机厂房

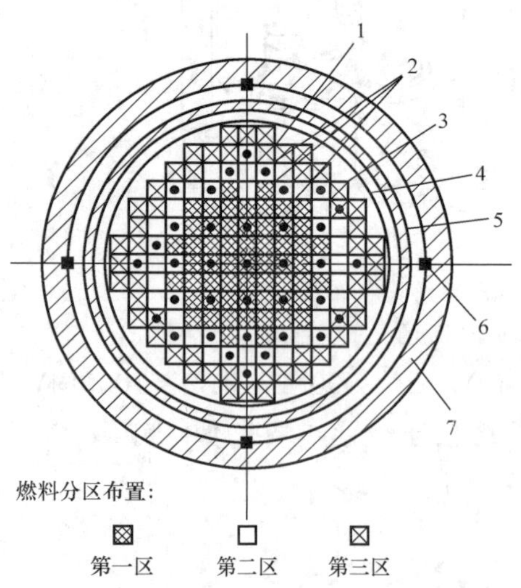

图 5-5 堆芯布置

1—堆芯围栏；2—燃料组件；3—控制棒位置；4—堆心吊篮；5—热屏蔽；6—定位销；7—压力壳

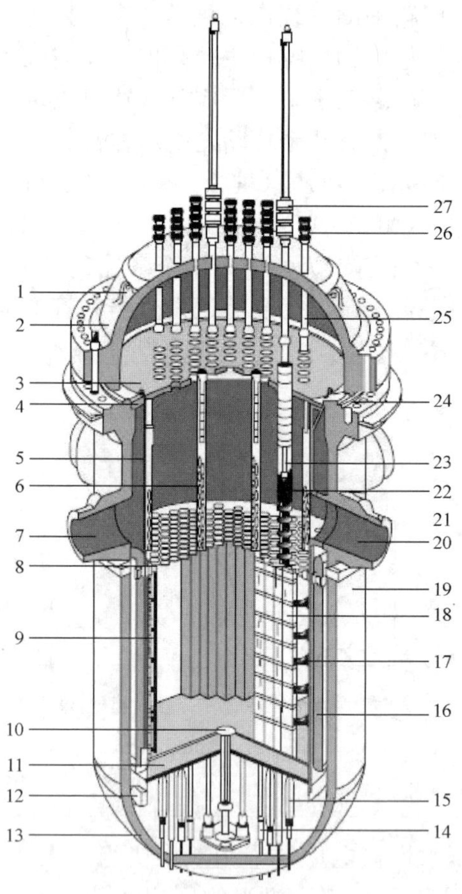

图 5-4 压水堆的本体结构

1—吊装耳环；2—压力壳顶蓋；3—导向管支承板；4—内部支承凸缘；5—堆芯吊篮；6—上支承柱；7—进口接管；8—椎芯上栅格板；9—围板；10—进出孔；11—堆芯下栅格；12—径向支承件；13—压力壳底封头；14—仪表引线管；15—椎芯支承柱；16—热屏蔽；17—围板；18—燃料组件；19—反应堆压力壳；20—出口接管；21—控制棒束；22—控制棒导向管；23—控制棒驱动杆；24—压紧弹簧；25—隔热套筒；26—仪表引线管进口；27—控制棒驱动机构

（1）燃料组件。燃料组件长期处于强中子辐照、高温高压水力冲刷、振动、腐蚀等恶劣条件下工作，因此燃料组件的性能直接关系到反应堆的安全可靠性。

燃料组件由燃料元件棒、定位格架、组件骨架等零部件组装而成。元件棒按 17×17 排成正方形栅格，其中共有 264 根燃料元件棒，另外 25 个栅格位置分别为 24 根控制棒导向管和一根中心中子测量导向管。组件横截面 214mm×214mm，高约 4m，质量约 650kg。整个组件沿高度方向设 8 层弹簧定位格架，将元件棒按一定间距定位并夹紧，但允许元件棒沿轴向自由伸缩。骨架由上、下管座和导向管构成。元件棒定位插于骨架内。上、下管座均设有定位孔，燃料组件装入堆芯后，依靠这些定位孔与堆芯上、下栅板上的定位销相配定位。上管座上装有压紧弹簧，防止组件在高速流动的冷却水中窜动，同时又可以补偿各种结构材料的热膨胀和外来载荷对组件的冲击，图 5-6 所示为 17×17 型燃料组件。

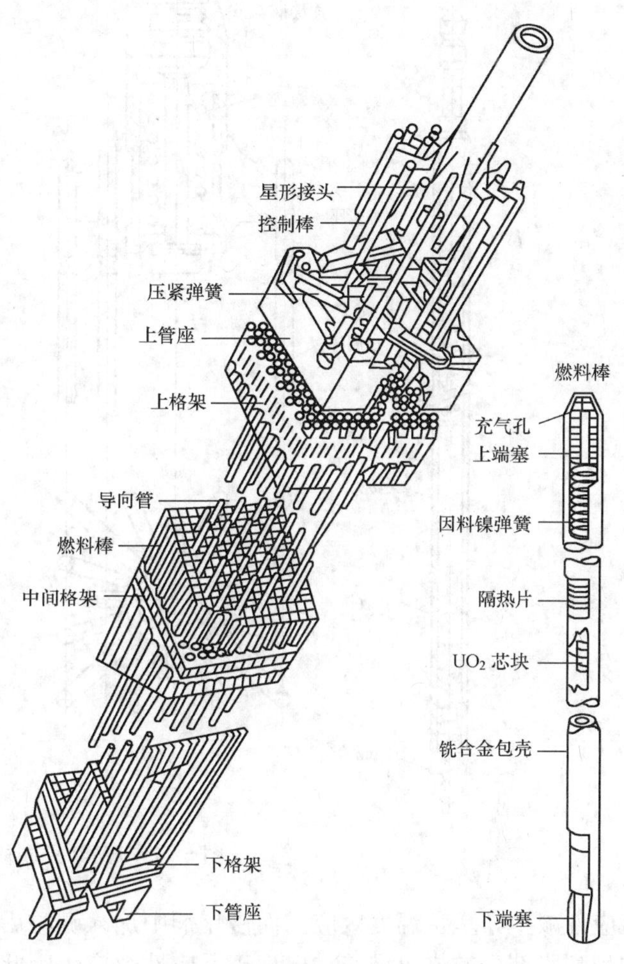

图 5-6 压水堆燃料组件及控制棒组件

（2）控制棒组件。控制棒组件是压水堆的主要控制部件，通过它控制核裂变的速率。在正常工况下用于启动反应堆，调节堆功率，补偿反应性损失，控制由温度引起的反应性微小变化，提供正常停堆。在事故工况下，依靠自身重力快速下插（约 2s）至堆芯，使反应堆在短时间内紧急停闭，以确保安全。

控制棒组件是由多根吸收体细棒组成的头部呈多角星形架状的束棒结构（见图 5-7）。星形架上有 16 个连接翼片（或称肋片）固定在中央连接柄上。共有 24 根细棒悬置固定在 16 个连接翼上。这些细棒束直接插在燃料组件的导向管内，实现对中导向并上下移动。连接翼和连接柄材料为不锈钢。在连接柄上端，有与控制棒驱动杆可远距离相连接或脱口的槽口和提供吊运用的凹槽。在连接柄内下部装有一个因科镍合金的弹簧，以便在控制棒脱扣快速下插到底部终端时吸收冲击能量，起缓冲作用。利用附件螺纹连接、焊接结构，弹簧被置于连接柄内，确保运行期间不会脱落。

（3）可燃毒物棒组件。为了减少控制棒数量，加深燃料燃耗深度，降低堆芯功率不均匀系数，在电站压水堆中同时采用调节控制棒组件和改变慢化剂（冷却剂）水中硼浓度两种控制方式。但是，慢化剂水在不含吸收体硼情况下，随着水温升高体积膨胀，密度下降，会使

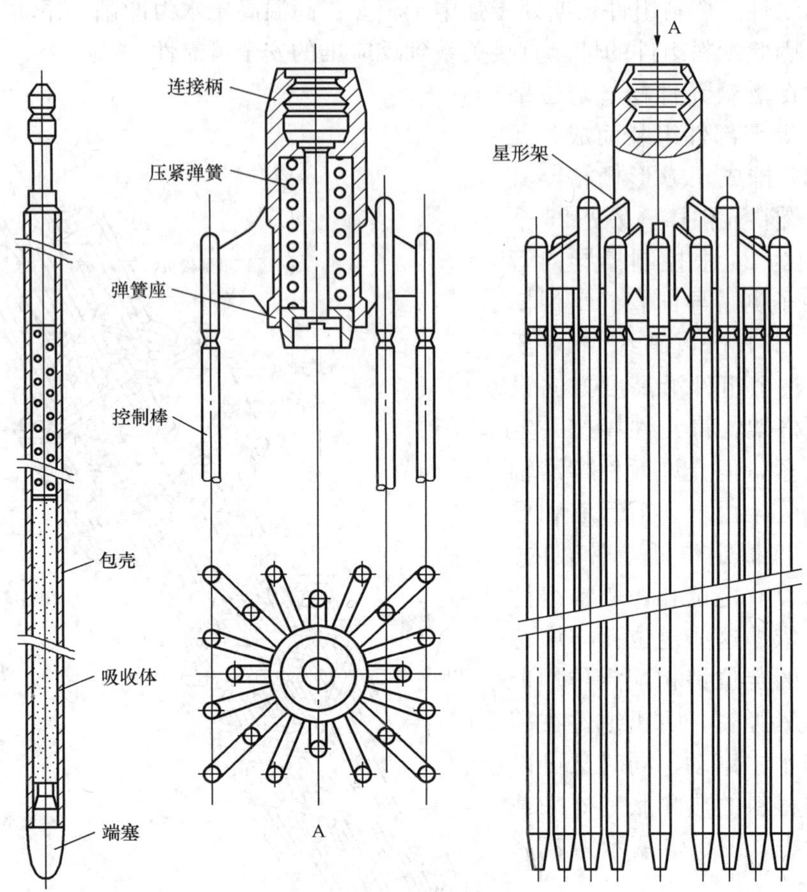

图 5-7 PWR 控制棒组件

反应性减少，呈负温度效应。而慢化剂中加入硼酸后，同时还会随水温升高水中硼随慢化剂体积膨胀部分被排出堆芯，出现正反应性效应。因此当水中硼超过某一浓度值，两者的综合效应使反应堆呈正反应性温度效应时，将会影响堆的自稳调节性能。为此，通常将慢化剂水中硼限制在某一浓度范围内，以确保堆的负温度效应。然而新堆首次装料后的后备反应性却很高，控制棒组件和慢化剂中硼吸收体还不足以抑制住堆的这部分正反应性，因此必须要采取其他妥善的安全措施。压水堆的可燃毒物棒组件是用来限制新燃料在第一运行循环内引起的过剩反应性。随着反应堆的运行，燃料的不断消耗，剩余反应性减少，此时可燃毒物也相应较快地消耗掉。待反应堆进行第一次换料时，即可将这些可燃毒物取走。可燃毒物在堆内布置较灵活，可以利用它进一步改善堆功率分布，降低堆功率不均匀系数，如利用堆芯不同部位燃料组件导向管内放置不同数目的可燃毒物棒来展平径向功率分布；将可燃毒物棒有效高度降低，使中子吸收集中于活性区的中下段，以展平轴向功率分布。可燃毒物棒在同一燃料组件导向管中，则采取对称布置，以免出现局部中子峰。

固体可燃毒物要求采用吸收中子能力较强，又能随反应堆运行而被消耗掉的材料，故一般用含硼量为 0.03g/cm 的硼玻璃管，制成长约 100mm、直径约 9mm、厚约 1.55mm 的小管段，装在与控制棒外形相似、长度与燃料棒相同、厚度为 0.5mm 的不锈钢包壳内。硼玻璃管与不锈钢包壳间，同样在径向和轴向均要求留有一定间隙。上下用端塞密封。

可燃毒物棒组件由吊架、弹簧、可燃毒物细棒及阻力塞细棒束组成。结构及外形尺寸基本与控制棒组件相似（见图 5-8）。细棒顶端与吊架底板连接固定。细棒插于燃料组件导向管内。吊架底板装于燃料组件上管座内，支承在管座的顶板上。由压缩在吊架上的弹簧保持轴向位置固定不动。弹簧靠上部堆内构件的上栅板向下压紧。为了便于在首次换料时远距离取出，同样在组件吊架连接柄上端作了专门的设计。吊架材料为不锈钢，弹簧材料采用因科镍合金。

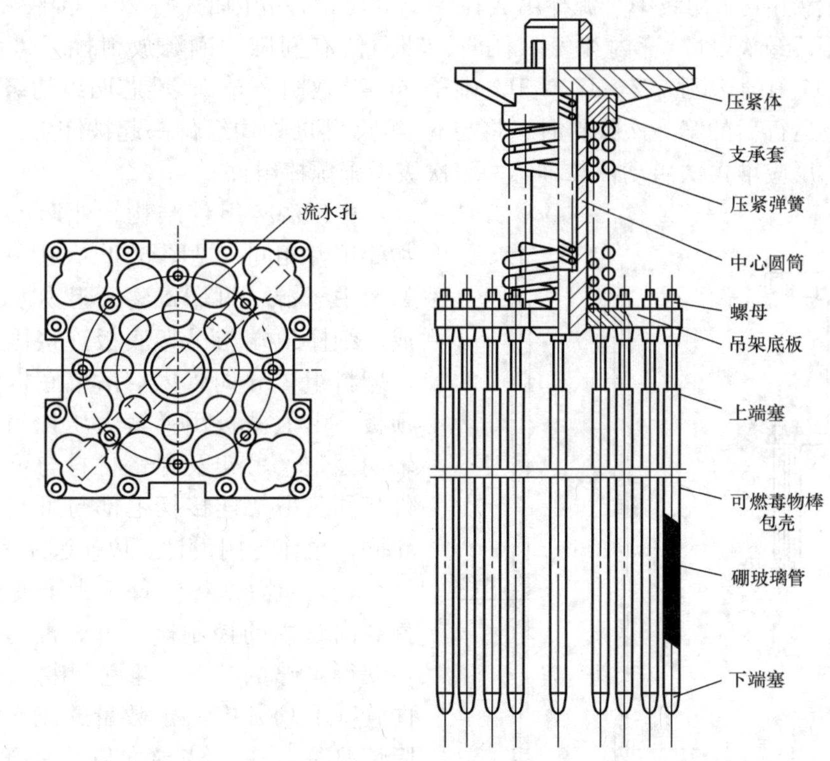

图 5-8 PWR 可燃毒物组件

堆芯共有可燃毒物棒组件 66 组。与控制棒组体相似，每组也为 24 根细棒形式。其中 18 组由 16 根毒物棒、8 根阻力塞棒组合；48 组由 12 根毒物棒、12 根阻力塞棒组合。另外，在堆芯两组初级中子源棒组件内，每组还有 16 根可燃毒物棒。因此，初装载时，实际上有 896 根可燃毒物细棒装载于反应堆堆芯。

（4）中子源棒组件。核反应堆首次启动运行，以及之后的每次停闭后的再启动，都需要 $10^7 \sim 10^8$ 中子/s 的中子源，以使反应堆能够安全可靠的启动，并可通过测量通道获得可测的中子通量密度水平，监测反应堆接近临界过程，克服核测量盲区。电站压水堆在堆芯配备有两种不同的中子源棒组件。它们是两组于堆芯对称布置的初级中子源棒组件和两组同样于堆芯对称布置的次级中子源棒组件。

次级中子源棒组件由 4 根次级中子源细棒和 20 根不锈钢阻力塞细棒组成。次级中子源棒由叠放在不锈钢包壳管内的锑—铍（Sb-Be）芯块组成，两头用端塞焊封，管内径向、轴向留有间隙并充氦气。锑—铍源入堆时不放出中子，需要锑在堆芯吸收中子并活化后放出 γ

射线，γ射线使铍发射中子。其核反应式如下：

$$^{123}_{51}Sb+^{1}_{0}n \rightarrow ^{124}_{51}Sb+\gamma$$

$$\gamma+^{9}_{4}Be \rightarrow 2^{4}_{2}He+^{1}_{0}n$$

其中Sb-124发射γ射线，半衰期为60天。每根次级中子源棒内约装锑—铍混合物530g，在满功率运行2个月后，其放射性活度可满足停堆12个月后再启动反应堆的要求。次级中子源棒组件在一般情况下，将永久放于堆芯不需要卸出。

初级中子源棒组件由1根初级中子源细棒、1根次级中子源细棒、16根可燃毒物细棒和6根阻力塞细棒组成。初级中子源棒由放在一个双层钢包壳内的锎-252（Cf-252）芯块组成。两头也用端塞焊封，管内充氦，径向、轴向留有间隙。锎源放射性活度为100居里（$3.7\times10^{12}B_q$），中子源强（2～4）$\times10^8$中子/s，半衰期2.54a。堆芯两组初级中子源棒组件在首次循环运行后的第一次换料时，将与66组可燃毒物棒组件一起被卸出，并由阻力塞棒组件代替。反应堆再次启动依靠堆芯两组次级中子源棒组件。

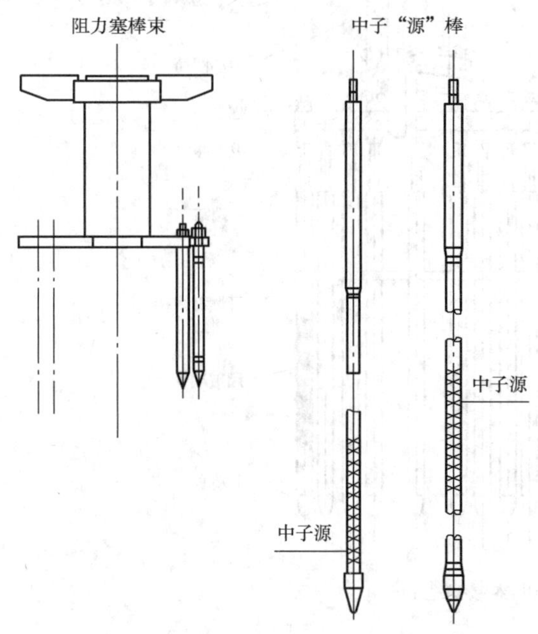

图5-9 压水堆中子源棒及阻力塞棒组件

中子源棒组件结构、外形尺寸与可燃毒物棒组件相同（见图5-9）。组件由吊架、弹簧及中子源、可燃毒物、阻力塞等细棒束组成。细棒顶端与吊架底板连接固定，细棒插入燃料组体导向管内。吊架底板坐于上管座顶板，由上栅板用弹簧力压住吊架，使组件轴向固定。吊架及弹簧材料与可燃毒物棒组件相同。吊架连接柄上部与可燃毒物棒组件相同，也作专门设计，以便远距离取放操作。

（5）阻力塞棒组件。为了使插在燃料组件导向管内的控制棒、可燃毒物棒、中子源棒获得足够的冷却，堆芯燃料组件所有的导向管壁上均开有一定数量的流水孔。然而实际情况是，在一些导向管内并没有控制棒、可燃毒物棒或中子源棒插入，这样势必会造成冷却剂不必要的旁路损失。为此需要设置一些阻力塞棒插在这些空导向管内，避免冷却剂从导向管内白白流失，确保冷却剂尽量多的去冷却核燃料元件棒，从而提高堆芯传热效果，进而提高电厂发电效率。

阻力塞棒为20cm长的不锈钢短棒，置于堆芯顶部位置，以减少中子不必要的吸收。短棒两头与控制棒上下端塞相似，外径也基本相同。阻力塞棒除了分别用在控制棒组件、可燃料毒物棒组件和中子源棒组件上外，堆芯一部分燃料组件上部凡不设置以上三种功能组件的，则必须设置阻力塞组件。阻力塞棒组件结构、外形尺寸、材料与可燃毒物棒组件、中子源棒组件相同（见图5-9）。组件由吊架、弹簧及24根阻力塞棒组成，安装固定、压紧定位、顶部装卸设计要求以及吊架、弹簧材料与可燃毒物棒、中子源棒组件相同。对于那些永久性置于堆芯的功能组件而言，除了一些诸如结构简单可靠、抽插灵活方便、换料时能利用相同的机具远距离操作等要求外，还要求使用的寿命长。

2. 堆内构件

堆内构件位于压力容器内，由不锈钢或因科镍型的高合金钢制成，主要包括上部堆内构件和下部堆内构件两大部分。堆内构件的作用有以下几方面：

(1) 承受堆芯结构的重量，使堆芯燃料组件定位并被压紧，保证其位置和方向的准确性，防止其在运行过程中移位。

(2) 为控制棒组件导向，确保燃料组件和控制棒组件相互对中，以便于控制棒顺利抽插。

(3) 为堆芯测量装置导向定位，使测量装置顺利到达所需的测量部位，并提供支承。

(4) 使堆内冷却剂流量合理分配，引导冷却剂按一定方向流过各燃料组件，导出堆芯热量并冷却堆内各部件。

(5) 减弱中子和γ射线对压力容器的辐照，延长压力容器的使用寿命。

堆内构件应具有耐高温、耐腐蚀、耐辐照性能；有足够的强度和尺寸稳定性；能承受事故工况下可能出现的负载、振动、水力冲击和应力；能补偿堆芯和支承部件的热膨胀；能在任何工况下实现可靠停堆，并使堆芯保持持续冷却的状态。堆内构件也要求有很高的加工、组装精度，以便于现场安装和装卸料操作。

在初次装料及以后的换料时，上部堆内构件将作为一个整体安装或卸出。在所有核燃料组件卸出后，下部堆内构件也可作为一个整体卸出。但一般情况下，下部堆内构件只有在对反应堆压力容器进行在役检查时才卸出。

下部堆内构件主要用来把堆芯总重量传递给压力容器，固定燃料组件和堆内测量装置，搅混和分配冷却剂流量，防止中子和γ射线对压力容器的辐照，在堆芯吊篮断裂时限制堆芯移位，为冷却剂正确导向。下部堆内构件由堆芯吊篮和堆芯支承板、堆芯下栅板、流量分配孔板、二次支承组件、堆芯围板组件及热屏组件等主要部件组成。下部堆内构件整体重约84t，直径约3.9m，高约9.9m。

上部堆内构件位于堆芯燃料组件及下部堆内构件吊篮上方，用来压紧并固定住燃料组件，防止燃料组件在水力作用下向上冲击，使控制棒组件及其驱动机构与燃料组件对中并为控制棒束上下抽插提供导向，引导冷却剂流出反应堆。上部堆内构件同时还对除控制棒组件外的其他功能组件起压紧作用。上部堆内构件组装成一个整体，重约43.7t，直径约3.9m，高约4.2m，装卸时实行整体吊装。

上部堆内构件由堆芯上栅格板、导向管支承板、控制棒导向管及支承柱等主要部件组成。

3. 反应堆压力容器

反应堆压力容器也称为反应堆容器或反应堆压力壳。它是一个底部焊有半球形封头的圆筒形承压密封容器，顶部为用法兰螺栓连接的可拆卸半球形封头顶盖（见图5-10）。压力容器内装有堆芯燃料组件、上部及下部堆内构件、控制棒等功能组件以及其他与堆芯有关的部件。控制棒驱动机构及堆内测温装置的支承件都装在压力容器顶盖上。压力容器底部设有堆芯核测量装置的管座。压力容器冷却剂进出水接管都在法兰下部和燃料组件上部位置的同一水平面上。

反应堆压力容器的主要作用有以下几点。

(1) 包容反应堆堆芯燃料组件，固定、支承堆内构件，确保燃料组件按规定位置在堆芯

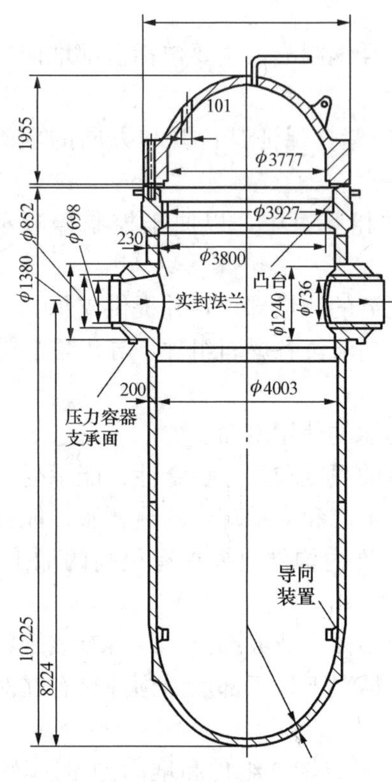

图 5-10　压水堆压力容器

内支撑和定位；确保冷却剂按规定流道畅通无阻，将热量带出反应堆。

（2）作为一回路的一部分，压力容器是冷却剂与外界的压力边界。它需要承受堆芯核裂变强 γ 放射性、中子的辐照及冷却剂的高温、高压载荷，还需要承受控制棒可能发生的撞击和一回路管道传递的力。压力容器的承压密封可以避免放射物质外逸。

（3）与堆内构件一起，作为生物屏蔽对工作人员起防护作用。

（4）利用压力容器顶部和底部的控制棒驱动机构、测量装置，控制反应堆，监测堆芯温度、中子通量密度。

压力容器长期承受高温、高压和强辐照，且它的尺寸大、重量重、加工制造精度要求高，因此也是压水堆的关键设备。压力容器的完整性直接关系到核电站的安全运行和使用寿命。为了满足压力容器在高温高压及强辐照条件下工作的特殊要求，考虑到核电站寿期内冷却剂的流动冲刷，含硼水对材料的腐蚀，耐辐照性能及金属的老化等因素，压力容器材料要求有较高的机械性能、抗辐照性能和热稳定性。此外，对于断面收缩率、冲击韧性及脆性转变温度等指标，也都有较高的要求。兼顾到核电站安全使用和建造经济性，压力容器采用高强度低碳铁素体低合金钢锻造材料，其成分为碳（C）≤0.25%、锰（Mn）1.15%～1.5%、钼（Mo）～0.6%、镍（Ni）0.4～1.0%，其余为铁（Fe）。这种材料具有良好的加工性能和焊接性能，其脆性转变温度较低（一般在 −30～+5℃）。但当快中子辐照积分通量达到 5×10^{19} 中子/cm^2 以上时（约相当于运行 20 年以上），脆性转变温度可升至 100～150℃，就会给压力容器带来一定脆性破裂的危险。为此堆芯可采取增加或增厚热屏、反射层等措施。同时在堆内放入足够数量的压力容器样品，进行随堆辐照考验并定期取样测试检验。为防止高温含硼水对压力容器材料的腐蚀，压力容器内表面所有与冷却剂接触的部位都堆焊一层厚度不小于 5mm 的不锈钢衬里。以电功率 900～1000MW 核电站压水堆为例，压力容器高约 13.2m，内径约 4m，壁厚约 200mm（接管段约 230mm），筒体部分重约 260t，顶盖重约 54t。压力容器在制造过程中需要反复热处理，反复探伤检验，制造周期 2～4 年。为了减少压力容器内外壁的温差，降低壳体的热应力，同时也为了降低压力容器外部空间的温度，压力容器表面需包覆一层绝热保温层。保温层由不锈钢板制成，不能拆卸，在将压力容器放入堆坑就位前在现场安装。压力容器属于在核电站寿期内不更换的设备，在运行中压力容器被中子活化后具有强放射性，无法对其进行近距离检查和维修，因此核电站对压力容器使用寿命要求不少于 40 年。

压力容器由顶盖和压力容器本体两部分组成，利用顶盖和本体上的法兰、螺栓及上下法兰间的两个 O 形环紧固密封。

二、蒸汽发生器

蒸汽发生器是一种热交换设备，将一回路中水的热量传给二回路中的水，使其变为蒸汽用于汽轮机做功。由于一回路中的水流经堆芯而带有放射性，所以蒸汽发生器与一回路中的压力容器及管道构成防止放射性泄漏的屏障。在压水堆电站正常运行时，二回路的水和蒸汽不应受到一回路水的污染，不具有放射性。

压水堆核电站的蒸汽发生器有两种类型：一种是直流式蒸汽发生器，另一种是带汽水分离器的饱和蒸汽发生器。大多数核电站采用带汽水分离器的饱和蒸汽发生器。

大多数饱和蒸汽发生器的结构型式是立式倒U形管，采用自然循环，带内置汽水分离器，见图5-11（a）。由反应堆流出的冷却剂从蒸汽发生器下封头的进口接管进入一回路水室，经过倒U形管，将热量传给壳侧的二次侧水，然后由下封头出口水室和接管流向冷却剂循环泵的吸入口。在蒸汽发生器的壳侧，二回路给水由上筒体处的给水接管进入环形管，经下筒体的环形通道下降到底部，然后在倒U形管束的管外空间上升，被加热并蒸发，使部分水变为蒸汽。这种汽水混合物先进入第一、二两级汽水分离器进行粗分离，既而进入第三级汽水分离器进一步进行细分离。经过三级汽水分离后，蒸汽的干度大大提高。具有一定干度的饱和蒸汽汇集在蒸汽发生器顶部，经二回路主蒸汽管道通往汽轮机。根据核电站饱和蒸汽汽轮机的运行要求，蒸汽发生器出口的饱和蒸汽干度一般应不小于99.75%，汽轮机入口的蒸汽干度约为99.5%。

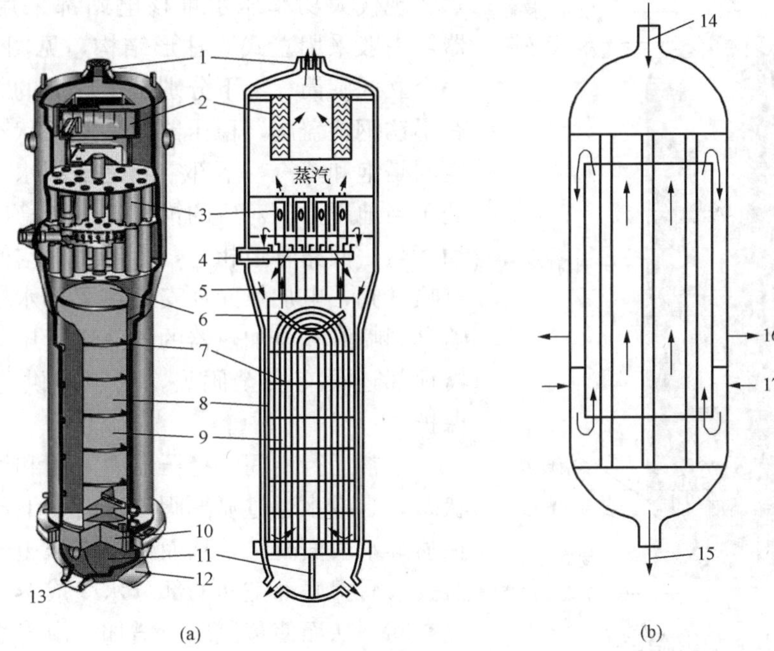

图5-11 蒸汽发生器

（a）立式U形管束自然循环蒸汽发生器；（b）直流蒸汽发生器

1—蒸汽出口管嘴；2—蒸汽干燥器；3—旋叶式汽水分离器；4—给水管嘴；5—水流；6—防振条；7—管束支撑板；8—管束围板；9—管束；10—管板；11—隔板；12—冷却剂出口；13—冷却剂入口；14—冷却剂进口；15—冷却剂出口；16—微过热蒸汽；17—给水

U形管束的材料需要有高的强度和抗腐蚀性能，一般采用高镍合金Inconel-600（含Cr14%～17%）、Incoloy-800（含Cr19%～23%）、Inconel-690（含Cr28%～31%）。蒸汽

发生器下封头是碳钢铸件，内表面堆焊6mm厚不锈钢，管板是600mm厚的低合金钢锻件，一回路侧堆焊因科镍层，筒体由低合金钢锻件或板材制成。

立式蒸汽发生器的总高度一般为19～22m，总重300～400t，单台蒸汽产量最大可达到1600～2000t/h，相当于260～340MW的功率，蒸汽压力为5.5～7.5MPa。

直流蒸汽发生器［如图5-11（b）所示］的传热管是直管，不带汽水分离器，可直接产生微过热蒸汽（过热度20～28℃），是美国B&W公司的独特设计，可提高电站热效率1%左右，但它的水容量小，对水质的要求高，安全性较差。

三、稳压器

稳压器用于稳定和调节一回路系统中冷却剂—水的工作压力，防止水在一回路主系统中汽化。在正常运行期间，压水堆的堆芯不允许出现大范围的饱和沸腾现象。如果水在一回路系统中发生汽化沸腾，水中产生大量的气泡，单相水变成汽水混合物，汽水混合物的冷却效果远远低于单相水的冷却效果。当汽水混合物流经堆芯燃料棒时，造成燃料棒的冷却效果变差，使燃料棒过热甚至发生烧毁的事故。因此，要求反应堆出口水的温度低于饱和温度15℃左右，以保证燃料棒的冷却效果。另外，稳压器还可以吸收一回路系统水容积的变化，起到缓冲的作用。

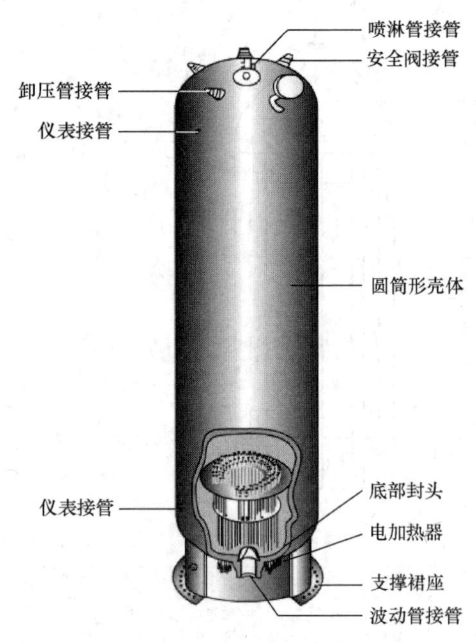

图5-12　稳压器结构

现代大功率压水堆核电站都采用电热式稳压器，一般采用立式圆柱形结构，见图5-12。它是一个立式圆筒，上下分别是半球形的封头，内表面有不锈钢覆盖层。稳压器内是两相状态的水，上部空间是饱和蒸汽，下部空间是饱和水，水和蒸汽都处于当地压力下对应的饱和温度。稳压器底部用波动管与一回路管道相连，上部蒸汽空间的顶端安装有喷淋阀，电加热元件安装在下部水空间内，依靠喷淋阀喷淋和电加热器的加热进行压力调节。稳压器顶部还设有安全阀组，用于提供稳压器的超压保护。

正常运行期间，稳压器内液相和汽相处于平衡状态。当冷水通过喷淋阀喷淋时，上部空间的蒸汽在喷淋水表面凝结，从而使蒸汽压力降低；当加热器投入后，底部空间的部分水变成蒸汽，进入到蒸汽空间，从而使蒸汽压力增加。由于稳压器通过波动管与一回路系统相连，可以认为稳压器内的蒸汽压力等于一回路中水的压力，所以，可通过控制稳压器的压力来调节一回路系统中水的压力。

四、主循环泵

主循环泵又称冷却剂泵，它是反应堆一回路系统中唯一的高速旋转设备，用于推动一回路中的冷却剂，使冷却剂水以很大的流量通过反应堆堆芯，把堆芯中产生的热量传送给蒸汽发生器。

冷却剂泵是大功率旋转设备，工作条件苛刻。泵的关键是保持轴密封，以免堆内带有放射性的水外漏。冷却剂泵是核电站中的关键设备，由于泵放在安全壳内，处于高温、高湿及γ射线辐射的环境下，核电站的主循环泵除了密封要求严以外，还要求电机的绝缘性能好。

压水堆主循环泵有屏蔽泵和轴封泵两种。屏蔽泵将电动机和泵体装在一个全封闭的结构内，密封性好，但容量较小，主要用于舰船的核动力装置。

压水堆核电厂一般采用轴封泵（见图5-13）。轴封泵不采用全密封结构，其电动机和泵体分开组装，为了防止放射性的冷却剂沿泵轴向外泄漏，在泵轴上设有轴密封。泵的叶轮为悬挂式，泵轴支承在导叶组件上。泵机组自由悬挂在三根垂直支承上，可补偿由于运行温度变化所引起的主管道长度的伸缩变化。泵和电机通过特殊的端面齿轮联轴器连接。泵轴有特殊的三级流体动力轴密封，运行时，轴封水注入系统将净化过的高压轴封水注入第一级轴封，以造成静压密封动静环之间的很大压差而形成水膜，防止一回路冷却剂向外泄漏，还对下部径向轴承及三级轴封进行润滑，可避免反应堆冷却剂的不可控泄漏。轴密封部件是主泵的关键部件，也是易发生故障的部件。

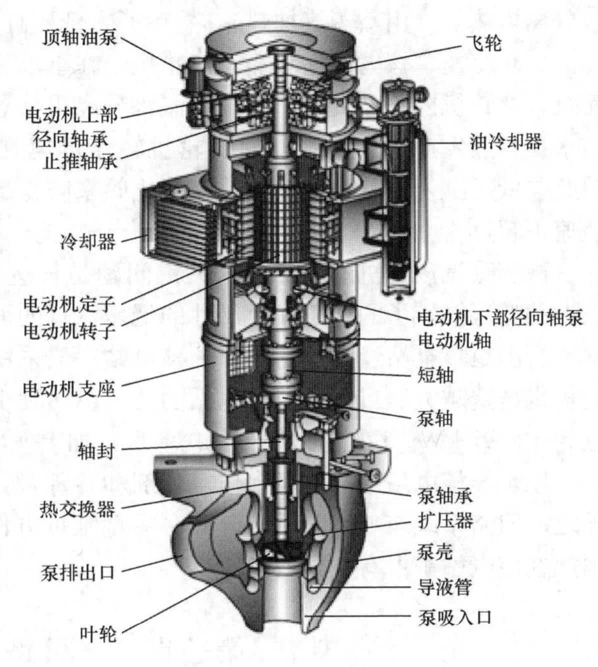

图5-13 主循环泵

主泵的转速为1500r/min，向安全壳内泄漏量小于200cm^3/h，要求能连续运行1年以上。每台主泵一般承担300MW左右的电功率，冷却水流量15 000～20 000m^3/h。无论一回路有几个环路，每个环路上都有1台主泵及1台蒸汽发生器。

五、二回路系统及设备

二回路系统的主要功能是将蒸汽发生器产生的饱和蒸汽供汽轮发电机组做功发电和供电站其他辅助设备使用。

二回路系统的主要设备有汽轮机、汽水分离再热器、冷凝器、凝结水泵、低压加热器、除氧器、主给水泵和高压加热器等。这个循环回路的流程原理与火力发电厂基本相同，其中大部分设备与火电站差不多，故不详细介绍，下面主要介绍核电站汽轮机的特点。

压水堆核电站的汽轮机与火电站汽轮机在原理上没有什么差别，只是由于反应堆冷却温度的限制（压水堆平均出口温度一般小于330℃）只能产生压力较低（5.0～7.5MPa）的饱和蒸汽或过热蒸汽（过热度20～30℃）。与火电站的高参数汽轮机相比，蒸汽的可用焓降仅为65%，汽耗约大1倍；在冷凝器内的相同背压下，排汽容积流量约大60%～70%。因此核电站的饱和蒸汽汽轮机与火电站的汽轮机相比，具有以下特点。

(1) 一般采用半速机组。核电站汽轮机的转速一般取1500r/min，美国取1800r/min (但大亚湾核电站采用3000r/min)，是火电站汽轮机转速（3000r/min）的一半。

采用半速机组的优点是：半速机组的叶片较长，叶片端涡流损失影响较小。因此效率比全速机组高1%～1.5%。不利的因素是半速机组的主要部件（如汽缸、转子、末级叶片、轴承等）尺寸和重量相应增大。因此，核电站汽轮机要比同功率的火电站汽轮机大得多。

（2）汽水分离再热器。饱和蒸汽汽轮机是在湿蒸汽区工作。蒸汽在汽轮机各级膨胀过程中产生大量水分，为了防止水蚀，除对在水蚀区工作的部件喷镀或堆焊一层13%的铬钢保护层外，一般在高压与低压缸之间装有汽水分离再热器。蒸汽在高压缸做功膨胀后，经过汽水分离再热器（用新蒸汽加热），然后通入低压缸，这样可以提高循环效率和减少叶片水蚀。

（3）超速。核电站饱和蒸汽汽轮机，在事故条件下，超速较大。这是因为在汽轮机甩负荷时，汽轮机内压力突然下降，而汽水分离再热器内存有大量蒸汽以及汽轮机表面聚积的凝结水扩容蒸发产生大量蒸汽使汽轮机转速迅速升高。如果不采取措施，将超速20%以上。因此在低压缸入口处采用快速关闭截止阀来防止超速。在采用该措施后，汽轮机甩全负荷时超速不超过4%～7%。

饱和蒸汽汽轮机的主要技术关键问题是长达1500mm以上的末级叶片加工、重达200t以上的低压缸转子的加工和大尺寸的低压汽缸的加工制造工艺。

为满足核电站经济性的要求，核电站一般采用单堆单机，随着单堆功率增加，核电站汽轮机也越造越大。目前最大核电站的功率已达到130万kW，最大的饱和蒸汽汽轮机的容量也为130万kW。汽轮机全长为40多米，加上发电机，汽轮发电机组全长约56m。

压水堆核电站由于以轻水作慢化剂和冷却剂，反应堆体积小，建设周期短，造价较低；加之一回路系统与二回路系统分开，运行维护方便，需处理的放射性废气、废液、废物少，因此在核电站中占有主导地位。

第三节　一回路辅助系统

一、化学和容积控制系统（RCV）

化学和容积控制系统（RCV）是反应堆冷却剂系统（一回路系统RCP）的主要辅助系统，它是一个封闭的加压的系统。

1. RCV系统的主要功能

（1）容积控制。用以保持反应堆RCP系统内的水容积，吸收稳压器吸收不了的水容积变化，使稳压器水位维持在随冷却剂温度而变化的水位整定值上。利用RCV系统来调节、补偿RCP系统冷却剂因温度变化、向系统外泄漏或上充（包括轴封注水）和下泄流量不平衡导致的水容积变化。

（2）反应性控制。与反应堆硼和水补给系统（REA）相配合，通过调节冷却剂硼浓度来控制反应堆内反应性的变化，以及保证足够的停堆深度；

（3）化学控制。通过净化处理，去除冷却剂中裂变产物和腐蚀产物，从而控制一回路的放射性水平，提高冷却剂水质。与反应堆硼和水补给系统（REA）配合，通过给冷却剂加药，来实现给冷却剂除氧、调整pH。

2. RCV系统的辅助功能

（1）为冷却剂泵提供经过过滤、冷却的轴封水和水泵轴承冷却、润滑水。

（2）为稳压器提供辅助喷淋冷水。

（3）为反应堆及RCP系统进行充水排气及打压检漏试验。

（4）在稳压器充满水单相运行时，控制RCP系统的压力。

(5) 接收 RCP 系统运行中冷却剂水的过剩下泄。

(6) 在余热排放系统（RRA）准备投入前，通过向 RCV 系统下泄，以加热 RRA 系统介质。

3. RCV 系统的安全功能

(1) 在 RCP 系统发生小破口事故时，RCV 系统能维持 RCP 系统的水装量。

(2) 在正常停堆或发生卡棒、弹棒等反应性事故时，与 REA 系统配合，共同确保反应堆处于次临界状态。

(3) 在安全注入系统（RIS）投入向堆芯注水时，RCV 系统向 RCP 系统紧急注入硼酸溶液。此时 RCV 系统上充泵作为高压安全注入泵投入运行。

化学和容积控制系统（RCV）由下泄回路、净化回路、上充回路、轴封注水及过剩下泄回路四部分组成（见图 5 - 14）。

二、硼和水补给系统（REA）

反应堆硼和水补给系统（REA）是化学和容积控制系统（RCV）的支持系统，为化学和容积控制系统主要功能的实现起辅助作用。同时，反应堆硼和水补给系统还有多项附加功能。

1. 系统功能

REA 系统的主要功能是储存和供应反应性控制、容积控制和化学控制所需要的各种流体。当 RCV 系统进行容积控制时，为反应堆 RCP 系统提供经净化除气的水和硼酸溶液。当 RCV 系统进行化学控制时，为其配制和注入化学药物联氨和氢氧化锂。当 RCV 系统进行反应性控制时，为其提供不同浓度的含硼水或纯水。

2. REA 系统的其他辅助功能

(1) 为 RCP 系统三台主泵的 3 号轴封及其平衡立管供水。

(2) 为 RCP 系统卸压箱提供喷淋冷却水。

(3) 为安全注射系统（RIS）硼缓冲箱提供 7000ppm 硼浓度的初始充水和补水。

(4) 为反应堆换料水池和乏燃料水池的冷却和处理系统（PTR）的换料水箱提供 2200±100ppm 硼浓度的初始充水和补水。

(5) 为 RCV 系统容积控制箱充水，以进行扫气。

REA 系统的基本流程如图 5 - 15 所示。系统主要区分成水和硼酸溶液两大部分，要向 RCV 系统提供纯水、硼酸溶液和化学药物。为便于分析，系统可分解为补水、硼补充、硼酸配制和化学添加剂制备四个回路。

三、余热排出系统（RRA）

反应堆运行时，核反应产生的能量由 RCP 系统通过蒸汽发生器的二次回路传热导出。反应堆停闭后堆芯由裂变产物产生的剩余功率发热在很长一段时间内仍需要带出。

为此，压水堆停堆初期几个小时内堆芯余热仍由蒸汽发生器通过二回路以蒸汽形式排放，之后则由余热排放系统（RRA）来承担，将堆芯热量带出传给设备冷却系统（RRI）冷却水。因此反应堆余热排出系统又称反应堆停堆冷却系统。

1. 主要功能

在 RCP 系统冷却剂温度降至 180℃，压力降至 30bar（abs）后，投入 RRA 系统将堆芯余热以及 RCP 系统设备、冷却剂的显热和主泵运转给 RCP 系统冷却剂提供的热量排出，传给设备冷却水系统（RRI）冷却水。

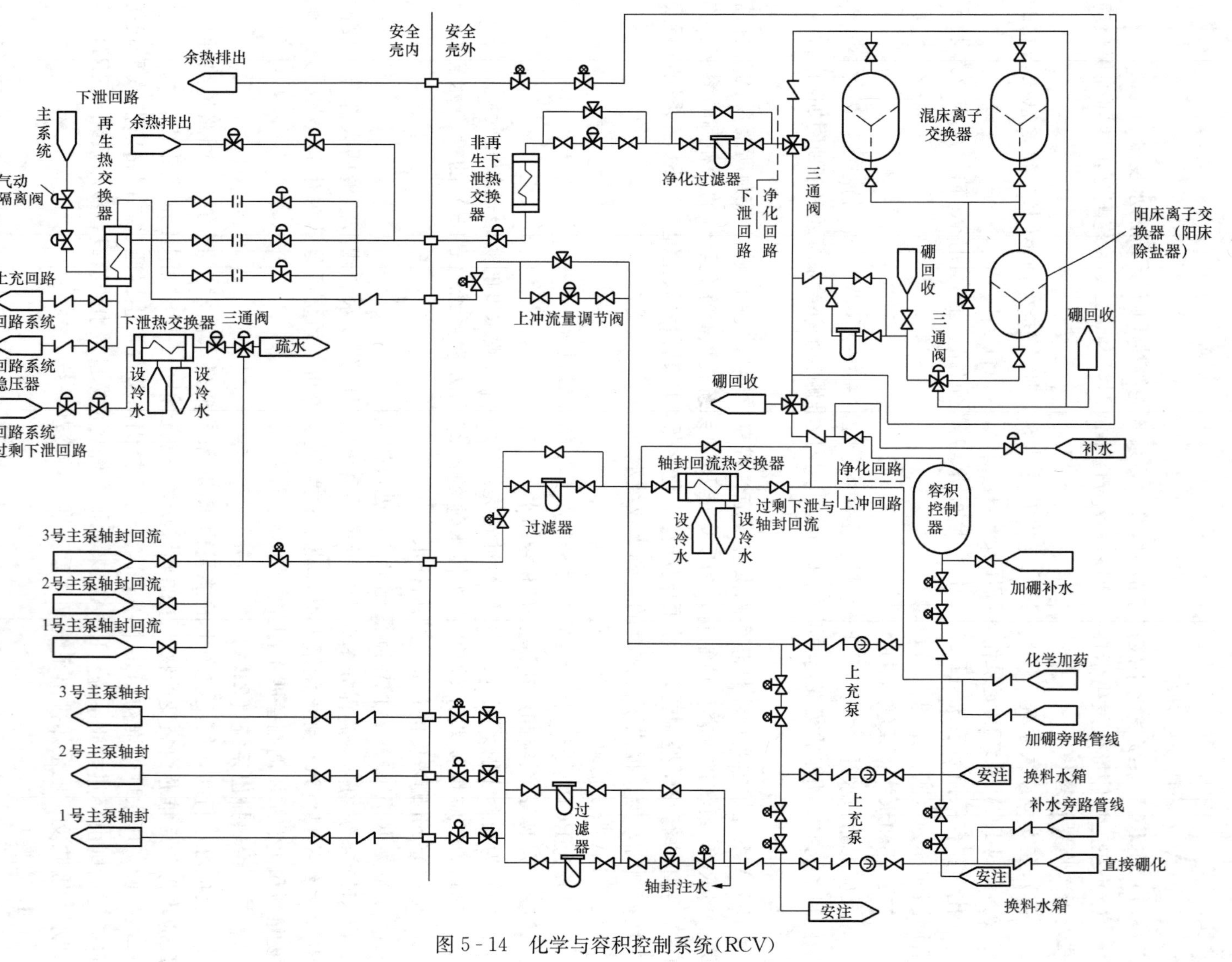

图5-14 化学与容积控制系统(RCV)

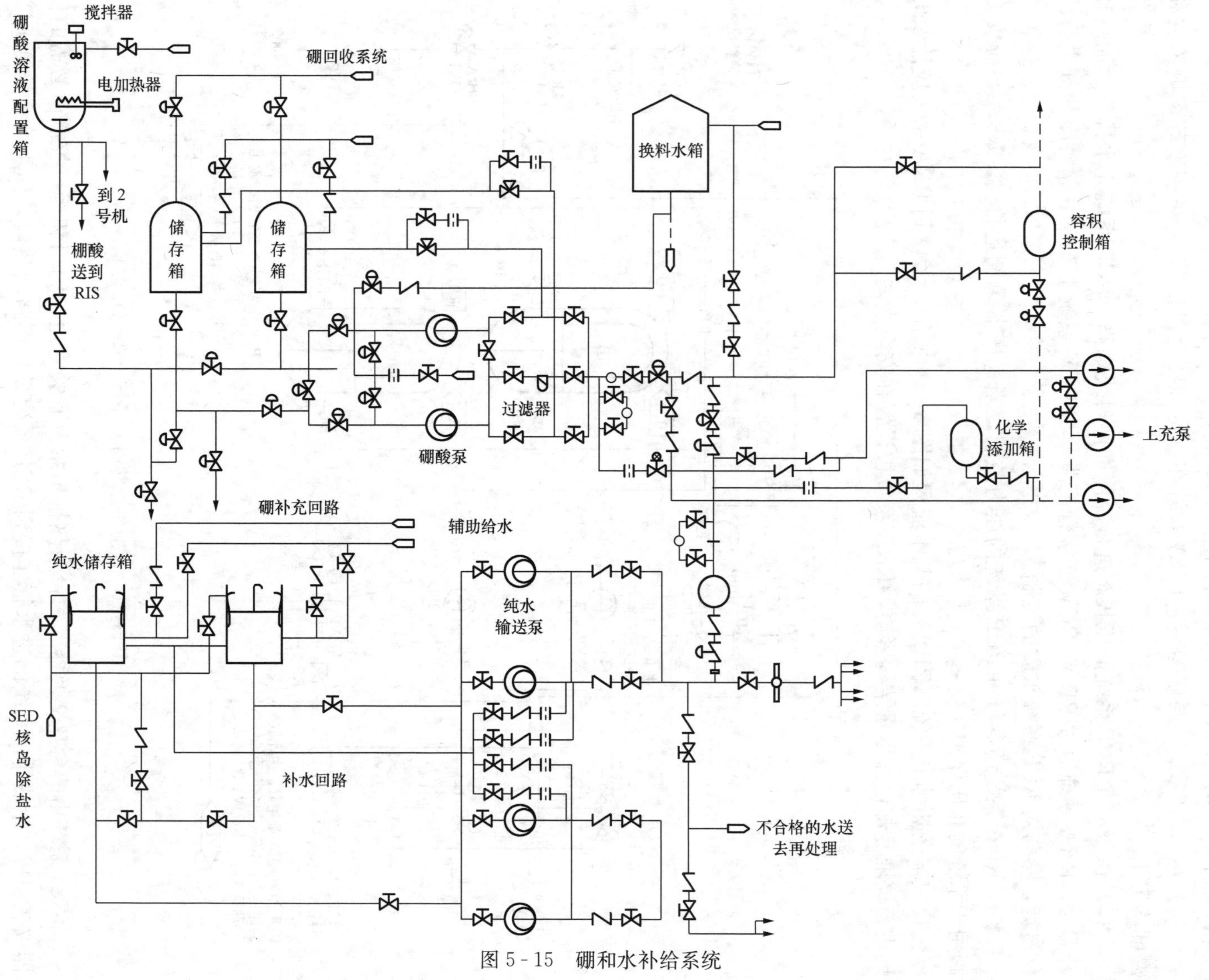

图 5-15 硼和水补给系统

2. 辅助功能

（1）用于反应堆换料水池水的传输，在反应堆换料结束后，通过 RRA 系统水泵将堆顶换料水池中的水输送回 PTR 系统换料水箱 001BA。

（2）在 RCP 系统主泵停运后，RRA 系统在一定程度上可使 RCP 系统冷却剂硼浓度和温度均匀化。

（3）在压水堆 RCP 系统低压状态进行冷停堆换料或维修、RCP 系统充水排气、加热和升温时，RRA 系统通过 RRA - RCV 连接管下泄，与 RCV 系统上充泵一起对冷却剂进行净化过滤，参与对 RCP 系统水质的控制。

（4）RRA 系统还参与对 RCP 系统的压力控制，当稳压器单相运行时，RRA 系统安全阀用于系统的超压保护。

反应堆余热排出系统（RRA）的基本流程如图 5 - 16 所示。考虑到 RRA 系统应能及时地进行停堆冷却，并尽量结构紧凑，RRA 系统被设置在安全壳内。

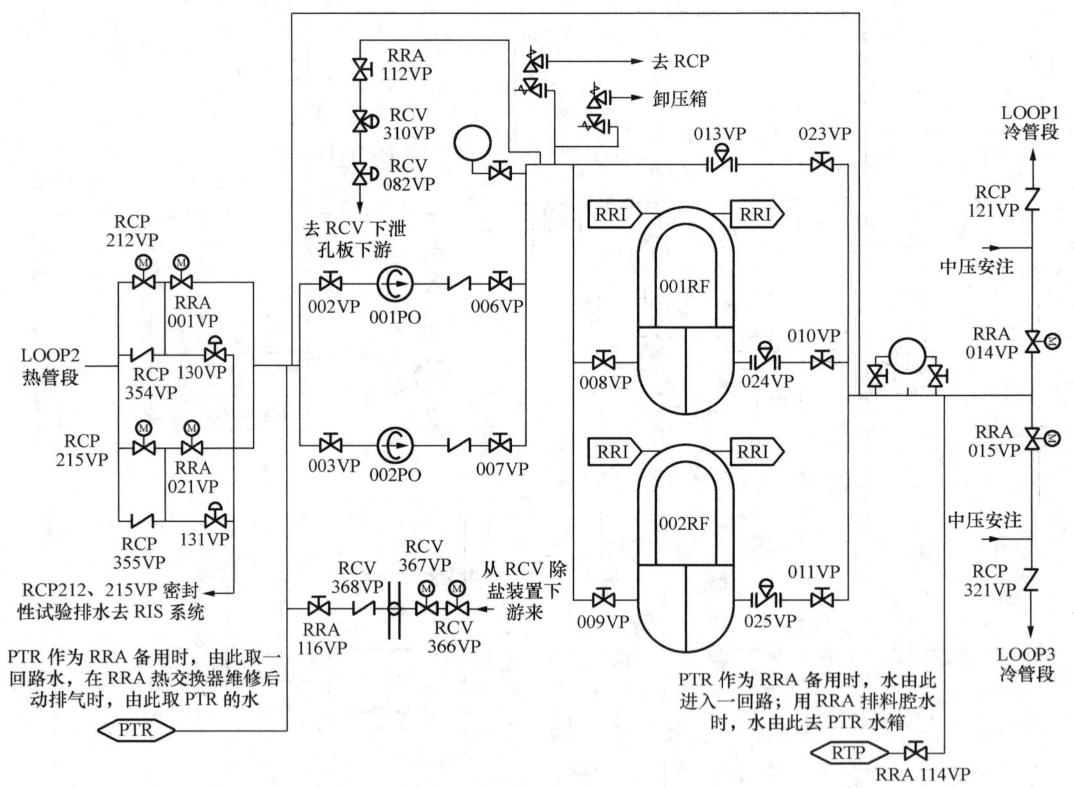

图 5 - 16　反应堆余热排出系统（RRA）

RRA 系统由两台热交换器、两台余热排出泵及有关管道、阀门和运行控制所必需的仪器仪表组成。余热排出系统的进水管连接到 RCP 系统 2 号环路的热段，回水管连接到 RCP 系统 1 号和 3 号环路的冷段。这两根回水管也是安全注入系统（RIS）中压安全注入管线。余热排出泵与 2 号环路热段接管间并列布置有双管线，每条管线上设有两个隔离阀（RCP212VP、RRA001VP 和 RCP215VP、RRA021VP）。每条通向 1 号和 3 号环路冷段的回水管上，各设置一个电动隔离阀和一个止回阀（RRA014VP、RCP121VP 和 RRA015VP、RCP321VP）。

余热排出泵（001PO，002PO）从 RCP 系统 2 号环路热段吸入冷却剂，并将冷却剂打入泵出口母管。母管上设置有两个卸压阀组，用以避免 RCP 系统单相运行时系统超压。卸压阀组卸压时排向 RCP 系统卸压箱（002BA）。余热排出泵出口冷却剂经母管进入两台热交换器（001RF，002RF），热交换器进出口两端设有一条旁路管线。冷却剂经热交换器后汇总，然后一分为二分别与 1 号和 3 号环路冷段的 RIS 系统中压安注管相接，一起进入 RCP 系统。

在热交换器出口总管上引出一条泵的最小流量循环管线，管线上无任何阀门，用于保护余热排出泵，防止泵体过热和丧失吸入流量。热交换器所在管线调节阀（024VP，025VP）用于调节通过热交换器的冷却剂流量，以达到控制 RCP 系统冷却剂升、降温速率和控制冷却剂温度的目的。而旁路管线调节阀（013VP）则用来调节总流量并使其保持流量恒定。另外，在余热排出泵出口总管上还引出一条到 RCV 系统下泄孔板下游的低压下泄管线和一条到 PTR 系统的连接管线。在泵吸入口母管上同样有一条来自 RCV 系统净化回路下游的回水管线和一条来自 PTR 系统的连接管线。RRA 系统单台热交换器应有足够的能力将带出的热量传给 RRI 系统冷却水。RRA 系统还应能在 RCP 系统发生小破口以及主蒸汽管道破裂时正常运行，维持将堆芯热量带出。

四、设备冷却水系统（RRI）

1. RRI 系统的功能

RRI 系统是核岛设备与重要厂用水系统（SEC）海水之间的一个中间回路。在核电站所有运行工况下 RRI 系统对核岛所有需要冷却的设备提供设备冷却水，并通过设备冷却水系统热交换器将热量传递给最终冷源——海水。RRI 系统为核岛需要冷却的带放射性水的设备与 SEC 系统海水之间，提供了一种屏蔽和隔离，用以防止放射性流体因泄漏而释放到海水中，导致海水对核岛设备直接接触产生腐蚀。

2. RRI 系统结构及流程

设备冷却水系统（RRI）是处于核岛设备与重要厂用水（SEC）系统之间的采用除盐水作介质的封闭回路。对大亚湾核电厂的每一个机组而言，设备冷却水系统（RRI）包含有两个与核安全有关的独立管线和一个公共管线，两个机组之间还有一个机组共用管线（见图 5 - 17）。

五、重要厂用水系统（SEC）

1. SEC 系统的功能

重要厂用水系统（SEC）的主要作用是冷却设备冷却水系统（RRI），将设备冷却水系统传递出的热量送到最终冷源海水中。

2. 系统结构及流程

重要厂用水系统流程见图 5 - 18。系统由两条独立的经实体隔离的管线组成。每条管线并联有两台容量各为 100%的水泵，水泵从海水入水口经 CFI 循环水过滤系统栅栏和转筒滤网，于循环水系统（CRF）循环水泵上游主管吸入海水，使其通过 SEC - RRI 热交换器吸收热量后输送排放到循环水排水渠。

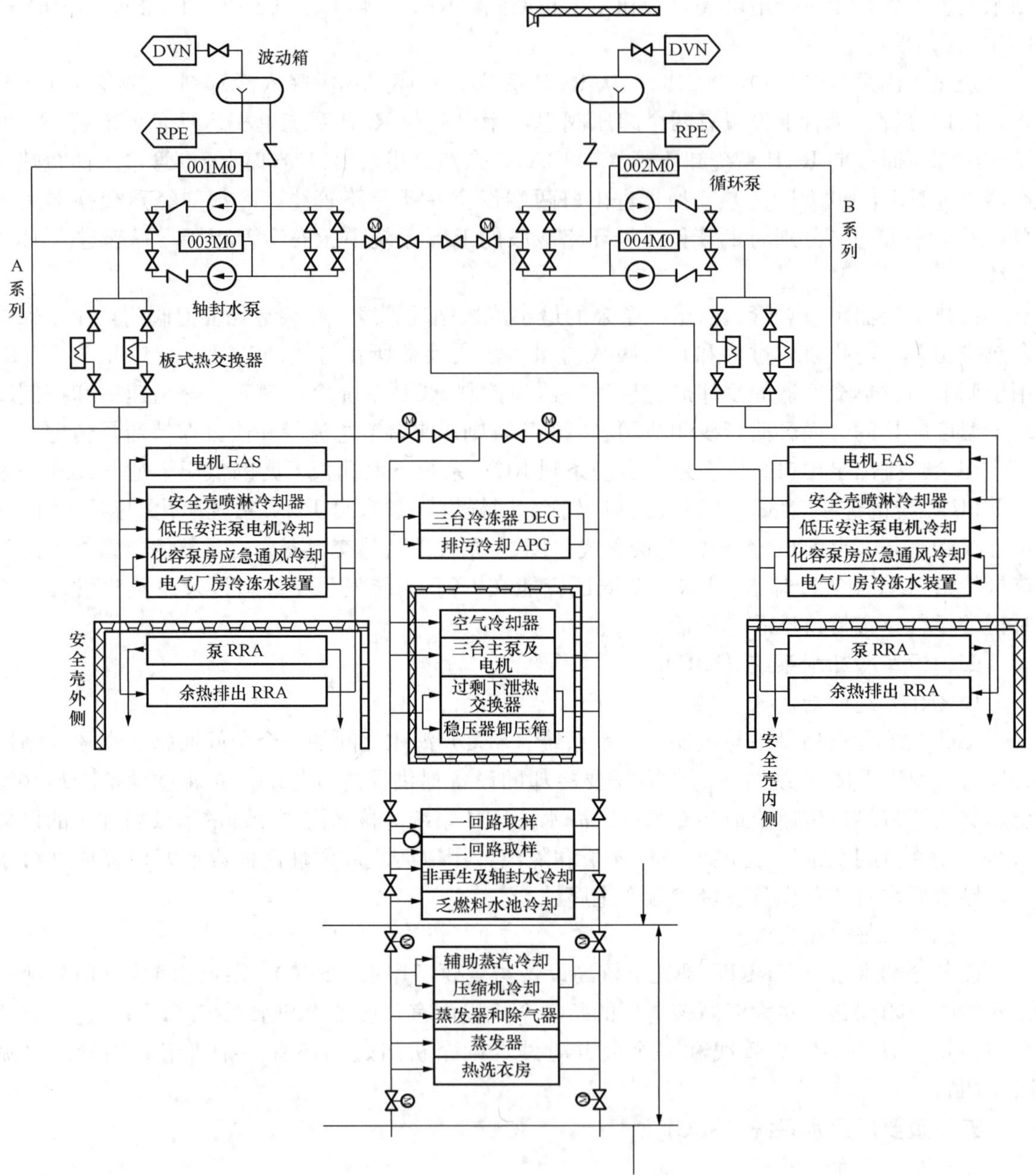

图 5-17　设备冷却水系统（RRI）

两条管线进水母管之间有一根跨接的连通管和一组阀门，可以使一条管线的进水由另一条管线供给。正常运行时，此跨接管保持隔离关闭状态。

为了防止水草、水母、贝类等海水生物的侵入，除了使用循环水过滤系统（CFI）过滤和吸入口的海水进行加氯（经 CTE 循环水处理系统）外，还在每条管线的两台热交换器上游装置一台贝类捕集器（001FI 或 002FI）。捕集器主要是由一个不锈钢制的网孔为 4mm 的圆形过滤器构成。捕集器本体上还装有两根接管，用于清除排出的垃圾。

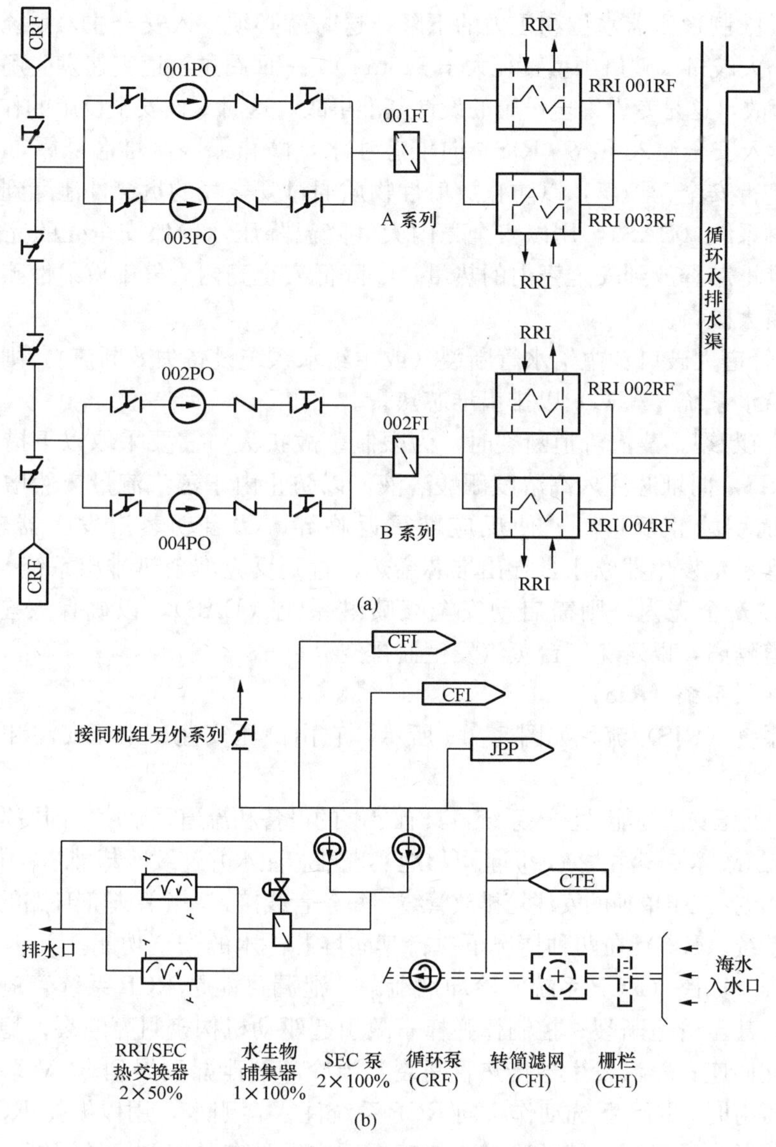

图 5-18　重要常用水系统（SEC）

第四节　专设安全措施

一、概述

1. 专设安全设施的功能

（1）防止放射性物质扩散，保护环境，保护公众和核电站工作人员的安全。

（2）当核电站发生事故时，确保堆芯余热的排出，并尽可能地限制裂变产物包容设备和系统的损坏。

2. 专设安全设施在某些事故中的作用

（1）一回路小破口（破口当量直径 9.5～25mm）。当一回路泄漏量很小时，通过增加 RCV 系统上充流量就可以补偿泄漏。但是，当泄漏量增加到一定程度，就需要投入另外系统以补偿泄漏，限制稳压器水位和压力的下降，这时就必须投入安全注入系统（RIS）。

（2）一回路大破口（破口当量直径大于345mm）。一回路主管道突然发生脆性断裂是典型的大破口失水事故，这是专设安全设施的设计基准事故。这时专设安全设施的作用体现在以下几个方面：①投入安全注入系统（RIS）向堆芯注水，防止或限制堆芯裸露，保证燃料元件的完整性；②进行安全壳隔离，以防止放射性物质通过安全壳的贯穿件泄漏到安全壳外；③投入安全壳喷淋系统（EAS），用以安全壳内大气降温降压，确保安全壳的完整性；④排出一回路和反应堆堆芯释放到安全壳内的热量；⑤降低安全壳内大气中放射性碘的含量。

（3）二回路大破口。

1）主给水管道大破口。主给水管断裂（或主给水系统设备失效断流），则须及时投入蒸汽发生器辅助给水系统（ASG）以排出堆芯热量。

2）蒸汽管道断裂。蒸汽管道断裂时，为限制事故扩大，需要采取以下措施：①启动安全注入系统（RIS）向堆芯注入高浓度硼酸溶液，以防止由于蒸汽流量突然增大使一回路冷却剂温度下降而引入正反应性，使反应堆重返临界；②启动蒸汽发生器辅助给水系统（ASG），以确保蒸汽发生器给水，导出堆芯余热，直到反应堆余热排出系统（RRA）投入；③如断裂发生在安全壳内，则需启动安全壳喷淋系统（EAS），以确保安全壳的完整性；④进行蒸汽管道隔离，以避免三台蒸汽发生器排空。

二、安全注入系统（RIS）

安全注入系统（RIS）流程如图5-19所示，它由高压安注、中压安注和低压安注三个分系统组成。

高压安注和低压安注为能动注入系统，具有足够的设备和流道冗余度，即使发生单一能动或非能动设备或流道故障使安注失效，仍能可靠地实现堆芯注水并连续冷却堆芯。中压安注为非能动注入系统，它包括三条单独的安注箱排放管线，每条管线接到一个冷却剂环路的冷段上。

安全注入系统（RIS）在两种情况下执行其向堆芯注水的安全功能。

（1）压水堆一回路（RCP系统）冷却剂泄漏。泄漏可能是RCP系统管道、设备出现不同程度的破口，甚至管道断裂；控制棒弹棒事故引起驱动机构密封壳断裂；稳压器安全阀误开或动作后不能回座；蒸汽发生器传热管断裂。当冷却剂泄漏发展到RCV系统已不能维持稳压器水位和压力时，RIS系统动作，向RCP系统注入含硼水，用以维持RCP系统压力和稳压器水位，使反应堆得到连续的冷却，并确保反应堆具有足够的停堆深度。在大破口失水事故（LOCA）情况下，RIS系统向堆芯注水，以淹没并冷却堆芯，防止燃料元件温度升高而引起包壳损坏，确保堆芯几何形状和结构的完整性。

（2）压水堆二回路蒸汽大量泄漏。这种泄漏主要由蒸汽系统管道断裂引起，也可能是卸压阀、安全阀故障引起大量蒸汽排放。此时，蒸汽发生器由于不可控地产生大量蒸汽，致使反应堆冷却剂连续降温，导致反应堆引入正反应性，冷却剂体积收缩。RIS系统此时投入，向RCP系统注入高浓度硼酸溶液，以补偿冷却剂降温引入的正反应性，防止反应堆在停堆后又重返临界；同时用以维持RCP系统压力和稳压器的水位。

RIS系统除了上述主要安全功能外，其在LOCA事故后的再循环阶段，处于安全壳外的部分还起到密封屏蔽作用；低压安注泵可用于向换料水箱充水；利用安注系统试验泵可从换料水箱吸水，向中压安注箱进行初始充水和定期补水，或对RCP系统进行水压试验；在全厂电源故障时，安注系统试验泵可作为后备，确保主泵轴封的注水。

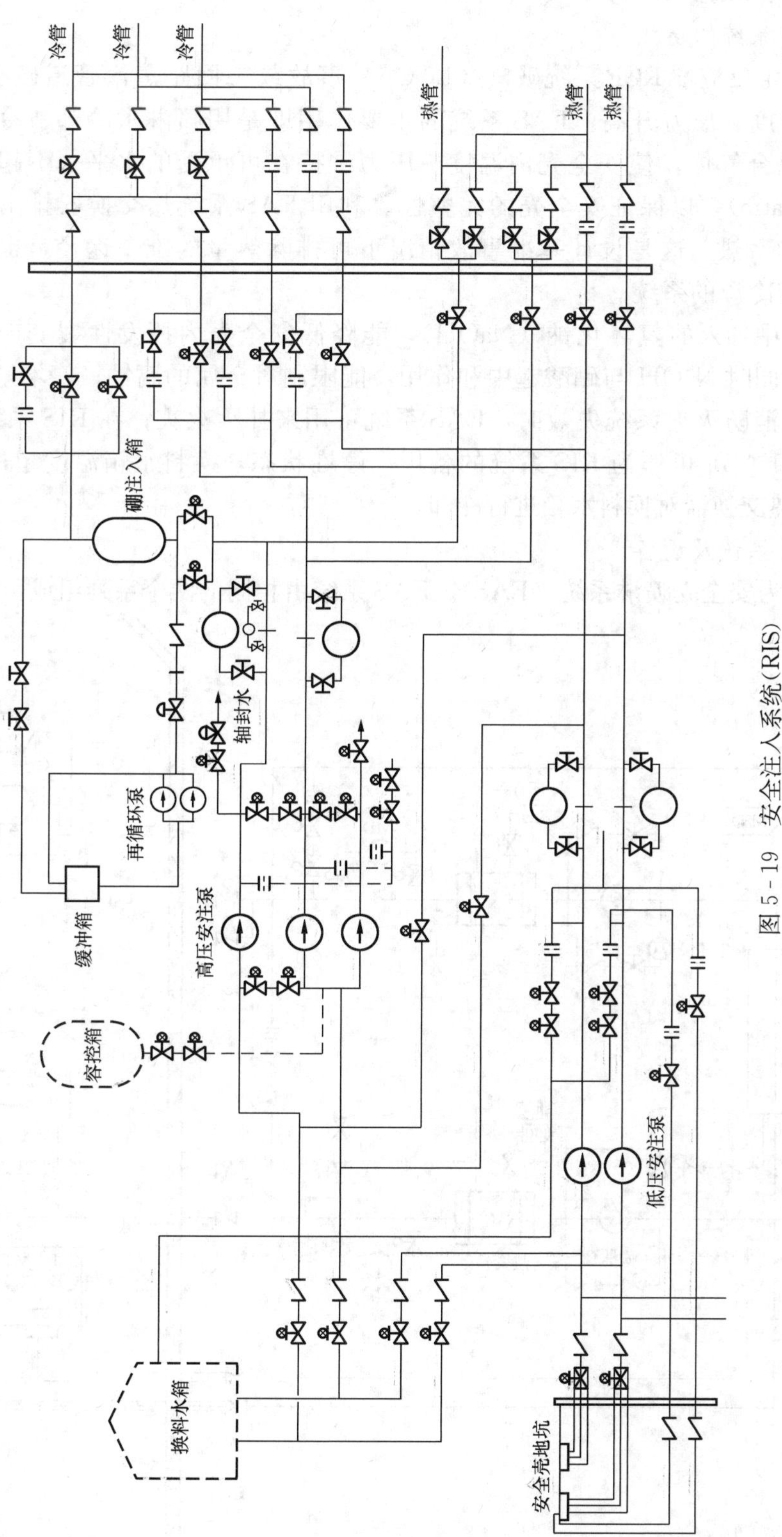

图5-19 安全注入系统(RIS)

三、安全壳喷淋系统（EAS）

1. 安全壳喷淋系统的功能

当安全壳内发生反应堆RCP系统破口（LOCA）事故或二回路蒸汽管道破裂事故时，将导致安全壳内温度、压力升高。EAS系统的主要作用即是用喷淋水冷却、冷凝安全壳内空气和蒸汽的混合气体，使安全壳内温度、压力维持在可承受的水平（不超过安全壳设计压力——约5atm），以保证安全壳的完整性。利用EAS系统热交换器排出事故时释放到安全壳的堆芯余热，这是设计基准事故情况下可排除热量的唯一途径，也是专设安全设施中唯一带有冷源的系统。

此外，喷淋水中加入的氢氧化钠（NaOH），能降低安全壳内挥发性裂变产物的浓度（捕捉放射性碘），同时NaOH与硼酸起中和作用，能限制对金属的腐蚀；停堆期间，当安全壳内发生火灾而消防灭火系统失效时，EAS系统可用来扑灭火灾；在RIS系统故障时，安全壳喷淋系统（EAS）可作为RIS系统的备用；停堆状态，换料水箱温度超过40℃时，可利用EAS系统热交换器对换料水箱进行冷却。

2. 安全壳喷淋系统及设备

图5-20所示为安全壳喷淋系统（EAS）。EAS系统由相同的两个系列组成。每个系列

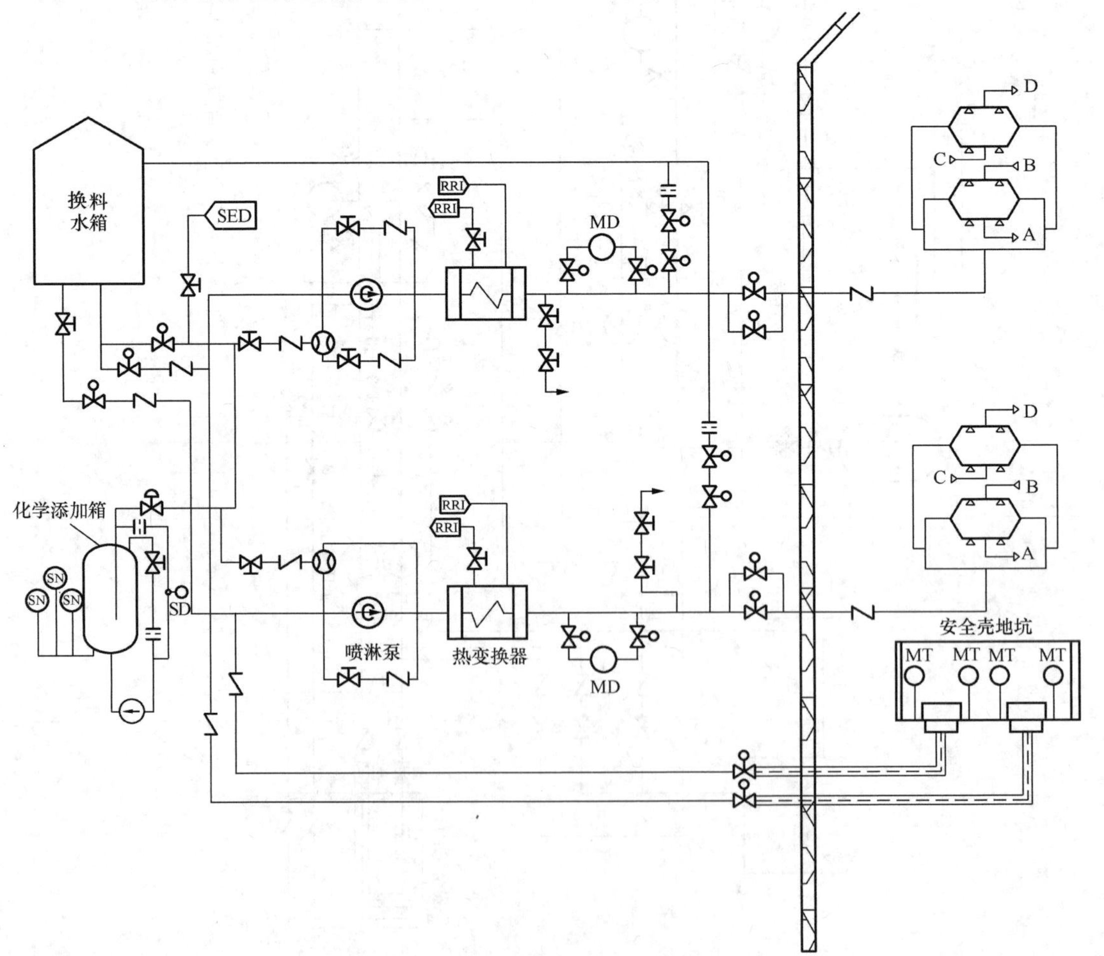

图5-20 安全壳喷淋系统（EAS）

能保证100%的喷淋功能，它们由一台喷淋泵、一台热交换器、一台化学添加喷射器、喷淋管和阀门组成，其中化学添加剂系统是共用的。

四、辅助给水系统（ASG）

1. 辅助给水系统的功能

（1）正常功能。辅助给水系统（ASG）作为主给水系统的后备，可向蒸汽发生器二次侧提供给水。在下列情况ASG系统可代替主给水系统：

1）在启动和RCP系统升温阶段，主给水系统不能使用时；

2）在热停堆阶段，不再允许使用主给水系统时；

3）向冷停堆过渡阶段，直至达到RRA系统投运条件177℃和28bar（abs），RRA系统正式投运时；

4）ASG系统电动泵用于向蒸汽发生器二次侧进行初充水、冷停堆后的再充水和保持水位补充水；

5）ASG系统脱气装置用于向ASG、REA系统储存水箱供应除气除盐水。

（2）安全功能。核电站运行中当用于蒸汽发生器正常给水的CVI、CEX、ABP、APP、ARE诸系统中任一个失效时，ASG系统成为应急手段，取代主给水系统，向蒸汽发生器二次侧提供给水，用以排出堆芯余热，直至达到RRA系统投运条件，RRA系统正式投运，以此保护堆芯并保持设备的完整性。

核电站运行中发生事故导致安注系统（RIS）动作或蒸汽发生器低水位时ASG系统将投入运行，以此排出余热，保护堆芯和设备。

ASG系统投运后，RCP系统放出的热量将通过蒸汽发生器由辅助给水传输给二回路，二回路通过汽机旁路系统（GCT）将蒸汽排向凝汽器或排向大气。

2. 辅助给水系统及其设备

图5-21所示为压水堆电站辅助给水系统（ASG）。辅助给水系统（ASG）包括储存水箱、辅助给水泵、脱气装置及相应的管道阀门。ASG系统属于专设安全设施，为满足单一故障准则，系统设计成双系列2×100%容量。两台并联的电动辅助给水泵组成2×50%容量A系列，电动机由应急电源供电；一台汽动辅助给水泵组成1×100%容量B系列，由主蒸汽系统（VVP）旁路供汽。所有设备都置于限制接近区域之外，其环境温度通过通风系统维持在7～40℃之间。

五、主蒸汽系统隔离

主蒸汽隔离的功能：发生主蒸汽系统（VVP）管道破裂（SLB）事故时，蒸汽的大量失控排放，将造成RCP系统冷却剂过度冷却。堆芯慢化剂温度的降低将引入过多的正反应性，有可能使反应堆失控，因此，当发生SLB事故时，希望主蒸汽系统管道及时隔离，以消除或减少蒸汽的泄漏，并保护蒸汽发生器。若SLB事故破口发生在主蒸汽隔离阀的下游，则主蒸汽阀的关闭便隔离了破口，消除了蒸汽泄漏；若破口发生在主蒸汽阀的上游，则隔离阀的关闭便避免了其他两台蒸汽管道完好的蒸汽发生器的泄漏和排空。因此，主蒸汽系统隔离的功能为隔离蒸汽泄漏，避免两台蒸汽管道完好的蒸汽发生器的排空。

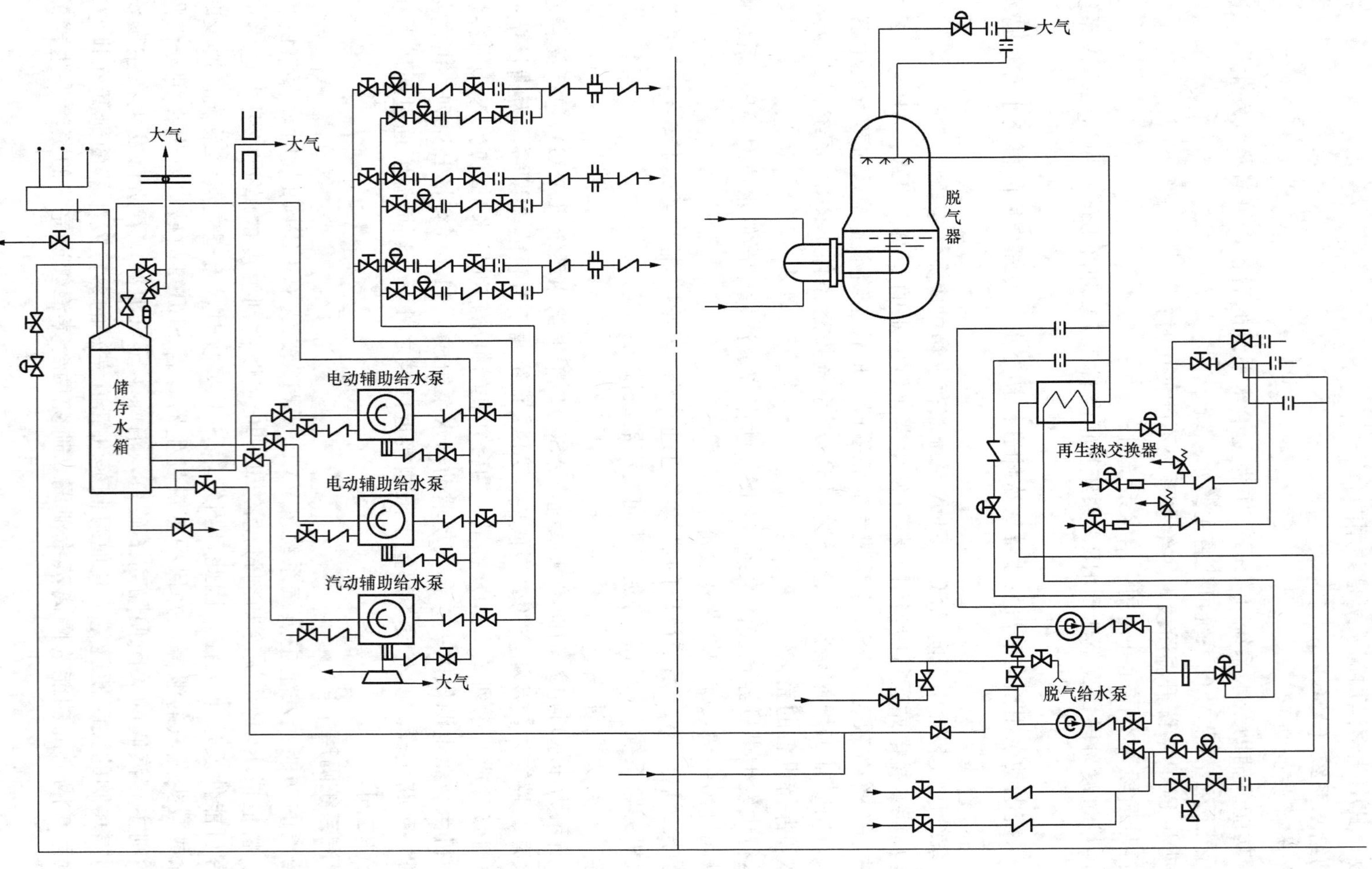

图 5-21 压水堆辅助给水系统(ASG)

第五节　放射性废物处理系统

一、放射性废物处理系统功能

像所有工业设施运行时会产生废物（废气、废热、粉尘、废液、废渣、化学物等）一样，压水堆核电厂在投运发电后会产生各种废物，其中包括带放射性的废液、废气和固体废物。为了保护周围环境免遭放射性污染，防止对周围居民和工作人员过量的放射性辐射，所有放射性废物在排放到环境或被重新利用之前，必须对这些放射性废物进行处理，使其达到规定必须达到的允许放射性标准。对于一些不能回收利用、也不能向环境排放的放射性废物，则必须进行最终收集、处置储存。为此，核电厂在核岛设置了一整套放射性废物处理系统。处理系统包含对放射性废物的收集、储运、处理、监测、排放、再利用及最终处置储存（见图 5-22）。

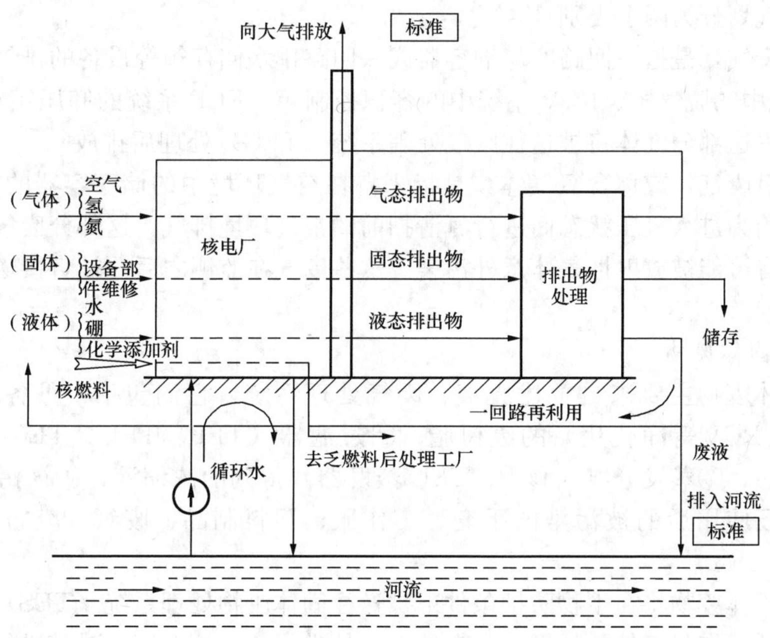

图 5-22　核电厂放射性废物处理系统

二、放射性废物的来源

放射性废物呈气体、液体、固体三种物理形态，有各自不同的来源。

1. 放射性废液

放射性废液可划分为两大类别。

(1) 可复用的一回路排水。这种可复用的一回路排水是指压水堆瞬态工况时，从一回路排出的、含氚的、未暴露在空气中的、带放射性的一回路冷却剂水。这种瞬态工况为 RCP 系统冷却剂温度升高，体积膨胀；一回路改变硼浓度（稀释、加硼）引起的一回路排水。另外，这类排水还来自 RCP 系统卸压箱冲洗、排空，压力壳或主泵密封泄漏等。这种可复用的一回路排水将被送往硼回收系统（TEP）进行处理后返回 RCP 系统再利用。

(2) 不可复用的废液。不可复用的废液来源于不可复用的工艺排水、地面排水、化学废液和公用废水。

1）工艺排水。工艺排水是指含氚并已暴露在空气中的放射性疏排水。如来自废气处理系统（TEG）的排水；TEP 系统一回路排水储存水箱水位过高溢出的水；所有运载一回路水的系统设备（RCV、RRA、RIS、PTR）的排水，以及对一回路取样的排水。这部分水被送往废液处理系统（TEU）处理后排放。

2）地面排水。地面排水是指从地面收集的不带放射性的，或略被放射性污染的水，在监测后或直接排放，或送往废液处理系统（TEU）处理后排放。

3）化学废液。这是指受化学污染的水，来自辅助系统设备的去污水、热试验室及取样。这部分水在监测后或直接排放，或过滤后排放，或送往 TEU 系统处理后排放。

4）公用废水。是来自淋浴水、洗涤水和使用去污剂的去污水，带有较弱的放射性，可在监测后直接排放或经 TEU 系统处理后排放。

2. 放射性废气

放射性废气划分为两个类别。

(1) 含氢废气，是指一回路冷却剂容器或一回路排水储存箱等设备的排气和扫气。主要来自 TEP 系统中的脱气塔、RCV 系统中的容积控制箱、RCP 系统的卸压箱和 TEP 系统的前置储存箱等。这部分气体将被送往废气处理系统（TEG）处理后排放。

(2) 不含氢废气，或称含氧气体，是指来自在空气环境中的储存容器的排气，如 RCV 系统容积控制箱为进入氢压状态而进行氮清扫前的空气环境排气。这部分废气如和一回路冷却剂相关，则有可能被放射性气体意外污染。这些废气在监测之后，被直接送往烟囱向大气排放。

3. 放射性固体废物

放射性固体废物主要来自上述废液、废气处理系统，它们包括：①各种离子交换器（TEP、TEU、RCV 等净化用）的废树脂；②过滤器（TEP、TEU、TEG、RCV 等过滤用）的失效滤芯；③蒸发分离（TEP、TEU 蒸发器）得到的浓缩液；④被污染的废零部件和工具；⑤现场使用后的被污染的手套、工作服、塑料制品、废纸、废布等防护用品和杂物。

所有这些固体废物将在生物防护条件下被送往固体废物处理系统（TES）处置储存。

对于出堆的乏燃料组件的处理，是在核电厂外进行的。核电厂仅对其进行暂存，最终将从乏燃料储存水池中取出运往乏燃料处理厂。因此，乏燃料组件将不作为固体放射性废物在核电厂放射性废物处理系统中对其进行处理。

三、大亚湾核电站放射性废物处理系统

大亚湾核电站放射性废物处理系统包含 6 个系统，它们分别为：①核岛排气和疏排水系统（RPE)；②硼回收系统（TEP)；③废液处理系统（TEU)；④废气处理系统（TEG)；⑤固体废物处理系统（TES)；⑥废液排放系统（TER)。

第六节　先进的压水堆核电厂

压水堆核电站是目前动力堆的主要堆型，全世界的核电站中压水堆占核电总装机容量的60%以上。先进反应堆在堆芯及堆体结构、燃料组件、控制棒、蒸汽发生器、工程安全系统、汽轮发电机系统、控制测量系统、设备布置等方面进行了一系列改进。先进反应堆的设计可以分为改良型、革新型和革命型三大类。

改良型反应堆的设计是在已有成熟设计的基础上改进或增加安全设施，以增加安全裕度。如ABB-CE公司（已与西屋公司合并）的System 80^{+}型，采用双层安全壳、安全降压系统、堆坑熔渣室、大堆腔底部容积、堆腔淹没系统、消氢系统、安全壳喷淋系统等，功率为1350MW。此外，该反应堆还降低了一回路的出口温度，增加了稳压器和蒸汽发生器的体积，改进了反应堆压力壳的材料和蒸发器的管材，采用了全数字化的仪器和控制系统。韩国在System 80^{+}型的基础上又改进研发了APR1400先进压水堆，功率为1400MW。欧洲压水堆EPR是在法国和德国现有的大型压水堆N4堆和Konvoi堆基础上，由法国法马通（Framatome）公司和德国西门子（Simens）公司共同改进开发的，在重要的安全系统方面采用了一套运行、三套备用的四重冗余设计、双层安全壳、增加蒸汽发生器和稳压器体积等改进措施。

革新型反应堆的设计重点在于事故预防，通常选用低功率密度堆芯，大幅度简化系统设计，并大量采用非能动安全系统，这样不需运行人员的干预或交流电源的支持就可以维持堆芯冷却和安全壳的长期完整。如美国西屋电气公司设计的革新型压水堆AP600，采用了非能动堆芯冷却系统、非能动安全壳冷却系统、主控室可居系统、安全壳隔离设施、堆芯收集器等。所谓非能动设计就是依靠重力、自然循环、对流、热传导和辐射等自然换热规律，而非依靠交流电源和电动机驱动部件。AP600的非能动安全系统可以应对所有的设计基准事故，在事故发生后的72h内在无任何运行操作的情况下可以保证堆芯和安全壳的冷却。AP1000的基本设计和非能动安全系统都和AP600相同，但输出功率进一步提高，经济性也得到了改善，其发电成本比AP600降低30%。其安全目标的两个指标反应堆堆芯熔化概率和大规模释放放射性物质的概率，目前运行中的二代堆分别为10^{-4}/（堆·a）和10^{-5}/（堆·a）（即每堆每年出现万分之一的堆芯熔化可能性和10万分之一的大规模释放放射性物质可能性）。两次核电事故后，法规和标准对安全目标的要求分别提高到10^{-5}/（堆·a）和10^{-6}/（堆·a）。在AP600的基础上，AP1000的安全目标定得更高，分别为5.08×10^{-7}/（堆·a）和5.94×10^{-8}/（堆·a）。

国际革新安全型反应堆（IRIS）由9个国家的18个组织共同参与研发，包括美国、日本、意大利、英国、巴西、西班牙、墨西哥、法国等，它是一种模块化、中小型功率规模的一体化新型压水堆。由于采用了一体化结构，减少了冗余设备，提高了安全性，降低了投资成本；系列化、标准化和模块化的建造，大大提高了经济性。IRIS分为标准型（100～350MW）和低功率改进型（50MW）两种，能满足第四代先进核能系统增大安全性、提高经济性、防止核扩散和核废物最少化的四项主要要求。

革命型设计，如瑞典的PIUS，它采用“工艺固有极限安全”原则，堆芯安全仅依靠重力和热工水力学定律来保证，如依赖完全的自然循环和堆芯直接泡在极大的水池内等实现安全功能。

2000年以后，美国核学会和能源部提出了“第四代核能系统（Generation Ⅵ）”计划。所谓四代核能系统的内容如下。

第一代核能系统（Generation Ⅰ）——20世纪50～60年代建造的早期核反应堆，如Shipping port压水堆、Dresden沸水堆、Magnox石墨气冷反应堆等；

第二代核能系统（GenerationⅡ）——20世纪60年代后期至20世纪90年代前期大量建造的单机容量为600～1400MW的标准型商用核电站，如压水堆、沸水堆、坎杜堆等；

第三代核能系统（GenerationⅢ）——20世纪80年代末开发，20世纪90年代中期开始投入市场的先进轻水堆，如先进沸水堆ABWR、欧洲压水堆EPR、System 80^+、AP600型、AP1000型等；

第四代核能系统（GenerationⅣ）——要求总的电力成本低于每度电3美分，能够与其他电力生产方式竞争；初投资小于每千瓦发电装机容量1000美元；建设周期小于3年；堆芯熔化概率低于10^{-6}/（堆·a）；事故条件下不需厂外应急，即无放射性厂外释放等。

一、先进的堆芯设计

现代压水堆设计改进是以追求事故下更低的堆芯熔化概率和更高经济性为目标，改进堆芯设计和燃料管理是最主要的途径之一。具有代表性的有法马通公司用AFA-3G燃料组件组成的堆芯、西屋公司PERFERMENCE燃料组件堆芯、ABB公司的System 80^+堆芯和我国的AC600堆芯。先进压水堆堆芯设计和燃料管理具有如下特点。

（1）燃料组件的改进。以AFA-3G、PERFERMENCE和西门子的HTP以及ABB公司为代表，在原有的17×17燃料组件基础上，采用新型锆合金做包壳材料，改善其抗腐蚀、防氢化和防燃料棒辐照生长等性能，改进导向管和其他部件，从而增加组件抗弯曲能力，增加中间搅混格架，提高堆芯热工水力性能和安全裕量。燃料组件自第七代起逐渐成为定型产品，排列与棒径标准化，各国的燃料组件结构相容，具有互换性。燃料元件堆内使用的破损率也进一步降低。堆芯组件设计燃耗不断提高，可达60GW·d/t（U）以上。

（2）长循环低泄漏装载堆芯是先进堆芯的标志之一。采用提高燃料浓度（从3.3%～3.5%提高到4.5%）、增加轴向再生层（燃料棒两端加15cm的天然铀）等方法延长循环长度。目前国际上设计的先进堆芯循环寿期大多在18～24个月之间，与年换料制相比，减少了大修次数，从而大大提高了电站的经济性；采用低泄漏装载可有效地降低压力容器中子积分通量，使反应堆使用寿命延长到60年。

（3）低功率密度是先进堆芯的主要特点之一。目前国际上设计的先进堆芯大幅度降低了线功率密度。如大亚湾核电站的堆芯线功率密度为186W/cm，秦山二期核电站的线功率密度为161W/cm，而国际上先进堆芯线功率密度在130～140W/cm之间。这使堆芯燃料棒具有较低的储能，从而大大增加堆芯正常运行及事故工况下的安全裕量。

（4）先进堆芯具有灵活的运行模式。MODE—G运行模式采用灰体棒束控制组件满足日负荷跟踪要求，简化化容系统调硼，减少废水量，增加运行的灵活性。

（5）可燃毒物的改进。这是使先进压水堆堆芯增加后备反应性和延长换料周期的重要手段。要求采用的可燃毒物吸收体具有中子吸收能力强、布置灵活、循环末期中子寄生俘获少等特点，能有效地利用中子和展平堆芯功率分布。可燃毒物材料有Gd_2O_3、ZrB_2和Er_2O_3等。

（6）先进堆芯设计包括采用金属反射层、LOCA和DNB在线监测系统设计、数字化仪控系统设计、模块化设计、非能动安全系统设计。

（7）先进堆芯设计包括先进的设计软件和先进的燃料管理设计等。

二、结构和系统的改进

在已有运行经验、研究、设计的基础上，系统地考虑安全目标，采用新概念（如非能动安全概念、新材料、新工艺）设计建造下一代核电站，使其具有更高的固有安全性（如更大的热工裕量和反应性裕量等），并设有针对某些严重事故序列的设施，从而保证设计中考虑的所有严重事故都没有严重的放射性释放后果，而任一可能导致严重放射性释放后果的严重事故发生频率极小。这样，就不需要严格的厂外应急响应方案（如紧急通告、疏散安置等）。

1. 严重事故缓解和预防对结构和系统的改进

应对严重事故的策略主要有以下几点：

(1) 设置自动卸压系统以防止高压堆芯熔化。

(2) 采用"压力容器内容纳"法或其他措施来避免和减缓熔融物的熔穿作用。

(3) 压力容器周围提供足够的承载空间以减小机械载荷。

(4) 为增加可冷却性，提供较大的碎片散布区域以减小热载荷。

(5) 提供足够的安全壳空间以降低氢浓度。

(6) 使用点火器、催化复合器或惰性安全壳以避免氢气爆炸。

(7) 设计安全壳垫层及可靠隔离系统以防止安全壳旁路。

(8) 采取长期、固定的热导出手段，尽量减少通风系统的使用。

2. 常用措施

目前先进的压水堆核电厂具体采取的各种措施如下。

(1) 堆容器筒体增高 30cm（相关的堆内构件也增高 30cm），堆芯顶部以上水层相应增加 30cm，使容器上部焊缝处和连接管与主泵间操作区的中子剂量率均降低 1 个数量级，同时，在 LOCA 事故时增大堆芯不暴露的可能性。

(2) 采用改进型主循环泵，用水代替油润滑止推轴承，并且在密封结构上消除了在电源长时间（24h）丧失情况下泄漏的可能性。这种改进明显有利于提高安全性，特别是防火安全性。

(3) 主管道设计中应用"破前泄漏"（LBB）原理。

(4) 设置了主设备的综合诊断和监测系统。

(5) 能动安全系统由原 3 通道改为 4 通道结构，即每个能动安全系统由 4 个完全独立和实体隔离的通道组成。如果一个通道处于技术维护或检修状态，另一通道发生与初始事件相关的故障，第 3 个通道发生单一故障，则还有一个通道可投入使用，从而显著提高了安全系统的冗余度和执行功能的可靠性。原 3 通道系统中，处于检修的 1 个通道必须在 72h 内修复，否则必须停堆，而 4 通道结构克服了这种限制。

(6) 增设应急浓硼注入系统，在反应堆事故时保护拒动、无法停堆情况下向一回路系统快速注入高浓度硼酸溶液，使反应堆迅速进入次临界状态。

(7) 采用双层安全壳。内层壳为衬有密封钢覆面的预应力钢筋混凝土，外层为普通钢筋混凝土。两层壳之间的环形空间由通风系统维持负压；外层壳能经受飞机的撞击；环型空间的通风过滤系统能使应急电源在不丧失的设计基准事故下，对环境的放射性排放量大幅度降低。

(8) 设置非能动消氢系统，防止超设计基准事故时产生的氢气在安全壳内积累爆炸，从而保障安全壳的完整性。

(9) 设置事故卸压排放过滤系统，对安全壳进行超压保护并有控制地使放射性裂变产物通过高效过滤装置排入环境大气。在发生堆芯熔化事故情况下，放射性排放量不超过欧洲用户（EUR）文件规定的对新一代核电厂的要求限值，也就是不需要采取撤离较多居民的措施。

（10）堆芯熔融物捕集和冷却系统，以抑制堆芯熔融物与混凝土底板的相互作用和保持安全壳的完整性。

三、第三代新型核能系统 AP1000

AP1000 是目前世界市场上现有的最安全、最先进的商业核电技术，由美国西屋公司在已开发的非能动先进压水堆 AP600 的基础上延展开发的，具有理想的基本发电负荷容量、模块化设计、更少的零部件和系统以及最先进的仪表和控制系统，符合新一代商用反应堆的要求和条件。

AP1000 为单堆布置两环路机组，电功率 1250MW，设计寿命 60 年，主要安全系统采用非能动设计，布置在安全壳内，安全壳为双层结构，外层为预应力混凝土，内层为钢板结构。AP1000 主要特点如下。

（1）主回路系统和设备采用成熟设计。堆芯采用西屋的加长型堆芯设计，已在比利时的 Doel4 号机组、Tihange 3 号机组等得到应用；燃料组件采用可靠性高的 Performance＋高性能燃料组件；采用与正在运行的大型蒸汽发生器相似的增大型蒸汽发生器（D125 型）；稳压器容积也有所增大；主泵采用成熟的屏蔽式电动泵；主管道简化设计，减少焊缝和支撑；压力容器与西屋标准的三环路压力容器相似，取消了堆芯区的环焊缝，堆芯测量仪表布置在上封头，可在线测量。

（2）采用模块化设计和建造技术。整个核电站分 4 类模块：结构模块 122 个、管道模块 154 个、机械设备模块 55 个和电气设备模块 11 个。模块化建造技术更易保证质量，平行进行的各个模块建造减少了现场的人员活动和施工量，建设周期只需 60 个月，其中从浇注第一罐混凝土到装料只需 36 个月。

（3）简化的非能动设计。主要安全系统，如余热排出系统、安注系统、安全壳冷却系统等，均采用非能动设计，系统简单，不依赖交流电源，可长期保持核电站安全，提高了安全壳的可靠性。针对严重事故的设计可将损坏的堆芯保持在压力容器内，避免放射性释放，其内部事件的堆芯熔化概率和放射性释放概率分别为 5.1×10^{-7}/（堆·a）和 5.9×10^{-8}/（堆·a），远小于第二代的 1×10^{-5}/（堆·a）和 1×10^{-6}/（堆·a）的水平。简化的非能动设计大大减少了安全系统的设备和部件，阀门、泵、安全级管道、电缆、抗震厂房容积等与正在运行的电站相比分别减少了约 50%、35%、80%、70%和 45%。简化及标准化的设计更便于采购、运行和维护，使经济性大为提高，发电成本可以和天然气发电相竞争。

（4）多重严重事故预防与处理措施。设计中考虑了各种严重事故的预防和处理，如设计采用 IVR 技术将堆芯熔融物保持在压力容器内，发生堆芯熔化事故后，将水注入压力容器外壁和保温层之间，以冷却掉到压力容器下封头的堆芯熔融物，有效防止堆芯熔融物熔穿压力容器后发生的堆芯和混凝土相互反应事故。主回路设置了 4 列可控的自动卸压系统（ADS），其中 3 列卸压管线通向安全壳内换料水储存箱，1 列卸压管线通向安全壳大气，由此多渠道降低一回路压力，避免高压熔堆事故发生。设计使从反应堆冷却剂系统逸出的氢气远离安全壳壁，避免氢气火焰对安全壳壁的威胁，同时在环安全壳内部布置多样的氢点火器和非能动自动催化氢复合器以消除氢气，降低氢气燃烧和爆炸事故对安全壳的危害。多样的自动卸压系统可以避免高压蒸汽爆炸事故的发生。在低压工况下，由于 IVR 技术使堆芯熔融物不能和水直接接触，避免了低压蒸汽爆炸事故的发生。非能动安全壳冷却系统的两路取水管线的排水阀在失去电源和控制时处于故障安全位置，同时设置一路从消防水源取水管线，确保冷却的可靠性，而且事故后靠空气冷却就足以带出安全壳内的热量，有效防止了安全壳超压事故，IVR 技术还避免了堆芯和混凝土相互反应产生不凝结气体引起的安全壳超压事故。通过改进安全壳隔离系统设计、减少安全壳外 LOCA 发生等措施来减少安全壳旁路事故等的发生。

（5）先进的仪控系统和主控室设计。采用成熟的数字化技术设计，通过多样化的安全级、非安全级仪控系统和信息提供避免发生操作失效。主控室采用布置紧凑的计算机工作站控制技术，人机接口设计充分考虑了运行电站的经验反馈。

四、中国先进堆 CNP1000 和 CNP1500

中国核电国产化标准堆型 CNP1000 型核电站的研制工作由中国核工业集团公司组织核动力院、核工业第二研究设计院与上海核工程设计研究院这三家科研设计单位于 2003 年 8 月启动，2004 年 11 月完成初步设计并通过审查。

CNP1000 主要有下述设计改进。

（1）改进堆芯设计，降低功率密度，提高堆芯安全裕度。

（2）改进电站布置设计，采用单堆布置和满足实体分隔、防火要求的核岛布置方案。

（3）改进安全系统设计，提高系统可靠性。

（4）改进安全壳系统设计，加大安全壳容积。

（5）采用先进的分布式数字化仪表控制系统，提高电厂的可用性和安全性，提高自动化控制水平和可操作性。

（6）考虑了严重事故下的氢气控制措施。

（7）设置安全壳内换料水箱，取消安注和喷淋再循环切换，提高系统可靠性。

（8）设置堆腔淹没系统，防止在严重事故下堆芯熔融物熔穿压力容器。

（9）采用 LBB（破前泄漏）技术，取消或减少防甩装置。

（10）汽轮机组采用半速机，提高电厂效率。

CNP1000 主要性能指标为电站设计寿命 60 年（现 40 年），堆芯热工裕量大于 15%，堆芯熔化概率小于 1×10^{-5}/（堆·a），大量放射性物质释放概率小于 1×10^{-6}/（堆·a），机组可利用率大于 87%（现 75%左右），换料周期为 18 个月（现 12 个月），比投资 1350 美元/kW 左右，上网电价可控制在 5 美分/（kW·h）以下。批量化生产达到 4～6 台机组时，比投资可达到 1300 美元/kW。

CNP1000 无论是性能上、经济上还是安全上都比国内现有的已运行核电站水平高，达到了国际上第二代改进型核电厂的水平，这是我国核电站建设中一个非常重要的突破。在自主化的道路上，继 CNP1000 以后将进一步发展 CNP1500 型技术，并和国外第三代技术 AP1000 型和欧洲压水堆 EPR 的引进相结合，为中国核电大发展提供了强有力的技术支持。

第六章

核电厂的控制与运行

核反应堆在运行过程中，所有的物理参数，如压力、温度、流量、液位、功率和频率的控制及原料和燃料成分比例的控制等主要是由自动控制系统（如图 6-1 所示）自动完成的。

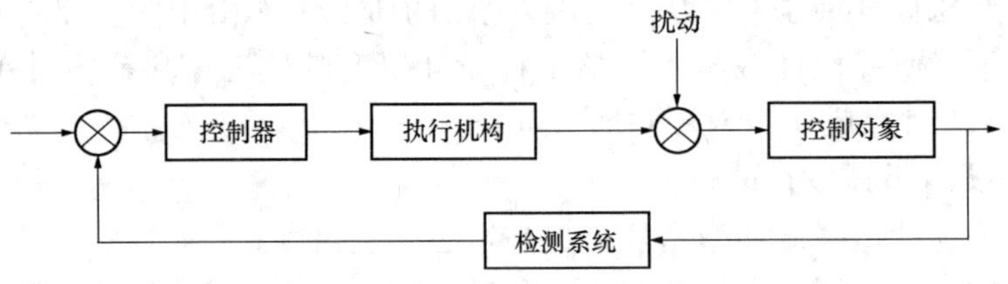

图 6-1　自动控制系统

在上述自动控制系统中，检测系统中的测量元件从控制对象获取被控制量的输出信号，将其与设定值相比较，得到一个偏差信号，控制器将偏差信号按运算规律进行运算后产生相应大小的控制信号，该控制信号被送到执行机构驱动调节元件的开关或开度等，完成调节控制对象的输入量的动作，如此将被控制量的输出信号调节在预定范围内。

自动控制系统按设定值的变化规律可以分为恒值控制系统、随动控制系统和程序控制系统。如研究性反应堆功率控制系统、压水堆核电厂稳压器的压力控制系统等都是恒值控制系统；高射炮的角度控制系统必须采用随动控制系统；而汽轮机的自动启动过程中汽轮机的转速随时间按一定的关系变化要求采用程序控制系统。

第一节　压水堆核电厂的控制

压水堆核电厂主要包含以下一些控制系统（如图 6-2 所示）：①反应堆功率控制系统；②反应堆冷却剂平均温度控制系统；③硼浓度控制系统；④稳压器压力和液位控制系统；⑤蒸汽发生器液位控制系统；⑥蒸汽对空排放控制系统；⑦汽轮机负荷控制系统；⑧冷凝器蒸汽排放控制系统；⑨给水流量控制系统；⑩汽动泵速度控制系统；⑪电动泵速度控制系统；⑫发电机电压控制系统。基本控制系统如图 6-3 所示。

反应堆功率控制系统的主要功能是使反应堆输出的热功率与负荷相匹配并消除各种内外扰动对反应堆功率的影响。功率控制主要通过中子通量的检测，将中子通量转化为热功率，以冷却剂平均温度为主调量，将冷却剂平均温度的测量值与设定值相比较，用偏差值来控制反应性控制装置，即采用手动或自动两种方式移动控制棒组件来调节反应堆功率。当负荷低于15%的额定功率时，可用手动控制；当负荷高于15%的额定功率时，应投入自动控制。表 6-1 所示为 900MW 级压水堆控制棒棒束组件参数。控制棒在堆芯内移动，会引起中子通量的变化，为

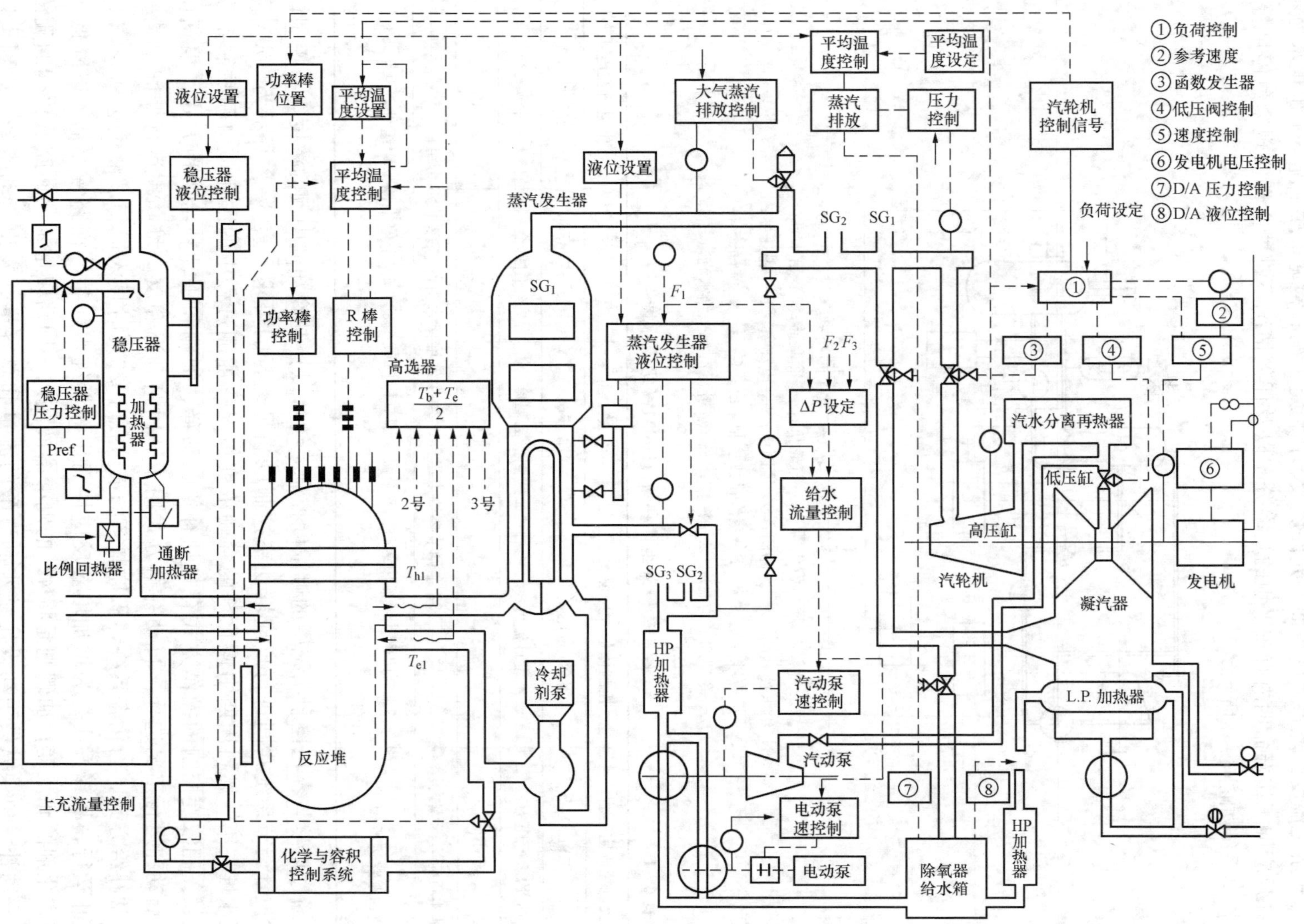

图6-2　压水堆核电厂控制系统

满足安全、经济运行的要求，必须设计一个最佳棒移动程序，满足安全准则，即使燃料芯块温度低于熔化温度、燃料元件表面不允许烧毁、在稳定工况和常见事故工况下不出现水力不稳、在反应堆工作寿命期内有较平坦的功率分布以及任何情况下都能立即实现紧急停堆等。基本控制系统如图 6-3 所示。

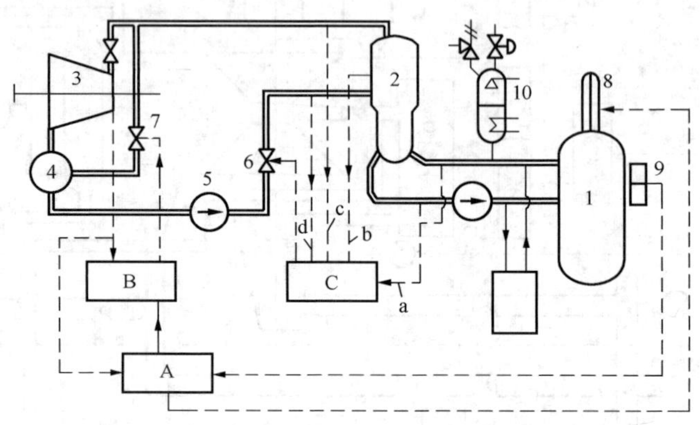

图 6-3　压水堆核电厂基本控制系统

1—反应堆；2—蒸汽发生器；3—汽轮机；4—冷凝器；5—给水泵；6—给水控制阀；7—旁路阀；8—控制棒；9—电离室；10—稳压器；A—反应堆控制系统；B—蒸汽排放控制系统；C—给水控制系统；a—冷却剂平均温度；b—液位；c—蒸汽流量；d—给水流量

表 6-1　　控制棒棒束组件参数（900MW 级压水堆）

控制棒额定行程	控制棒最大行程	步　数	步　距	供电直流电压
3.619m	3.664m	228 步	15.875mm	125V±10%
平均运行压力	设计温度	线圈最高温度	线圈寿命	机械寿命
15.5MPa	343℃	200℃	20 年	40 年
基本负荷运行模式	32 个调节棒棒束组件、21 个停堆棒束组件，共计 53 个组件			
负荷跟踪运行模式	28 个功率补偿棒束组件、8 个温度调节棒棒束组件、17 个停堆棒棒束组件，共计 53 个组件			

通过化学与容积控制系统中的硼浓度控制系统可以控制冷却剂中硼的浓度，与控制棒组件位置调节系统共同进行反应堆功率控制以满足运行的要求，表 6-2 所示为 900MW 级压水堆在第一燃料周期中慢化剂的含硼浓度情况。加硼过程中的浓硼酸由硼酸制备系统提供。硼浓度控制的操作方式有自动补给、稀释、加硼和手动补给四种方式，根据反应堆启动和运行工况选择。自动补给方式用于一回路升温和反应堆功率运行期间，是一种正常补给方式。当化容系统容积控制箱的液位低于 23%时投入运行，液位达到 35.5%时停止运行；稀释方式是为增加堆芯反应性而用等量纯水代替一回路慢化剂，以降低一回路慢化剂的硼浓度；加硼则是将 4%的硼酸溶液注入一回路以增加一回路慢化剂的硼浓度；手动补给由操纵员手动设定纯水和硼酸的流量和总容量并发出启动指令，达到预定容积后自动或手动停止。

由于燃料元件的限制，反应堆功率连续变化的速率一般每分钟不得超过±5%额定功率，阶跃变化不得超过±10%额定功率，当负荷阶跃变化±10%额定功率时，负荷不允许超过额定功率。

表 6-2　慢化剂的含硼浓度情况

工况（900MW级压水堆、具有可燃毒物）	硼酸浓度（ppm）	工况（900MW级压水堆、具有可燃毒物）	硼酸浓度（ppm）
换料	2000	堆芯热停堆（控制棒未插入）	1430
堆芯冷停堆	950	热态临界反应堆（控制棒未插入、零功率）	1330
堆芯热停堆（全部控制棒插入）	465	热态临界反应堆（控制棒未插入、额定功率）	1205

如果核电厂发生甩负荷、汽轮机刹车或迅速降低负荷等工况，由于反应堆不能像汽轮机一样可以快速变化负荷，借助汽轮机旁路蒸汽排放控制系统，反应堆产生的过余蒸汽可以利用冷凝器蒸汽排放控制系统打开蒸汽排放阀，通过旁路将蒸汽直接排入冷凝器，如果冷凝器不工作，可以采用蒸汽对空排放控制系统开启对空排放阀进行蒸汽的对空排放等，提供一个“人为”反应堆负荷，以缓解反应堆温度和压力的瞬态变化幅度。这样汽轮机可以承受50%～95%额定功率的负荷变化而不需要停堆。一般规定，甩负荷50%～80%额定功率时，不打开蒸汽对空排放阀或主蒸汽安全阀，也不停堆。反应堆紧急停堆和汽轮机刹车时要求在1.5s内快速落下控制棒，而不打开主蒸汽安全阀。

稳压器压力和液位控制系统的主要功能是维持一回路压力和水位在一个给定范围。由于负荷的变化或堆芯反应性的扰动，可能引起冷却剂平均温度的变化，造成冷却剂体积和一回路压力的变化。如果一回路压力过大，会使设备发生疲劳、管道破裂等事故；而压力过低，则会引起水汽化，发生堆芯局部沸腾、燃料元件冷却恶化，甚至燃料元件熔化事故。稳压器液位过高有安全阀进水和失去压力控制的危险；液位过低则电加热元件可能被烧毁。所以稳压器设有不同等级的高、低液位报警和逻辑信号保护系统。稳压器通过喷淋、电加热及泄放等压力控制手段维持一回路冷却剂系统的压力达到高于冷却剂正常工作温度时的饱和压力。稳压器的水位通过调节化学与容积控制系统的上充流量和下泄流量来调节，使反应堆一回路系统的各个部件在正常运行和瞬态工况时均能充满水。

在正常运行时，功率调节的超调量应小于3%额定负荷，冷却剂平均温度的超调量应不大于2.5℃，压水堆核电厂控制系统的设定值大部分是由功率从额定负荷的90%阶跃到100%的响应来决定的。

压水堆还进行燃料浓度控制，来调节和展平径向中子通量分布。一般采用三种不同浓度的^{235}U，在反应堆外围放置富集度为3.1%的核燃料，内部放置2.1%和2.6%两种较低富集度的核燃料，两种富集度的燃料棒采用棋盘式分布布置。

第二节　重水堆核电厂及其控制

一、重水堆核电厂

重水堆是用重水（D_2O）作慢化剂的核反应堆。由于重水吸收热中子几率小，所以重水慢化的反应堆，能用天然铀作为核燃料，不必建造浓缩铀厂，中子除了维持链式反应外，还可有较多的剩余，使^{238}U转变为^{239}Pu，以坎杜堆（CANDU—CANada Deuterium Uranium，加拿大氘铀堆）为例，平均每烧掉100个^{235}U原子核，可生成70多个^{239}Pu原子核，比轻水堆约多20个，因此比轻水堆节约天然铀20%。对于冷却剂和慢化剂是分开的重水堆，发生冷却剂失水事故时，由于慢化剂重水的存在使其安全性高于轻水堆。

重水的慢化中子能力不如轻水，需要大量的慢化剂，再加上使用天然铀，因此重水慢化堆的堆芯体积比压水堆大10倍左右，重水堆的功率密度低于压水堆；重水辐照后会产生有放射性的氚，污染危害较大、防护较难；由于使用天然铀，后备反应性少，因此需经常换料，要求配有专用的不停堆装卸料机；重水较昂贵，20t天然水中只有3kg重水，重水的费用占重水堆基建投资的1/6以上，所以要注意回收；同等功率的核电站，重水堆的造价比轻水高20%左右。

重水慢化堆按结构可分为压力管式和压力壳式。采用压力管式时，冷却剂可以与慢化剂相同，也可以不同。压力管式重水堆又可分为立式和卧式两种。立式的压力管是垂直的，冷却剂可采用加压重水、沸腾轻水、气体或有机物。卧式的压力管水平放置，不适合使用沸腾轻水方案。压力壳式重水堆只有立式一种，与压水堆一样，燃料元件垂直放置，冷却剂与慢化剂相同，可以是加压重水或沸腾重水。目前，加拿大的加压重水卧式压力管式重水反应堆（CANDU堆）已经发展得十分成熟。

1. 重水慢化重水冷却的压力管式反应堆

该堆型又称坎杜堆，以重水作为慢化剂和冷却剂，以天然铀为燃料，压力管水平布置，简称CANDU—PHW型，如图6-4所示，是重水慢化堆中最成熟的一种形式，我国的秦山三期也是这种堆型。

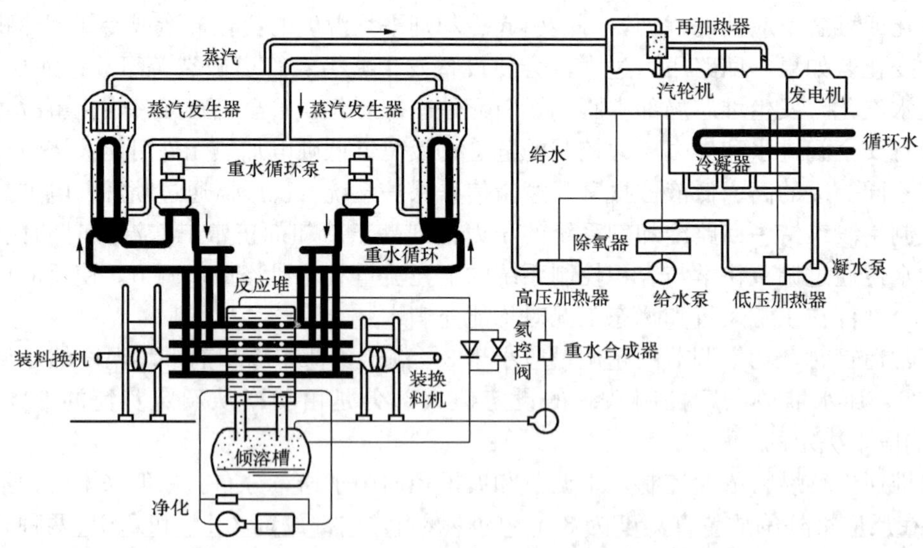

图6-4 加拿大坎杜重水堆核电站系统

以皮克灵核电厂（500MW级）的压力管式反应堆为例，如图6-5所示，有压力管390根，压力管内径120mm左右，每一根压力管内放着一节一节串接起来的比较短的燃料组件，共12个。每个组件长约500mm，它是由37根燃料元件组成的棒束。压力管内总共有4680个燃料棒束组件，总计有173 160根燃料棒。反应堆堆芯由390根内置燃料棒束的压力管排列而成。作为冷却剂的重水在压力管内流过，带走燃料释出的热量。

在压力管外面包有隔热层，以保证大罐中的慢化剂温度不致太高，可以在低压下工作。压力管是承受高压重水的重要部件，由锆合金管制成。盛慢化剂的大罐由不锈钢外壳和端板同锆合金容器管组成，承压不高。容器管用滚压胀接方法固定在端板上，压力管插入容器管中，两管之间充以氮气作隔热层。

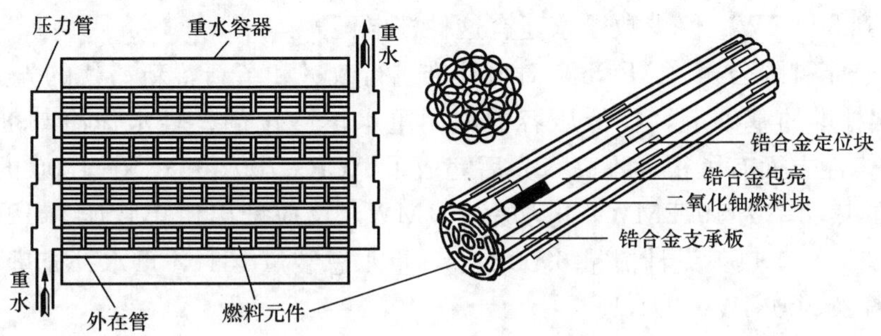

图 6-5 压力管卧式重水堆结构

控制棒设置在反应堆上部，穿过慢化剂大罐壁，插入压力管管束之间的慢化剂中，反应性的调节，除采用控制棒外，还可用改变重水慢化剂的液位来实现。快速停堆时，除了迅速插入控制棒外，急速排放慢化剂可以作为辅助措施。

由于重水堆使用天然铀，后备反应性较少，需要经常补充新燃料组件，并将反应过的燃料组件卸出堆外，所以压力管在反应堆前后二端都设有可以装拆的密封端盖。可采用遥控装卸料机进行不停堆换料，新燃料组件从压力管的一端插入，反应过的燃料组件则从压力管的另一端推出，为了使中子通量对称，相邻压力管中的燃料组件按相反的方向移动，称为“顶端式双向换料”。在换料时必须尽量消除换料时的重水漏损。

重水堆一回路系统与压水堆相似，分成两个相同的循环回路，一个设在反应堆左侧，一个设存反应堆右侧，对称布置。每一个循环回路又由多台蒸汽发生器及多台循环泵组成。重水堆的二回路系统与压水堆完全相同。

2. 重水慢化沸腾轻水冷却的压力管式反应堆

这种堆型是沸水堆同坎杜堆的结合，在加拿大称为（CANDU-BLW），在英国称为产生蒸汽的重水堆（SGHWR），在日本称为新型转换堆（ATR，“普贤”堆），目前还没有完全达到成熟阶段。

反应堆（见图 6-6）使用立式压力管，采用不停堆装卸料，装卸料机置于堆体的顶部或底下。燃料元件为长棒束型，由二氧化铀芯块与锆合金包壳管组成，加拿大用天然铀作燃料，英国用低浓缩铀，日本用天然铀、1.5%的低浓铀及 0.8%的钚作燃料。这种堆型的特点是堆芯尺寸缩小、需要的重水大为减少；一回路中无重水，使漏损

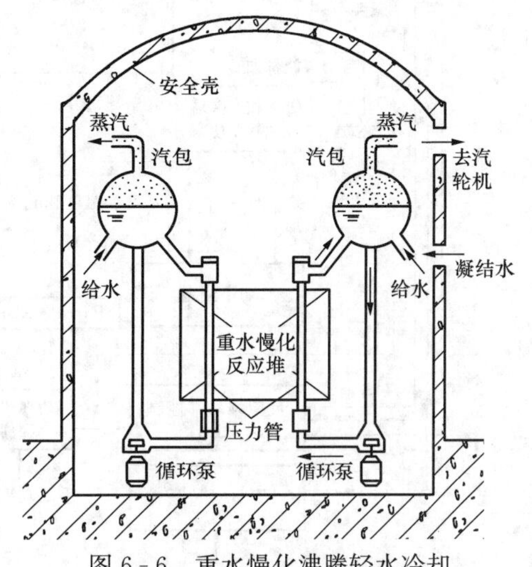

图 6-6 重水慢化沸腾轻水冷却的压力管式反应堆

几乎为零；换料比较简单；用直接蒸汽循环，省去了蒸汽发生器；但是，不允许堆芯中轻水漏入重水，否则会造成很大的经济损失，同时它也具有沸水堆本身固有的缺点。

3. 重水慢化重水冷却的压力壳式反应堆

压力壳式内部的结构材料比压力管式少，中子经济性好，生成的^{239}Pu量多，采用天然铀作燃料，结构类似压水堆，但因栅格节距大，压力壳比同样功率的压水堆大得多，单堆功率最大只能做到300MW。仅少数国家建有这种核电厂。

加拿大原子能有限公司（AECL）对坎杜堆进行改进和革新，新一代的先进CANDU堆ACR在原有坎杜堆的基础上，在低压容器内用重水作慢化剂、轻水作冷却剂，在安全性、经济性和可维修性方面有了很大提高，先后完成了ACR-700和ACR-1000的设计和研发。ACR-700堆的热功率为1972MW，电功率731MW，反应堆出口集管压力12MPa，反应堆出口集管温度325℃，热工设计流量6900kg/s，重水总装量131t，重水补充量0.8t，燃料富集度2%，燃耗20 500MW·d/tU。

二、重水堆核电厂的控制

坎杜堆核电厂控制系统需要满足调节反应堆启动、停堆、功率分布控制及维持反应堆稳态良好运行功率水平的要求，能自动跟踪每分钟10%额定功率的线性升降功率及承受100%甩负荷，减少不必要的停堆，抵消剩余反应性，补偿在运行中因中毒，燃耗和温度波动所引起的反应性变化。控制系统主要由反应堆功率调节系统、热传输压力和装置控制系统、蒸汽发生器压力和液位控制系统、全厂负荷控制系统、汽轮机调节系统、不停堆换料机控制系统和慢化剂温度控制系统等组成，控制原理如图6-7所示。

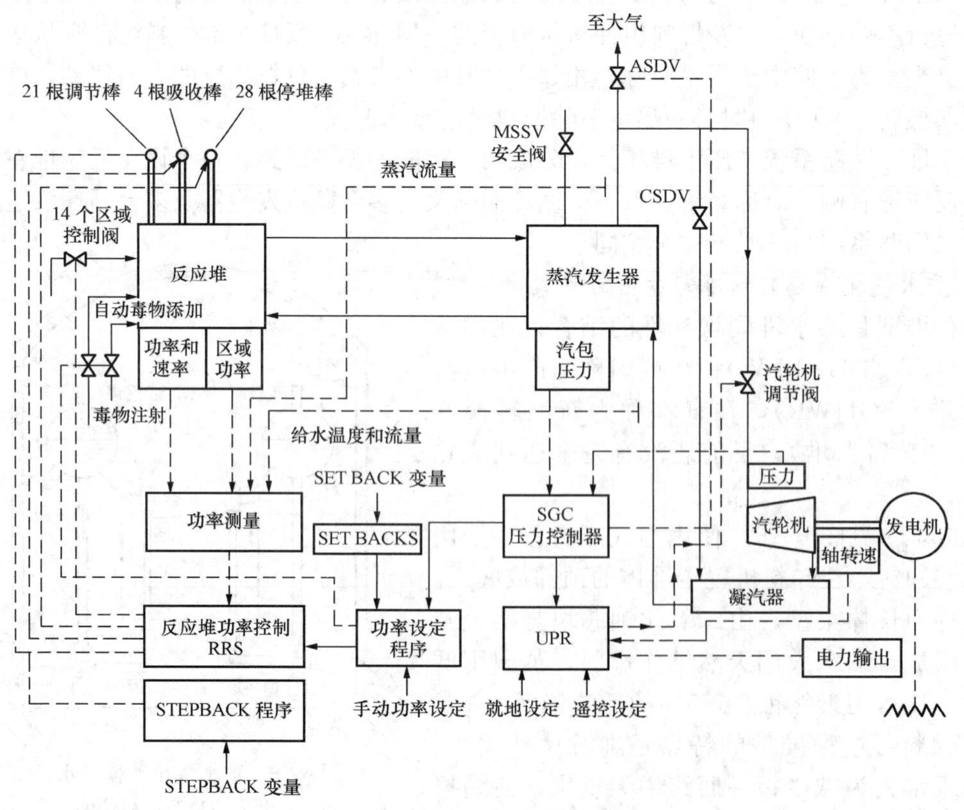

图6-7 坎杜加压重水堆的控制系统

功率调节系统是坎杜堆控制系统的核心，主要由计算机、测量系统、反应性控制装置和控制程序组成，包括自动控制和手动控制两部分。基本功能是测量中子通量水平，对各种输入参数及反应堆功率测量值进行计算后得出需要的控制量，维持反应堆的功率和功率变化速率在给定范围内。测量系统包括核功率测量、中子通量分布测量和热功率测量，由电离室、堆芯中子通量探测器和过程参数测量部件等组成。反应性控制装置包括调节棒、吸收棒、停堆棒、慢化剂毒物添加和移出系统、液体区控制吸收体等，补偿由氙浓度、燃耗、慢化剂毒物浓度和反应堆功率改变所引起的反应性变化，控制反应堆内的中子通量分布形状接近或符合设计形状，使反应堆能够在燃料棒束和燃料通道限值以下满功率运行。当反应堆运行的主要参数超出给定的限值时，功率调节系统能够快速降功率或停堆，并提供自动控制或响应操纵员的手动控制。

初始剩余反应性和长期停堆的氙效应的反应性控制通过调节慢化剂可溶性毒物的浓度来实现。功率水平的快速下降和燃料温度效应的反应性控制通过机械控制吸收棒的插入来实现。长期和大量的反应性控制主要通过不停堆换料来实现。短期和少量反应性控制的主要方法是改变 14 个液体区域控制水室轻水的液位，同时辅以调节棒和吸收棒，氙效应和换料机临时故障的反应性控制主要通过调节棒的移动来实现。

坎杜堆核电厂的负荷运行控制主要有正常模式和替换模式两种，所谓正常模式是“堆跟机”模式，即在高功率运行工况下的一般控制模式，由操纵员根据运行要求设置或改变汽轮机的负荷，通过调节反应堆功率设定值控制蒸汽发生器汽包的压力不变。正常运行期间，蒸汽发生器压力维持在设定值 4.593MPa。而替换模式是“机跟堆”模式，是在低功率和运行事故工况下的控制模式，反应堆被控制到功率设定值，汽轮机负荷被控制系统调节到与堆功率相符，通过执行计算机蒸汽发生器压力控制程序调节汽轮机负荷、凝汽器蒸汽排放阀（8 台，排放能力是 100%额定蒸汽流量）或大气蒸汽排放阀（4 台，排放能力是 10%额定蒸汽流量）的开度来维持蒸汽发生器压力为恒定值。如果由于某种原因使反应堆调节系统阻碍反应堆响应压力控制器的要求，或由于停堆、线性降功率或阶跃降功率使反应堆功率足够低时，如低于 10%额定负荷，或有一个控制棒下插到其端点，或操纵员发出键盘指令或“HOLD POWER”按钮，系统自动切换进入替换模式，蒸汽压力控制通过调节电厂负荷来实现。

第三节　沸水堆核电厂及其控制

一、沸水堆核电厂

沸水堆与压水堆都是采用轻水作为冷却剂和慢化剂，同属于轻水堆，所不同的是沸水堆在堆内直接沸腾产生蒸汽，而压水堆则不允许水在堆内沸腾，利用蒸汽发生器在二回路侧产生蒸汽。图 6-8 所示为沸水堆核电厂系统。

沸水堆的燃料也采用低浓缩铀，做成二氧化铀陶瓷芯块，外包^{4}Zr 合金包壳。堆芯内共有 800 个燃料组件，每个组件是 8×8 正方形排列，其中，62 根燃料元件，2 根空心的中央水棒。每一个燃料组件装在元件盒内，以隔离流道。具有十字形横断面的控制棒安排在每一组四个组件盒的中间。冷却剂自下而上流经堆芯后有大约 14%的流量变成蒸汽。堆芯上方设置汽水分离干燥器用于得到干燥的蒸汽。沸水堆堆芯内设置一个冷却剂再循环系统，在汽水分离干燥器中与蒸汽分离后的饱和水和从冷凝器来的凝结水混合后，局部冷却至饱和温度

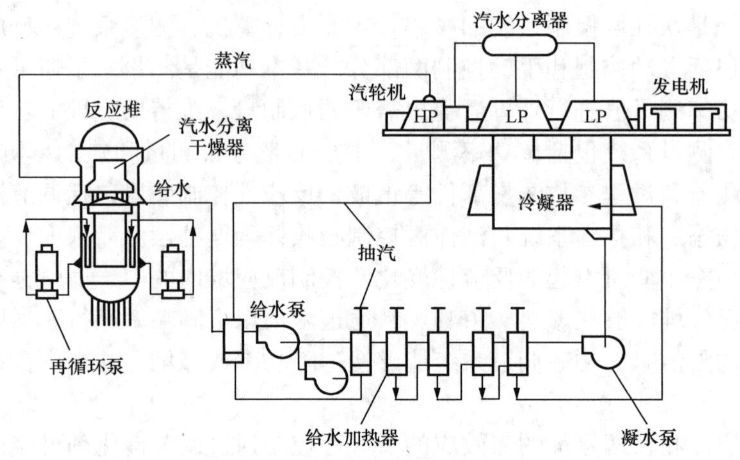

图 6-8 沸水堆核电厂系统

以下，一部分水通过再循环泵升压后从喷射泵的喷嘴高速喷射下来后与另一部分冷却水同时被喷射泵吸引，从堆芯底部送入堆芯内实现再循环。一个沸水堆一般有两台再循环泵，每台泵通过联箱给 10～12 台喷射泵提供驱动流，带动其余的水进行再循环。沸水堆压力壳内部的堆芯结构如图 6-9 所示。

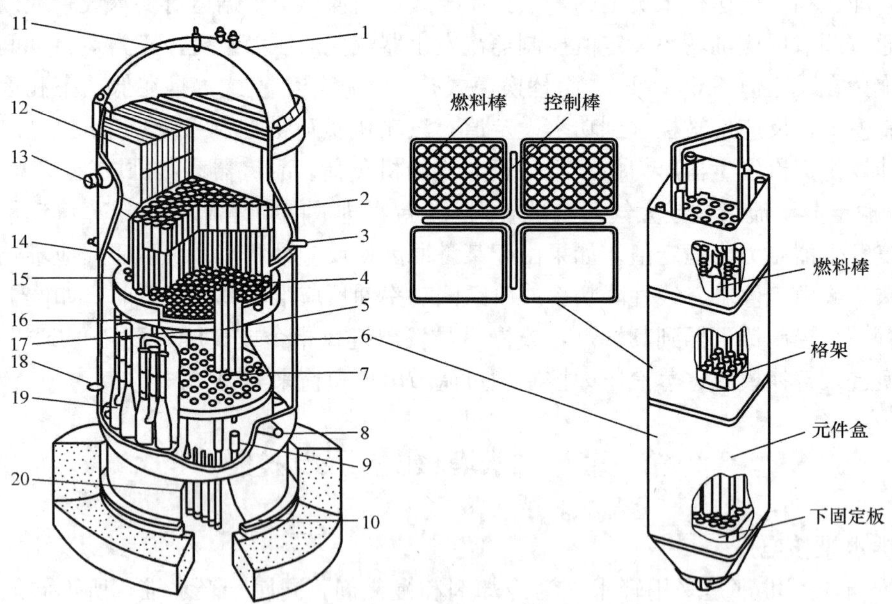

图 6-9 沸水堆的堆芯结构

1—压力壳顶盖；2—汽水分离器；3—给水入口；4—堆芯上栅板；5—十字型控制棒；6—燃料组件；7—堆芯下栅板；8—再循环水出口；9—控制棒导向管；10—反应堆支撑结构；11—冷却喷淋管；12—蒸汽干燥器；13—蒸汽出口；14—给水入口；15—堆芯喷淋进口管；16—堆芯喷淋器；17—中子通量测量管；18—再循环水入口；19—喷射泵；20—控制棒驱动架

与压水堆相比，沸水堆产生的蒸汽被直接引入汽轮机做功，减少了一个回路，免去了蒸汽发生器和稳压器，减少了设备投资和维修量。堆芯直接产生蒸汽，在获得同样的蒸汽温度的条件下，堆芯压力可以大幅度下降，即由压水堆的 15MPa 左右降到沸水堆的 7MPa 左右，极大地减少了设备投资，也使系统大为简化。一般经验认为，沸水堆内是两相流动和换热，气泡会影响运行的稳定性。但实际上，气泡对反应性的影响是负效应，并能自动展平径向功率分布，因此气泡的存在使得反应堆的运行更加稳定，更易于调控。沸水堆的最大的缺点是一回路的冷却剂被直接引入汽轮机，也使放射性物质得以直接进入汽轮机，对于汽轮机就需要加以屏蔽，加大了检修的时间和难度，而且使辐射防护和废物处理都变得比较复杂，从而影响到系统的设备利用率。沸水堆所需要的燃料量也大于压水堆，因为水沸腾后密度下降，慢化能力大大减小，堆芯和压力壳的体积也较压水堆要来得大，使功率密度小于压水堆。由于沸水堆存在这些缺点，使得沸水堆在很长一段时间里受到冷落，仅占世界核电装机容量的23%。不过近年来先进沸水堆（ABWR）的提出，在各个方面进行了很多改进，防止失去电源、防止失水事故和防止“非预期的不能停堆的瞬态事故”的能力大大提高，在经济性和安全性方面都有极大的改善，建造费用节省20%，建造周期从60个月降低为48个月，核电站寿命从40年延长至60年，运行费用也有所减少，使沸水堆的地位逐步上升。日本和我国台湾地区正在建造沸水堆核电站。

在先进沸水堆（ABWR）的基础上，美国、日本和意大利等国又研发出简化型先进沸水堆（SBWR），主要在采用非能动式安全系统和一回路自然循环两个方面进行改进。GE公司及几个国际电力公司以670MW的SBWR为基础开发了改进型简化沸水堆（ESBWR），电功率为1380MW，设计中大量采用ABWR的设计特性和设备，以及常规的成熟核燃料，具有非能动安全系统、先进的简化设计和更高的功率。

二、沸水堆核电厂的控制

沸水堆一般采用保持堆芯压力恒定的运行模式，其功率控制除了利用控制棒外，还利用堆芯冷却剂沸腾产生的气泡量的变化，因气泡具有负反应性系数。早期的沸水堆采用冷却剂堆芯入口温度变化的控制方式，近代的沸水堆则采用直接循环与再循环流量控制方式。再循环流量与反应堆功率基本上成正比，通过改变再循环泵的转速和冷却剂的流量来改变堆芯内的气泡量，并与控制棒控制相结合达到调节功率的目的。控制棒一般采取手动控制方式，主

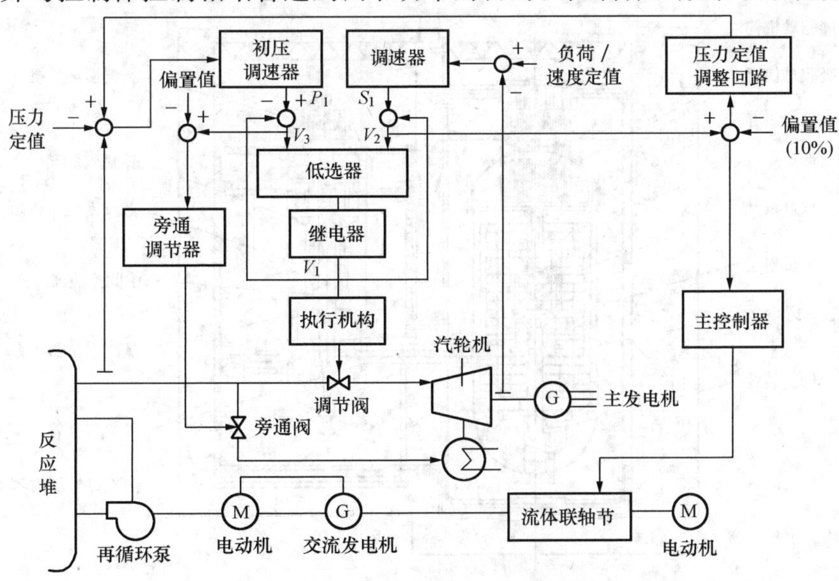

图6-10　沸水堆的控制系统

要用于启动、停堆、功率大幅度变化和反应堆功率分布调节。图 6 - 10 所示是具有负荷跟踪特性的沸水堆控制系统原理图。

在正常运行时，蒸汽压力信号与设定值的偏差信号通过初压调整器来调节蒸汽调节阀的开度和旁通阀的开闭。汽轮机的实际转速与负荷/速度设定值的偏差信号通过调速器控制，如果负荷急剧下降，如负荷减小量超过 10%，汽轮机转速增大超过设定值时，通过低选器减小蒸汽调节阀的开度，防止汽轮机超速，同时控制再循环流量，使反应堆功率也相应减小。如果蒸汽压力上升超过压力设定值，则汽轮机旁通阀打开，多余蒸汽被直接排入凝汽器；如果负荷增加，由主控制器和设定压力调整回路给出一个正的负荷要求信号，反应堆功率自动增大。

第四节　高温气冷堆核电厂及其控制

一、高温气冷堆核电厂

高温气冷堆核电厂就是以石墨为慢化剂、气体（二氧化碳或氦气）为冷却剂的石墨慢化气冷反应堆（GCR）。世界上第一座核电站（5MW）就是天然铀石墨慢化轻水堆，由前苏联在 1953 年建造并投入运行的。但是自从切尔诺贝利核电厂第 4 号机组——石墨慢化沸水堆发生严重事故后，该堆型已不再建造。

石墨慢化气冷反应堆经历了三个发展阶段。

第一代是石墨慢化天然铀气冷堆，又称镁诺克斯（Magnox）堆，燃料元件采用镁铍合金包壳，CO_2 气体出口温度 400℃左右，如英国的 Calder Hall 核电厂，该堆型目前已经淘汰。

第二代是石墨慢化改进型气冷堆（AGR），采用低浓缩氧化铀棒束型燃料元件，不锈钢燃料包壳，冷却剂出口温度 670℃左右，该堆型也已不再发展。

第三代是石墨慢化高温气冷堆（HTGR）（简称高温气冷堆），是比较有发展前途的气冷堆，如图 6 - 11 所示，它与第一代镁诺克斯堆和第二代改进型气冷堆的主要区别在于使用了

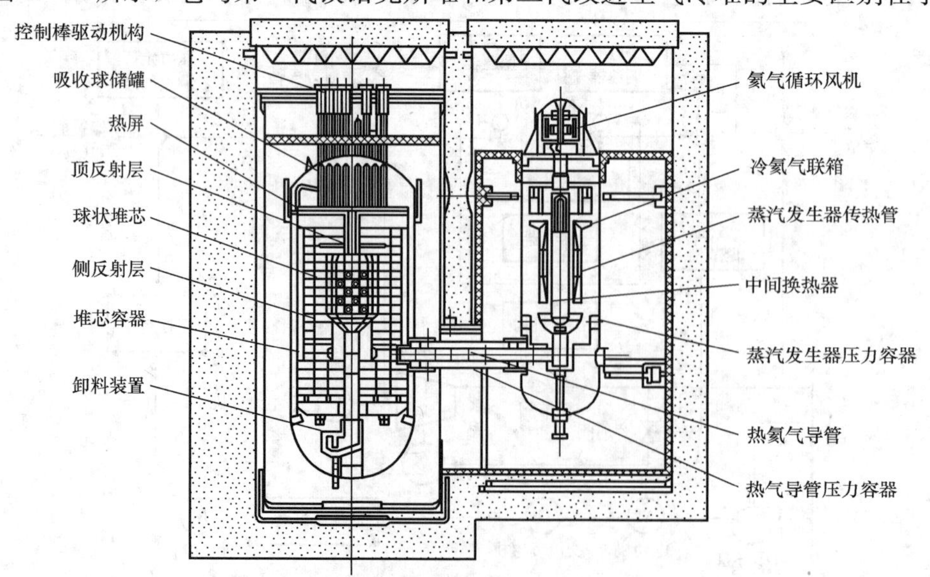

图 6 - 11　10MW 高温气冷实验堆（HTR - 10）

氧化物和碳化物形成的包覆颗粒燃料，由石墨燃料元件组成全陶瓷堆芯，采用耐高温结构材料，氦气作冷却剂，冷却剂的压力大多在 3～7MPa 之间，氦气出口温度 750℃以上，最高可达 950～1000℃。

石墨慢化高温气冷堆用高浓缩铀作燃料，把氧化铀或碳化铀燃料做成直径为 200～500μm左右的颗粒，外部包覆 2～4 层热解碳和碳化硅等陶瓷型涂层作包壳，包覆层总厚度为 150～200μm，弥散在石墨基体中做成当量直径 100mm 左右的棒状或直径 50mm 左右的球状元件（图 6-12）。采用球状燃料元件的高温气冷堆设计以德国的 HTR-Module 为代表（见图 6-11），其球形燃料元件是将 8000～10 000个包覆颗粒燃料弥散在石墨中，制成直径 60mm 的球状，氦气在循环风机的驱动下不断通过堆在球床上的球状元件之间的间隙，将裂变热带出，形成闭式循环；六角棱柱形燃料棒的高温气冷堆设计以美国的 MHTGR 为代表，如图 6-13 所示，其棱柱形燃料元件是将包覆颗粒弥散在石墨基体中，制成当量直径 12.7mm、长 75mm 的棱柱状。实验表明，在 1600℃的高温下加热几百小时，包覆颗粒燃料仍保持其完整性，裂变气体的释放率低于 10^{-4}。

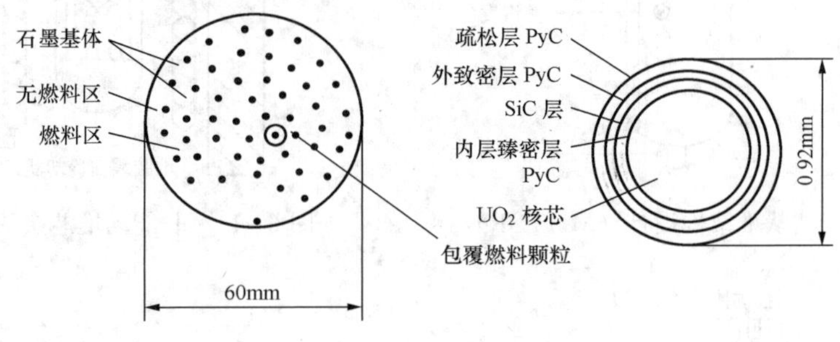

图 6-12　球形燃料元件

高温气冷堆具有高温（冷却剂在堆芯出口处的温度可达 750～950℃）、高效率（可以达到 50%以上的热效率，发电效率 40%～50%）、高转换比（转换比可达 0.85 左右，燃耗可达 105MWd/tU，并可利用钍作为再生核材料，实现钍—铀循环）、高安全性（反应堆的负温度系数大，堆芯热容量大，采用包覆颗粒燃料和全陶瓷堆芯结构，采用反应堆及一回路设备一体化的预应力混凝土压力壳，具有非能动堆芯余热排出系统）、使用球形燃料元件时可实现不停堆换料（通过装卸料机构实现不停堆连续装卸核燃料，可以减小堆内的后备反应性，利于反应堆控制）、对环境污染少（氦气性能稳定，一回路放射性较低，电站效率高，热污染也较小，排出的废热比轻水堆少 35%～40%）、可综合利用（可与燃气轮机相连作功，当出口温度提高到 1000～1200℃，可直接用于炼钢、制氢、化工及煤气化生产）等，如图 6-14、图 6-15 所示。

氦气透平直接循环方式是高温气冷堆高效发电的主要发展方向。图 6-16 所示是采用氦气透平直接循环方式的热力系统，由一回路出口的高温氦气（900℃）直接驱动氦气透平发电，氦气压力从 7MPa 降至 2.9MPa，温度降为 571℃。为了将氦气加压到反应堆一回路的入口压力，需先经过回热器和预热器冷却到 27℃后，再经两级压缩机后升压到 7MPa，而后回到加热器的另一侧加热到 558℃，回到堆芯的入口，该循环的发电效率可达到 47%，其主要优点为系统简单，全部电力系统都集成在同轴相连的三个压力容器内，造价低；避免了发生堆芯进水事故的可能性；热力循环效率高。

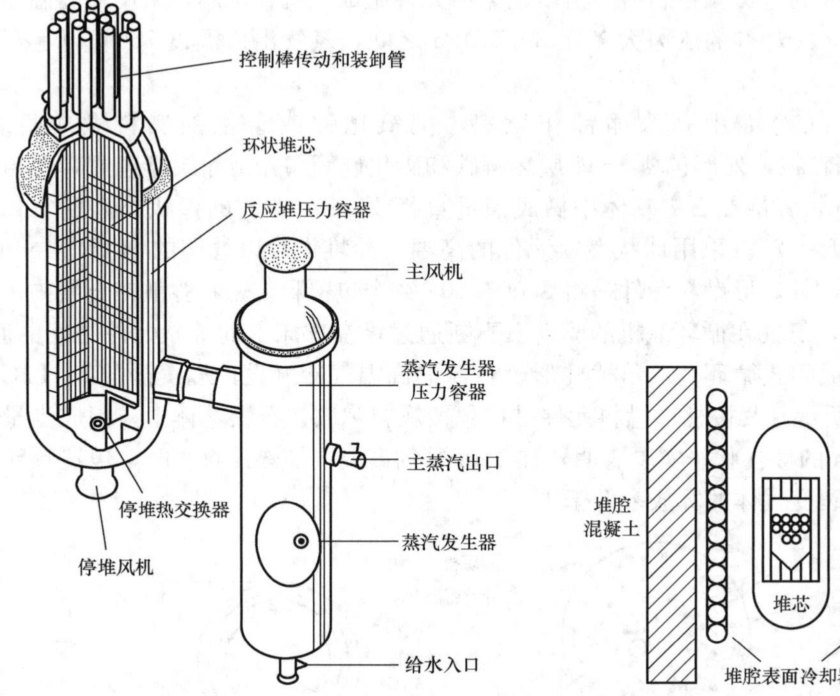

图 6 - 13 柱状堆结构设计（MHTGR）

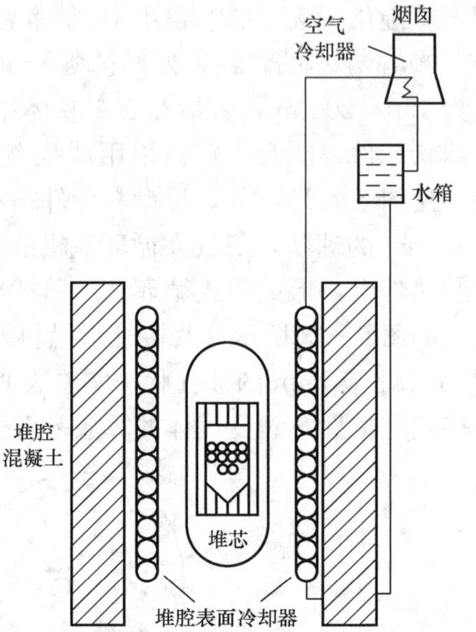

图 6 - 14 非能动堆芯余热排出系统

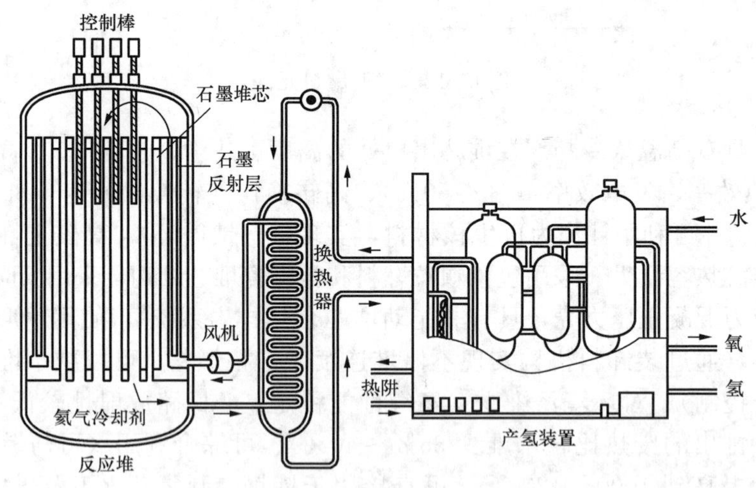

图 6 - 15 超高温气冷堆系统

氦气透平直接循环方式在技术方面需要研究开发的项目包括：①研制高质量、低释放率的燃料元件（以保证进入透平发电系统的放射性水平很低）；②研制立式氦气透平技术，包括磁力悬浮轴承、停机擎动轴承以及在高温氦气下相接触金属表面的处理等相关技术；③研制高效（98%）的板翅式回热器技术等。

从技术可行性角度看，替代氦气热力循环方式还可采用图 6 - 17 所示的直接联合循环方式，6.9MPa 的 900℃高温氦气先驱动一个氦气压缩机透平，带动同轴的压缩机，再驱动主发电氦气透平，向外输出电力。出口的氦气再通过一直流蒸汽发生器，加热另一侧的水，使之产生蒸汽。产生的蒸汽推动蒸汽透平发电机，向外输出功率。氦气经直流蒸气发生器后由压缩机加压到7.0MPa、183℃，回到堆芯入口。该系统的氦气透平和蒸汽透平联合循环发电效率可达48%。这个循环系统不需要采用高效回热器，避开了一个技术难点。但是，由于采用氦气—蒸汽联合循环，增加了系统的投资成本，且不能排除发生堆芯进水事故的可能。

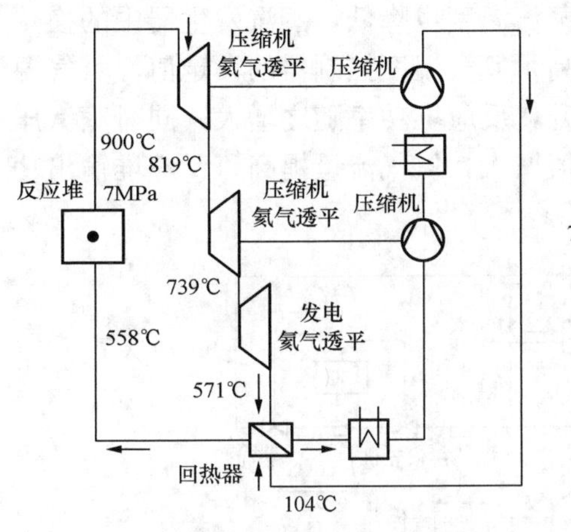

图6-16　氦气透平直接循环流程

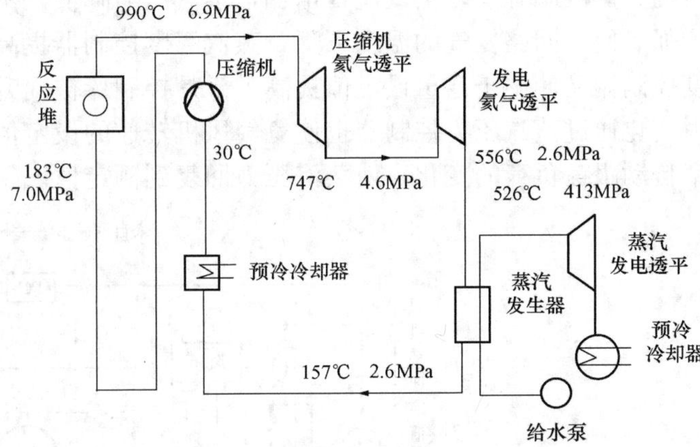

图6-17　直接联合循环发电流程

图6-18所示为间接联合循环流程，反应堆出口900℃的高温氦气经过中间热交换器(加热二次侧的氮气)，冷却到300℃，再经过氦风机回送到堆芯的入口。二次侧的氮气经中间热交换器加热到850℃，实现气体透平和蒸汽透平的联合循环。该循环的发电效率为43.7%。

由于采用氮气做工质，可以采用成熟的气体透平技术，在现有技术基础条件下具有更好的可行性。但是投资成本增加，也不能发生排除堆芯进水事故的可能。

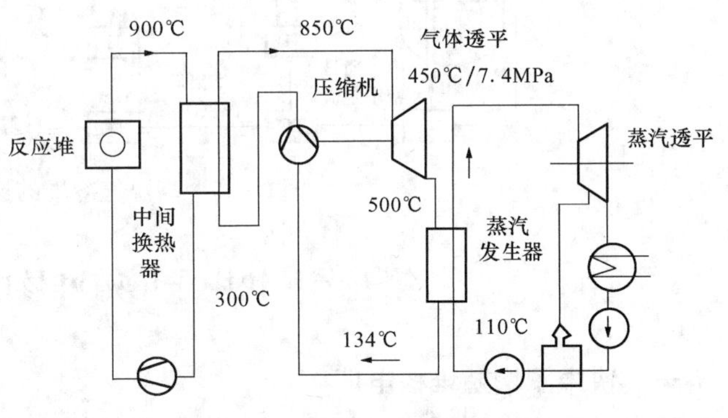

图6-18　间接联合循环流程

模块式高温气冷堆由于采用非能动余热载出方式，使系统大为简化，不必设置堆芯应急冷却系统和安全壳等设施，但其单堆的输出功率受到限制，最大热功率为200～260MW，输出电功率只能达到100MW的规模容量，但与大容量的压水堆核电厂相比较，其发电成本较低，有很好的竞争力。

二、高温气冷堆的控制

气冷反应堆功率的基本控制方式是根据负荷要求确定蒸汽流量，采用堆芯气体出口温度恒定、高压蒸汽压力恒定、低压蒸汽压力恒定和改变一回路气体冷却剂流量的运行方式。根据蒸汽压力的变化调节冷却剂流量，进而改变反应堆功率，氙毒和温度效应通过控制棒移动来补偿，蒸汽参数通过控制堆芯出口温度来控制。图6-19所示是高温气冷堆的控制原理图。

高温气冷堆有两个冷却回路，每个回路由一台可调速的氦气风机和一台蒸汽发生器组成，堆芯氦气出口温度在750℃以上，甚至达到950～1000℃。氦气风机转速控制器调节通过反应堆和蒸汽发生器的氦气流量，风机转速设定值由蒸汽压力控制器给定。反应堆出口氦气温度控制器的设定值由蒸汽温度控制器给定。两个冷却回路中实际出口氦气温度较高者与设定值的偏差用来作为反应堆功率控制器的中子通量设定值，中子通量的实际测量值与设定值的偏差信号用于控制控制棒的移动，使反应堆功率与负荷保持一致。如负荷提高时，汽轮机的主蒸汽阀开大，蒸汽流量增加，蒸汽压力降低，蒸汽温度也降低，蒸汽发生器中的换热加强，使一回路氦气的温度下降，蒸汽温度控制器提高了氦气温度控制器的设定值，氦气温度控制器又使中子通量设定值提高，于是控制棒被提升，反应堆功率随之增大，同时蒸汽压力变化通过蒸汽压力控制器也使氦气风机转速的设定值增大，氦气流量提高，反应堆输出功率自动跟踪负荷的变化，使蒸汽压力回复到额定值。

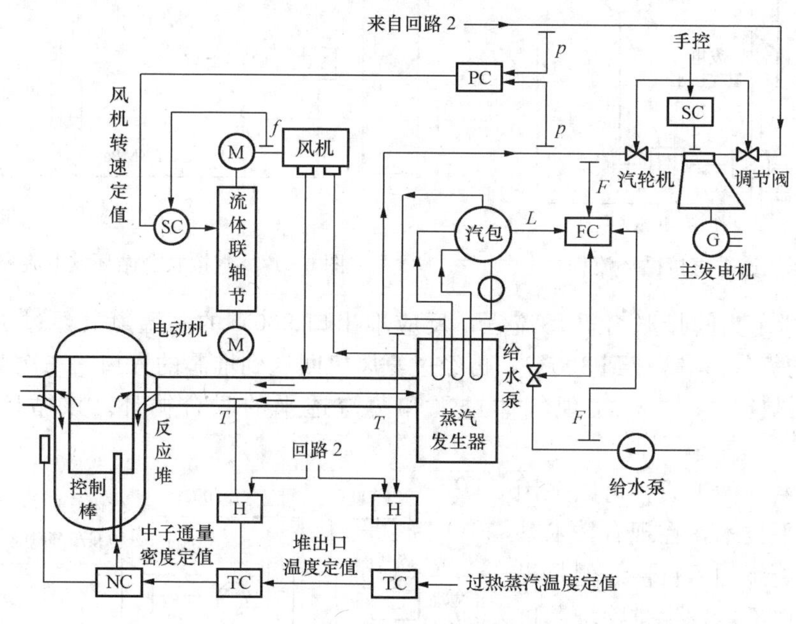

图6-19 高温气冷堆的控制系统

第五节 快中子增殖堆核电厂及其控制

一、快中子增殖堆核电厂

快中子反应堆利用能量为0.1MeV左右的快中子进行链式核反应，不使用慢化剂，简称快堆。

天然铀中^{235}U仅占0.7%左右，^{238}U占99.3%。目前广泛应用的轻水堆铀—钚转换率仅2%，重水堆的转换比较高，也只能利用铀资源的3%～4%，剩下95%以上的铀资源不能利用。反应堆的转换比是指反应堆中新裂变燃料的生成率与裂变燃料的消耗率之比。快中子堆如以^{235}U作燃料、^{238}U作再生材料，转换比为1.2；如以^{239}Pu作燃料、^{238}U作再生材料，转化比为1.5。转化比大于1，实现了核燃料的增殖。

快堆核电厂实际是一个可以发电并同时为其他核反应堆生产燃料的双联产工厂。按目前的生产水平，其燃料倍增时间是30多年，即只要有足够的^{238}U，其增殖的^{239}Pu在生产过程中不断取出来，经过 30 多年时间就可以再装备一座相同规模的新快堆。所以，快中子反应堆称为快中子增殖堆，其意义在于能充分有效地利用铀资源，是今后核电大规模推广和发展的一个重要方向。

美国于 1946 年、1951 年和 1963 年相继建成了 Clementine、EBR-Ⅰ和 EBR-Ⅱ实验快堆，前苏联、英国、法国、日本、德国、印度先后共建成了 21 座不同规模的实验快堆、原型快堆和商用验证堆，积累了 300 堆·a 的运行经验。

快堆由于没有慢化剂，堆芯体积很小，并且快中子裂变几率较小，所以燃料必须用高浓缩的铀或钚，临界质量也相对较大，堆芯功率密度比典型的热中子堆大一个数量级。

快堆必须采用传热性能很好而又不会使中子慢化的介质，使堆芯的热量能够及时地被带至堆外。目前，快堆中的冷却剂主要有两种：液态金属钠和氦气，所以根据冷却剂的种类可以分为钠冷快堆和气冷快堆，现在也有用液态铅或铅合金冷却的铅冷快堆。

液态钠沸点较高，约为 886.6℃，如果用液态金属钠作冷却剂，一回路可在高温低压下工作，一般压力只有 0.7～0.8MPa 左右。钠冷快堆的冷却剂出口温度为 530～650℃或更高，这样二回路产生的蒸汽温度可达 500℃左右，不过燃料元件包壳的工作温度也会比较高。钠的熔点只有 97.8℃，室温下是固体，所以启动过程中要先用外加热的方法将其熔化。液态钠的化学性质很活泼，一旦遇水或氧便会发生激烈化学反应，钠中的氧含量超过一定值会使内部结构材料发生腐蚀。同时堆内的液态钠由于沸腾所产生的气泡空腔会引入正的反应性，会造成反应堆功率激增以至发生堆芯熔化事故，所以一定要严格防止液态钠产生气泡。液态钠通过堆芯后具有较强的放射性，因此设置中间钠回路将一回路的放射性钠与二回路水隔开，中间钠回路压力高于一回路压力。中间钠回路中有用液态钠加热二回路水产生蒸汽的蒸汽发生器，对其严密性有严格的要求，通常分成多个较小的蒸汽发生器，各安装在单独的隔离室中，以保证安全。

目前，钠冷快中子增殖堆有两种结构形式：池式钠冷快堆［见图 6-20（a）］和回路式钠冷快堆［见图 6-20（b）］。前苏联的 BN—600 快堆（600MW）、法国的凤凰快堆（Phonix，250MW）、超级凤凰快堆（Super Phonix，1200MW）都采用池式，而日本的文殊快堆（Monju，280MW）是回路式快堆。

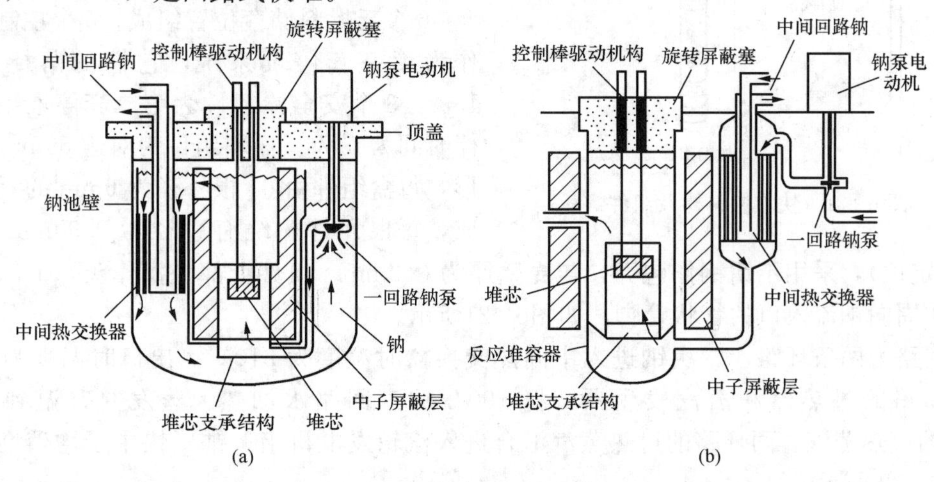

图 6-20　钠冷快堆结构

（a）池式钠冷快堆；（b）回路式钠冷快堆

池式结构将堆芯和一次热交换器都放在一个钠池里，直接在钠池里进行热交换，使冷却剂不易发生泄漏事故。在钠池里，冷、热液态钠被内层壳分开，钠池中冷的液态钠由钠循环泵送到堆芯底部，由下而上流过燃料组件，550℃左右的钠从堆芯上部流出经钠—钠中间换热器将热量传给中间回路的钠工质，温度降到400℃左右，再由内层壳与钠池主壳之间的通道被泵送回堆芯。由于堆芯、中间热交换器和钠循环泵都浸泡在钠池中，不会发生失冷事故，所以池式结构的安全性比回路式好。现存的钠冷快堆大多采用这种结构，其主要缺点是用钠量大、池式结构复杂、不便于检修。

回路式结构将堆芯单独放存一个壳体中，一次热交换器和堆芯之间用冷却剂管道连接，与一般的压水堆回路相似，多了一个中间回路，整个系统便于外部检修，但系统复杂，容易发生事故。

我国快堆技术从20世纪60年代中期开始研究，1970年建成了第一座快中子零功率装置，1992年在中国原子能科学院建设了一座功率为65MWt的中国实验快堆（CEFR），以商用为目标，它是一座钠冷池式快堆，一回路由两台主泵、四台中间热交换器、钠泵出口管道、栅板联箱、堆芯以及相关的流道组成，这些设备和部件全部设置在一个直径8.01m的钠池（主容器）中，主容器壁厚为25～50mm，主容器外为直径8.235m的保护容器。主容器中装有约260t液态钠。正常运行时堆芯钠的入口温度为360℃，压力0.15MPa，出口温度为530℃，与堆芯上部热钠搅混后平均温度为516℃，进入中间热交换器，热量交给二次钠后，一次钠至中间热交换器出口时温度降为354℃，与冷钠池中的钠搅混后升至360℃，由一次钠泵吸入至堆芯。

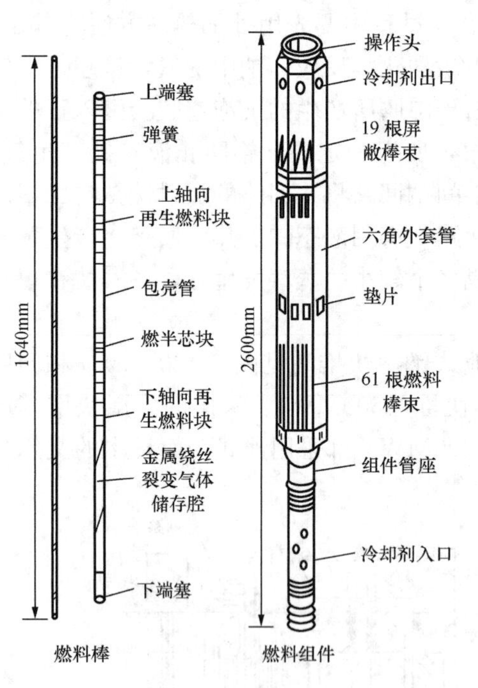

图6-21 快堆燃料棒及组件

CEFR堆芯由81盒燃料组件、3盒补偿棒组件、2盒调节棒组件和3盒安全棒组件、337盒四种形式的反射层组件和230盒屏蔽组件以及56个乏燃料储存位置组成。5个控制棒组件作为第一套停堆系统，它们的落棒时间为1.5s；3个安全棒组件为第二套停堆系统，落棒时间为0.7s。燃料组件为对边59mm的六角形，每盒组件由61根外径为6mm的元件棒组成，每根元件棒绕有直径为0.95mm的绕丝（作径向定位），采用不锈钢作包壳，包壳壁厚为0.3mm。组件上部为操作头，下部既作为支撑又作周向钠流入口的管状管脚，如图6-21所示。

二回路为两条环路，二次钠进入中间热交换器时温度为310℃，出口时温度为495℃，经每条环路的过热器和蒸汽发生器，将190℃的三回路水加热、蒸发并升温到480℃、14MPa的过热蒸汽。两环路的过热蒸汽汇合进入汽轮发电机组。钠冷快中子增殖堆核电系统如图6-22所示。

钠冷快堆采用停堆换料方式，换料在250℃左右的高温钠池内进行，采用移动臂将燃料

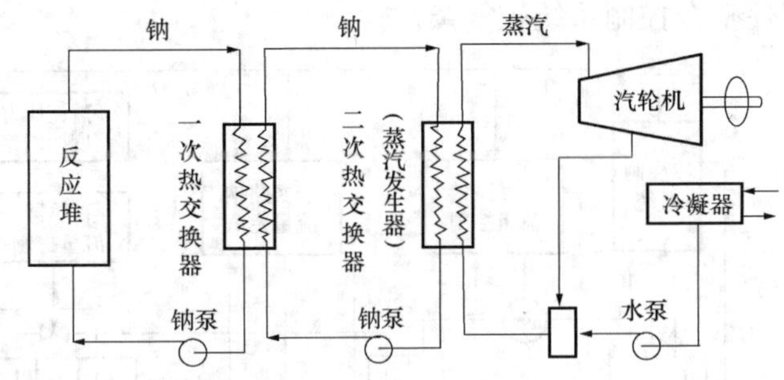

图 6 - 22　钠冷快中子增殖堆核电厂

组件取出，通过倾斜通道将乏燃料输送到储存池，经衰变后送后处理工厂。CEFR 采用双旋塞直拉式燃料操作系统进行堆内燃料操作，通过堆容器上的固定出入口运输新、乏燃料组件。在堆芯外围的屏蔽层中进行乏燃料组件的初级储存。乏燃料组件经过两个运行周期的衰变后才从一次钠中取出，清洗后放入保存水池中储存。

除了钠冷快堆外，还有氦气冷却的气冷快堆和用液压铅或铅—铋合金冷却的铅冷快堆。气冷快堆如图 6 - 23 所示，以高温气冷堆为技术基础，氦气出口温度 850℃，进口温度 490℃，压力 9MPa，采用直接循环氦气涡轮发电机发电。铅冷快堆如图 6 - 24 所示，反应堆采用金属或氮基化合物燃料，具有封闭的燃料循环系统，通过自然对流进行冷却，反应堆冷却剂出口温度 550℃，采用高性能材料时可达 800℃。

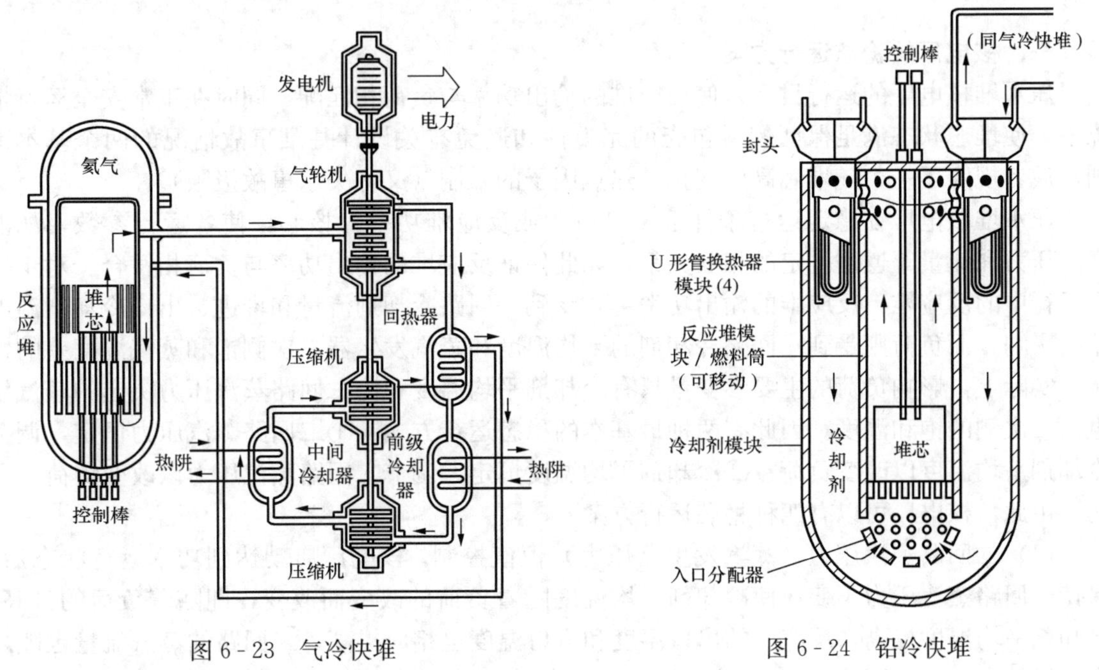

图 6 - 23　气冷快堆　　　　图 6 - 24　铅冷快堆

二、钠冷快堆的控制

钠冷快中子增殖堆核电厂由于存在三个回路，使反应堆和汽轮机蒸汽阀门之间存在两个时间延迟，不利于实现负荷的快速跟踪。

钠冷快堆运行的控制方式主要有冷却剂钠流量恒定和冷却剂钠流量可变两种方式。图 6 - 25所示是冷却剂钠流量可变方式的控制原理，这是一种比较理想的控制方式。钠冷快堆的功率主要由插入燃料区的控制棒进行控制，冷却剂钠流量与功率成正比，流量控制可以缩短反应堆启动和停堆的时间，改善反应堆对负荷的跟踪性能，但冷却剂泵的驱动机构较复杂，使整个控制系统较复杂。

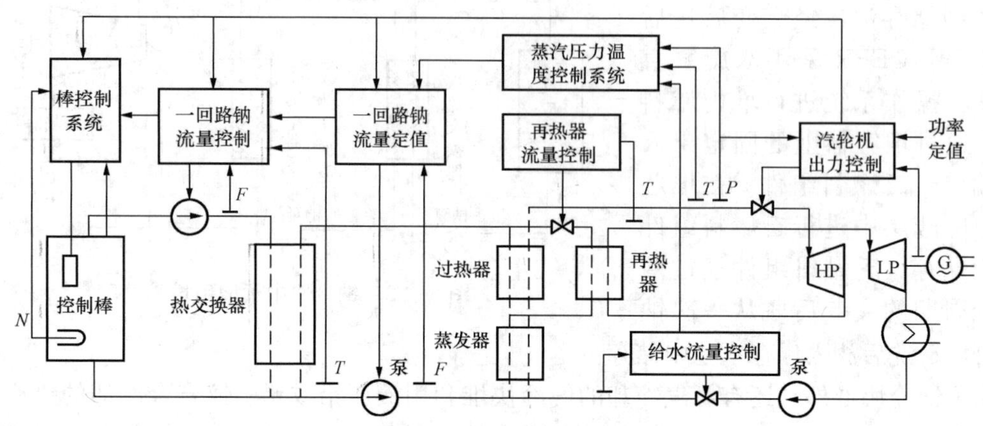

图 6 - 25 钠冷快堆的控制系统

第六节 压水堆核电厂的运行

一、核电厂的稳态运行方案

压水堆核电厂的运行目标是使反应堆的输出功率与负荷相匹配，同时在正常安全运行情况下，使堆芯状态满足保证燃料包壳的完整性和避免有关设计基准事故情况的两个基本准则，后者规定了一个随堆芯高度变化的热点因子的限制（又称失水事故极限）。

压水堆核电厂在稳定运行条件下，以负荷或反应堆功率为核心，使各运行参数，如温度、压力和流量等遵循一定的相互关系，如此保证反应堆的输出功率与负荷相符合。对于一个运行中的反应堆，反应堆的输出功率主要受到一回路冷却剂流量和堆进、出口冷却剂温度差的影响，而负荷则受到一回路冷却剂的平均温度和蒸汽发生器二次侧饱和蒸汽温度差的影响。实际上，影响负荷的主要参变量只有冷却剂平均温度和由二回路蒸汽压力决定的蒸汽发生器二次侧的饱和温度。因此有两种最基本的稳态运行方式：①二回路蒸汽压力恒定，调节冷却剂平均温度以改变负荷；②冷却剂平均温度恒定，调节二回路蒸汽压力以改变负荷。

由此，核电厂可以有四种稳态运行方案。

（1）二回路蒸汽压力（蒸汽发生器压力）恒值控制。核电厂启动达到功率运行状态后，保持二回路蒸汽压力不变，使冷却剂平均温度随着负荷的改变而改变，即随着负荷的升高，冷却剂平均温度提高，反应堆的出口温度和进口温度也相应提高，二回路的蒸汽流量也随之大幅增加。由于二回路的蒸汽压力和温度保持不变，所以该方案有利于汽轮机等二回路设备。但随着负荷的升高，由冷却剂平均温度和燃料温度上升而引起的反应性下降需要加以补偿，同时温度变化引起的冷却剂体积改变也需要在一回路设备如稳压器的设计中加以考虑。并且，冷却剂平均温度受一回路反应堆和其他设备的限制也不能过高。如 900MW 级的压水堆，冷却剂平均温度的上限约为 325℃，一回路压力的上限为 17.2MPa。

（2）一回路冷却剂平均温度恒值控制。该方案与前一个方案正好相反，一回路冷却剂的流量保持一定时，冷却剂平均温度不随负荷的变化而改变，负荷的改变导致冷却剂进出口温差的增大和蒸汽发生器二次侧饱和蒸汽温度的下降，所以对一回路比较有利，对于具有负温度系数的反应堆来说具有良好的自我调节性能，冷却剂体积改变也不大。但是对于二回路而言，蒸汽流量和压力随功率具有较大的变化，或者说蒸汽压力和温度随着负荷的增加而下降。汽轮机对蒸汽品质（干度）有一定的要求。同时对于汽轮机的效率来说是蒸汽温度越高越好，所以二回路的蒸汽压力变化范围太大对二回路设备是不利的，并且增加蒸汽发生器给水调节系统和汽轮机调速系统的负担。

（3）冷却剂出口温度恒值控制。该方案限制了冷却剂出口温度的上升，随着负荷的增大，冷却剂出口温度和平均温度下降，同时也导致二回路有关参数的下降，可以避免出现反应堆燃料的热效应和堆内构件热应力的影响，一般高温气冷堆采用这种运行方案。

（4）冷却剂平均温度程序控制。冷却剂平均温度随负荷成线性变化，这个方案集中了蒸汽压力恒值控制和冷却剂平均温度恒值控制方案中的优点，较好地克服了两者的缺点，使一回路和二回路共同分担有关的限制条件，目前的大多数压水堆核电厂都是采用这种控制方案，当负荷高于满负荷时则采用冷却剂平均温度恒值控制方案。

二、压水堆核电厂的运行模式

压水堆核电厂的基本负荷运行模式是“机跟堆”运行方式，即汽轮机负荷跟随反应堆功率运行，其功率控制系统只有平均温度定值通道、平均温度测量通道和功率补偿通道及主要部分，以平均温度定值通道为核心，整个系统比较简单，只要完成反应堆启动、停机、抑制波动以维持反应堆功率运行水平即可。例如，汽轮机负荷降低，平均温度设定值减小，与平均温度测量值相比较后产生了偏差信号，控制棒棒速程序控制单元根据这个偏差信号产生棒束的运动速度和方向信号，驱动控制棒组件下降移动来减小反应堆功率，使其与负荷相匹配，当测量值与设定值的偏差为零时，控制棒组件停止移动，而功率补偿通道则在负荷降低的瞬间引进一个功率失配信号，这个信号超前作用于控制棒驱动机构，加快了控制系统的响应速度，提高了系统的稳定性。这种基本负荷运行模式适用于带基本负荷运行的机组，虽然功率调节性较差，但运行中设备所受的热应力较小，有利于机组寿命。

当核电在电网中占一定比重后，核电厂要采取负荷自动跟踪运行方式，即“堆跟机”运行方式，反应堆功率需要跟随电网的负荷需求而变化。电网需求的变化通过汽轮机控制系统反映为蒸汽流量的变化，反应堆需要具有从电网向反应堆的自动反馈回路，对功率变化作出响应。其功率控制系统较为复杂，由冷却剂平均温度调节系统和根据汽轮机负荷信号控制的功率控制系统两部分组成。前者与基本负荷运行模式中的功率控制系统原理相同，后者利用汽轮机负荷和功率补偿棒棒位的对应关系曲线，根据负荷值确定功率补偿棒组在堆芯的位置实现对反应堆功率的快速控制。汽轮机负荷控制系统中的二回路蒸汽压力也共同参与功率控制。这种运行模式具有灵活的功率调节性能，可以参与负荷跟踪和电网调频运行。

参考文献

[1] 朱华. 核电与核能. 杭州：浙江大学出版社，2009.
[2] 杜圣华. 核电站. 北京：原子能出版社，1992.
[3] 张建民. 核反应堆控制. 西安：西安交通大学出版社，2002.
[4] 马栩泉. 核能开发与应用. 北京：化学工业出版社，2005.
[5] 李炳书. 工程传热中的一些问题. 北京：原子能出版社，2008.
[6] 赵郁森. 核电厂辐射与防护. 北京：核工业研究生部，2007.
[7] 李泽华. 反应堆物理. 北京：核工业研究生部，2007.
[8] 夏延龄. 核电厂蒸汽供应系统. 北京：核工业研究生部，2007.
[9] 陈济东. 大亚湾核电站系统及运行. 北京：原子能出版社，1994.
[10] 胡济民. 核裂变物理学. 北京：北京大学出版社，1999.
[11] 阎昌琪. 核反应堆工程. 哈尔滨：哈尔滨工业大学出版社，2004 .
[12] 徐志诚. 核电厂的安全与环境. 北京：原子能出版社，1990.
[13] 濮继龙. 压水堆核电厂安全与事故对策 . 北京：原子能出版社，1995.
[14] 朱继周. 核反应堆安全分析. 西安：西安交通大学出版社，2000.
[15] 张静译. 国际核事故分析表（INES）使用手册，2001.
[16] 秦山第二核电厂安全文化培训教材，2004.
[17] 秦山第二核电厂初级运行培训教材，2008.
[18] 秦山第二核电厂中级运行培训教材，2008.
[19] 秦山第二核电厂高级培训教材，2008.